全国职业院校建筑类专业教材

QUANGUO ZHIYE YUANXIAO

混凝土工工艺与实习

JIANZHULEI ZHUANYE JIAOCAI

曹育梅◎主编

中国劳动社会保障出版社

图书在版编目（CIP）数据

混凝土工工艺与实习 / 曹育梅主编 . -- 北京 : 中国劳动社会保障出版社，2024
全国职业院校建筑类专业教材
ISBN 978-7-5167-6230-1

Ⅰ. ①混… Ⅱ. ①曹… Ⅲ. ①混凝土施工 - 职业教育 - 教材 Ⅳ. ①TU755

中国国家版本馆 CIP 数据核字（2024）第 106080 号

中国劳动社会保障出版社出版发行
（北京市惠新东街 1 号　邮政编码：100029）
*
保定市中画美凯印刷有限公司印刷装订　　新华书店经销

787 毫米 ×1092 毫米　16 开本　14.25 印张　316 千字
2024 年 7 月第 1 版　　2024 年 7 月第 1 次印刷
定价：33.00 元

营销中心电话：400-606-6496
出版社网址：http://www.class.com.cn
http://jg.class.com.cn

前言

PREFACE

近年来，我国建筑行业进入了新的发展阶段。基于对当前建筑行业技能型人才需求及职业院校教学实际的调研分析，我们组织开发了这套全国职业院校建筑类专业教材，分为“建筑施工”“建筑设备安装”“建筑装饰”和“工程造价”四个专业方向。教材的编审人员由教学经验丰富、实践能力强的一线骨干教师和来自企业的设计、施工人员组成。

在本次教材开发工作中，我们主要做了以下几方面工作：

第一，突出教材的实用性。在“适用、实用、够用”的原则下，根据建筑行业相关企业的工作实际和相关院校的教学需要安排教材结构和内容，设计了大量来源于生产、生活实际的案例、例题、练习题和技能训练，引导学生运用所学知识分析和解决实际问题，教材体系合理、完善，贴近岗位实际与教学实际。

第二，突出教材的先进性。根据当前建筑行业对岗位知识与技能的实际需求设计教学内容，贯彻新标准。例如，在相关教材中全面贯彻《混凝土结构施工图平面整体表示方法制图规则和构造详图（现浇混凝土框架、剪力墙、梁、板）》（22G101—1）和《建设用砂》（GB/T 14684—2022）等最新图集和国家标准，《建筑 CAD》以新版的 AutoCAD 软件作为教学软件载体等。此外，新材料、新设备、新技术、新工艺在相关教材中也得到了体现。

第三，突出教材的易用性。充分保证教材的印刷质量，全部主教材均采用双色或四色印刷，图表丰富，营造出更加直观的认知环境；设置了“想一想”和“知识拓展”等栏目，引导学生自主学习；教材配套开发了习题册参考答案和电子课件，可登录技工教育网（http://jg.class.com.cn）在相应的书目下载。

本套教材在编写过程中，得到了智能制造与智能装备类技工教育和职业培训教学指导委员会及一批职业院校的大力支持，教材的编审人员做了大量的工作，在此，我们表示诚挚的谢意！同时，恳切希望用书单位和广大读者对教材提出宝贵意见和建议。

编者

本教材为全国职业院校建筑类专业教材。教材参照国家相关职业标准和行业岗位技能鉴定规范要求，以适应学生职业发展需要为目标，为学生学习建筑施工类相关岗位技能、考取相关职业资格证书提供必要的学习资源。教材共分为六章，在保证基本概念、基本理论和基本方法够用的基础上，以能力为本位，更注重实际应用及实用计算，加强与工作岗位的联系，精选内容，够用为度，且具有一定弹性，方便读者选择。教材每章后还设置了思考练习题，帮助学生巩固所学内容。

本教材由曹育梅任主编，盛燕晖、高伟任副主编，朱园园、纪青云参加编写。

第一章 混凝土工基础知识

混凝土工程施工作为建筑工程施工中的一个主要分项工程，施工质量的品质是建筑工程质量好坏的决定性因素之一，做好混凝土工程施工的基础技能便是学会识读建筑工程图及掌握扎实的基础知识。建筑工程图完整地表述了建筑物外形轮廓、大小尺寸、结构构造、材料做法，是指导施工的主要依据。经验丰富的混凝土工程技术人员应掌握扎实的基础知识，才能具备快速处理技术问题的能力。

第一节 建筑识图

一、建筑工程图中常见的参数、图例与代号

1. 比例

比例是指所绘制的图样大小与实物大小之比，即：比例 = 图纸上的线段长度 : 实物的线段长度。例如，一幢建筑物的长度是 50 m，若在工程图纸上相应的长度只画 0.5 m，那么它的比例就是 1 : 100。

工程图纸所使用的各种比例，应根据图样的用途及其复杂程度确定。建筑工程图选用的比例见表 1–1，应优先选用“常用比例”，需要时也可选用“可用比例”。

表 1–1 建筑工程图选用的比例

常用比例	1 : 1，1 : 2，1 : 5，1 : 10，1 : 20，1 : 50，1 : 100，1 : 200，1 : 500，1 : 1 000
可用比例	1 : 3，1 : 15，1 : 25，1 : 30，1 : 40，1 : 60，1 : 150，1 : 250，1 : 300，1 : 400，1 : 600

比例一般注写在图名的右侧，标注详图的比例写在详图索引标志的右下角。

2. 图线

在建筑工程图中，为了表示图中不同的内容、不同的情况，必须使用不同的线型和不同宽度的图线。建筑工程图中常用线型的种类及一般用途见表 1–2。

3. 图例

图例是建筑工程图上用图形表示一定含义的一种符号。它很形象，使人一看就能知道它表达的内容。常用建筑材料图例见表 1–3。

表 1–2　　建筑工程图中常用线型的种类及一般用途

名称		线型	线宽	一般用途
实线	粗		b	主要可见轮廓线、剖面图中被剖到部分的轮廓线、结构施工图的钢筋线
	中		$0.5b$	可见轮廓线
	细		$0.25b$	图例线、可见轮廓线、尺寸线、引出线、标高符号线等
虚线	粗		b	结构施工图中不可见的钢筋线、螺栓线
	中		$0.5b$	不可见轮廓线
	细		$0.25b$	不可见轮廓线、图例线
点画线	粗		b	结构施工图中梁或屋架的位置线
	中		$0.5b$	见有关专业制图标准
	细		$0.25b$	中心线、轮廓线、定位轴线
双点画线	粗		b	预应力钢筋线
	中		$0.5b$	见有关专业制图标准
	细		$0.25b$	假想轮廓线、成型前原始轮廓线
折断线			$0.25b$	断开界线
波浪线			$0.25b$	断开界线

表 1–3　　常用建筑材料图例

序号	名称	图例	备注
1	自然土壤		包括各种自然土壤
2	夯实土壤		
3	砂、灰土	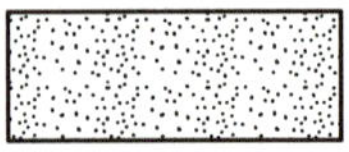	靠近轮廓线的点较密

续表

序号	名称	图例	备注
4	砂砾石、碎砖三合土		
5	天然石材		
6	毛石		
7	普通砖		包括实心砖、多孔砖、砌块等砌体，断面较窄不易绘出图例线时，可涂红
8	耐火砖		包括耐酸砖等砌体
9	空心砖		指非承重砖砌体
10	饰面砖		包括铺地砖、马赛克、陶瓷锦砖、人造大理石砖
11	混凝土		1. 本图例指能承重的混凝土及钢筋混凝土 2. 包括各种强度等级、骨料、添加剂的混凝土 3. 在剖面图上画出钢筋时，不画图例线 4. 断面图形小，不易画出图例线时可涂黑
12	钢筋混凝土		
13	焦渣、矿渣		包括与水泥、石灰等合成的材料
14	多孔材料		包括水泥珍珠岩、沥青珍珠岩、泡沫混凝土、非承重加气混凝土、软木、硅石制品等

续表

序号	名称	图例	备注
15	纤维材料	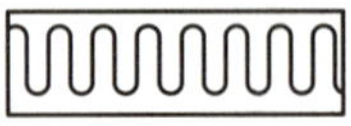	包括矿棉、岩棉、玻璃棉、麻丝、木丝板、纤维板等
16	泡沫塑料材料	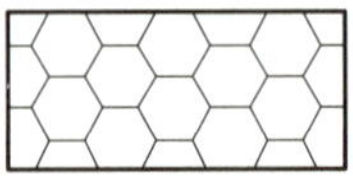	包括聚苯乙烯、聚乙烯、聚氨酯等多孔聚合物材料
17	松散材料	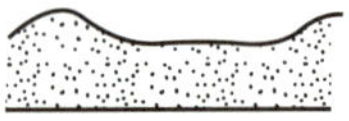	
18	木材		1. 上图为横断面，上左图为垫木、木砖或木龙骨 2. 下图为纵断面
19	胶合板	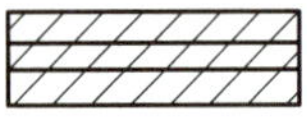	应注明为几层胶合板
20	石膏板	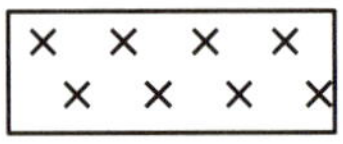	包括圆孔石膏板、方孔石膏板、防水石膏板等
21	金属		1. 包括各种金属 2. 图形小时，可涂黑
22	网状材料		1. 包括金属、塑料网状材料 2. 应注明具体材料名称
23	液体	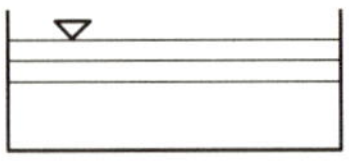	应注明具体液体名称
24	玻璃	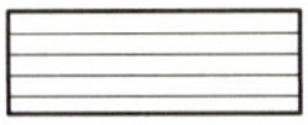	包括平板玻璃、磨砂玻璃、夹丝玻璃、钢化玻璃、中空玻璃、夹层玻璃、镀膜玻璃等
25	橡胶	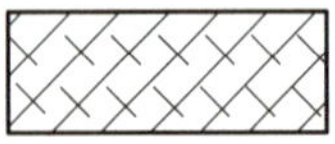	
26	塑料	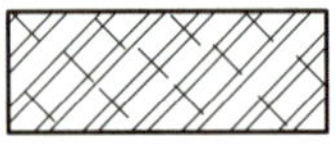	包括各种软、硬塑料及有机玻璃等

续表

序号	名称	图例	备注
27	防水材料		构造层次多或比例大时，采用上面图例
28	粉刷		本图例采用较稀的点
图例中斜线、短斜线、交叉斜线等的倾斜角度一律为 45°			

4. 建筑常用构件代号

建筑工程图中常用的构件可以用代号表示，常用构件代号见表 1–4。

表 1–4　建筑工程图中常用构件代号

名称	代号	名称	代号	名称	代号
板	B	屋架	WJ	屋面板	WB
托架	TJ	空心板	KB	天窗架	CJ
槽形板	CB	框架	KJ	折板	ZB
刚架	GJ	密肋板	MB	支架	ZJ
楼梯板	TB	柱	Z	盖板或沟盖板	GB
框架柱	KZ	挡雨板或檐口板	YB	构造柱	GZ
吊车安全走道板	DB	暗柱	AZ	天沟板	TGB
基础	J	墙板	QB	承台	CT
梁	L	设备基础	SJ	屋面梁	WL
桩	ZH	吊车梁	DL	挡土墙	DQ
单轨吊车梁	DDL	地沟	DG	轨道连接	DGL
柱间支撑	ZC	车挡	CD	垂直支撑	CC
圈梁	QL	水平支撑	SC	过梁	GL
梯	T	连系梁	LL	雨篷	YP
基础梁	JL	阳台	YT	楼梯梁	TL
梁垫	LD	框架梁	KL	预埋件	M
框支梁	KZL	天窗端壁	TD	屋面框架梁	WKL
钢筋网	W	檩条	LT	钢筋骨架	G

二、识图基本方法与步骤

1. 建筑工程图的内容

（1）图纸目录和总说明

图纸目录包括每张图纸的名称、内容、图号等。总说明包括工程概况、建筑标准、荷载等级等。

（2）建筑总平面图

建筑总平面图主要用来表示建筑用地及其周围的总体情况，它是进行施工现场平面布置及新建房屋定位、放线的依据。要识读建筑总平面图，先要学会识读常用总平面图图例，见表 1–5。

表 1–5　　常用总平面图图例

名称	图例	说明
新建的建筑物	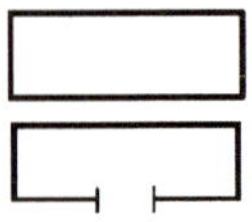	①上图为不画出入口图例，下图为画出入口图例 ②需要时，可在图形内右上角以点数或数字（高层用数字）表示层数 ③用粗实线绘制
原有的建筑物		①应注明拟利用者 ②用细实线绘制
计划扩建的预留地或建筑物		用中虚线绘制
拆除的建筑物	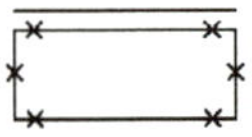	用细实线绘制
新建的地下建筑物或构筑物		用粗虚线绘制
围墙及大门	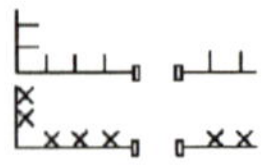	①上图为砖石、混凝土或金属材料的围墙 ②下图为镀锌铁丝网、篱笆等围墙 ③仅表示围墙时，不画大门

总平面图识读示例如图 1–1 所示。

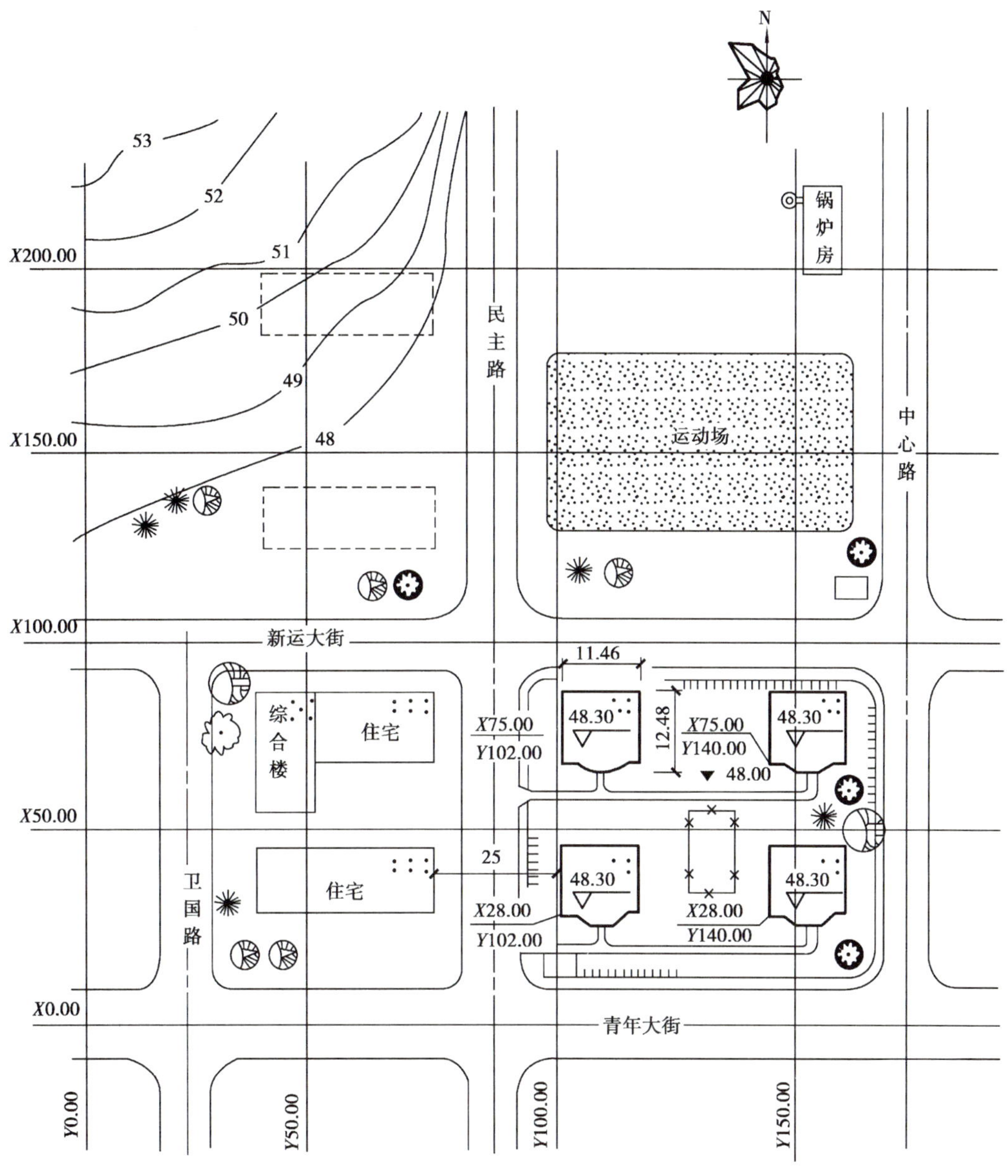

图 1–1　总平面图识读示例

（3）建筑施工图

建筑施工图用于说明房屋建筑各层平面布置、立面和剖面形式、建筑各部位的构造等，包括设计说明、各层平面图、各立面图、剖面图、构造详图、材料做法说明等。建筑施工图的图标栏内应标注“建施 ×× 号图”，以便查阅。建筑平面图主要由比例、线型、图例构成。常见建筑构造及配件图例见表 1–6。

表 1–6　　常见建筑构造及配件图例

名称	图例	说明
墙体	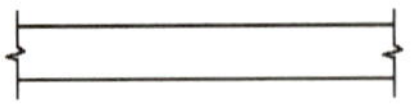	应加注文字或填充图例表示墙体材料，在项目设计图纸说明中列材料图例表并进行说明
隔断		①包括板条抹灰、木制、石膏板、金属材料等隔断 ②适用于到顶与不到顶隔断
栏杆		
	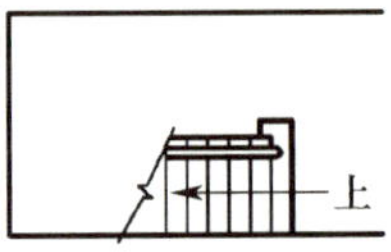	
楼梯	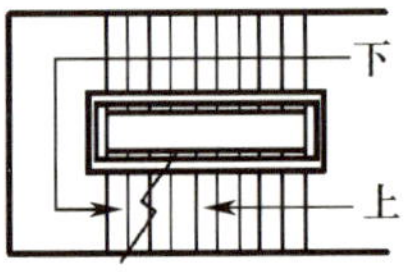	①上图为底层楼梯平面，中图为中间层楼梯平面，下图为顶层楼梯平面 ②楼梯及栏杆扶手的形式和梯段踏步数应按实际情况绘制
	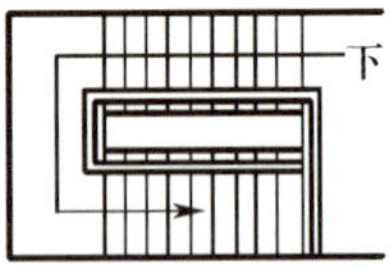	

（4）结构施工图

结构施工图用来说明房屋的结构构造类型、结构平面布置、构件尺寸、材料和施工要求等，包括基础平面图（见图 1–2）、基础详图（见图 1–3）、各层结构平面图（见图 1–4）、结构构造详图（见图 1–5）、构件图等。结构施工图在图标栏内应注明“结施 ×× 号图”。

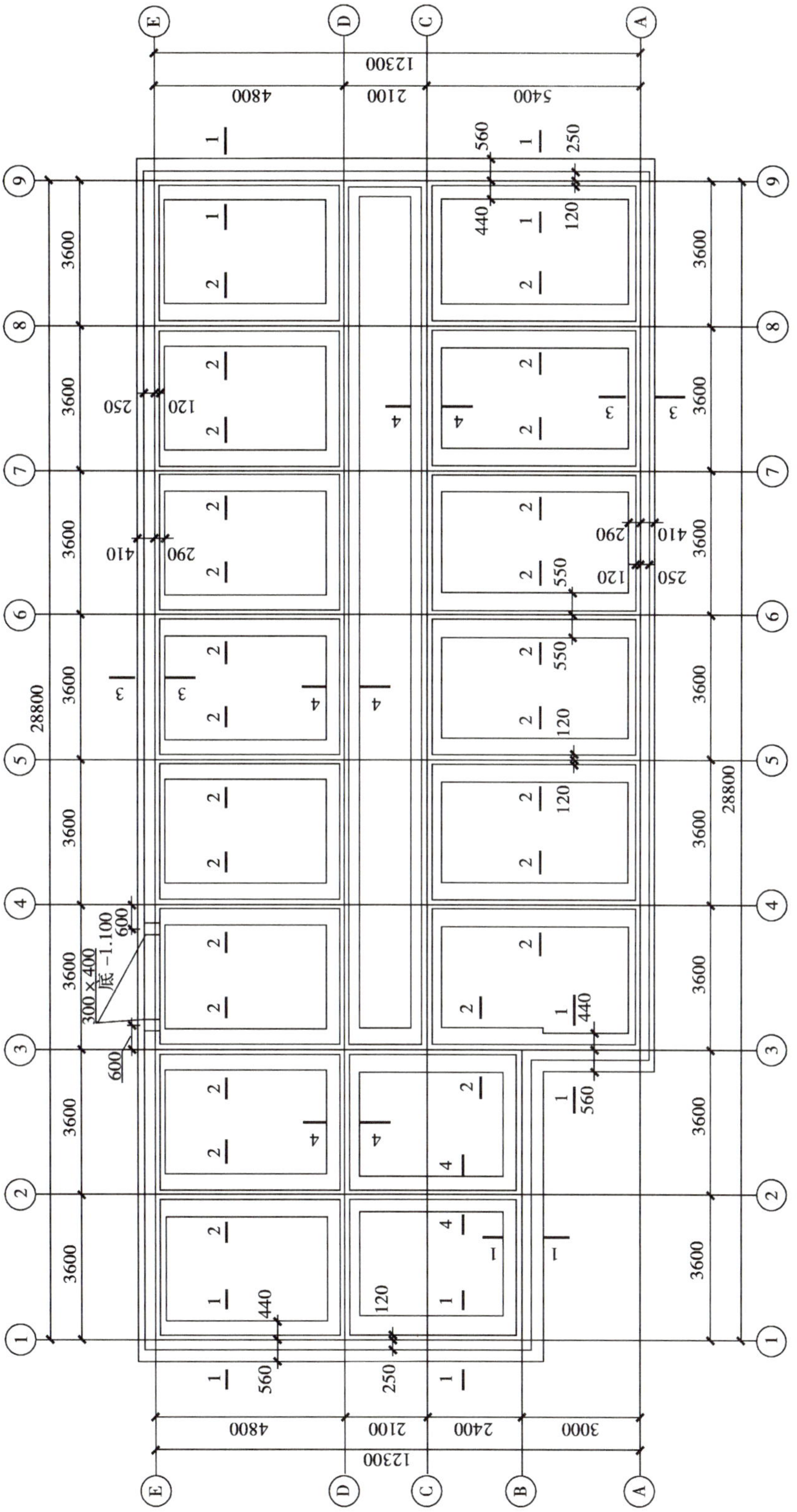

图 1-2　基础平面图（1：100）

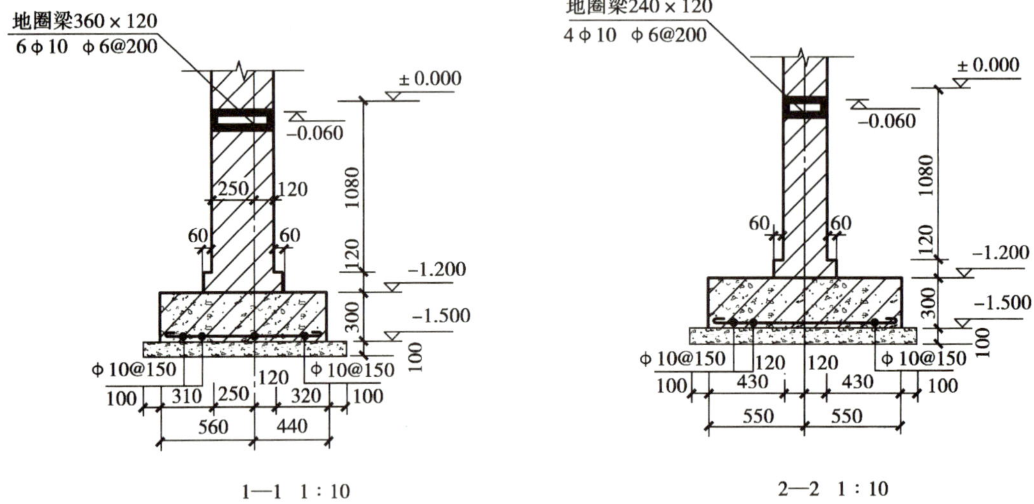

图 1-3 条形基础详图

2. 识图的基本方法与步骤

（1）看图纸目录、设计总说明，了解建筑概况、技术要求、结构种类等。

（2）看建筑施工图，可先看建筑平面图、立面图、剖面图，了解房屋的长度、宽度、高度、轴线尺寸、开间大小、一般布局等。看完这三种图后，应在头脑中形成拟建房屋的立体形象，能想象出它的大小规模和轮廓，再重点阅读一些细部构造详图。

（3）看结构施工图，包括基础结构图、楼层结构平面布置图和钢筋混凝土构件详图等。结构施工图涉及混凝土工种的内容很多，如混凝土的强度等级及特性，混凝土基础的尺寸、构造、轴线位置，钢筋混凝土梁、板、柱的断面尺寸、长度、厚度、高度、标高位置等。因此，对混凝土工来说，看懂结构施工图就显得更为重要了。

（4）应将建筑施工图与结构施工图综合起来解读，互相参考，并特别注意建筑施工图与结构施工图之间的衔接与联系，重点识读与本工程施工时有关的部分图纸，做到按图施工无差错。

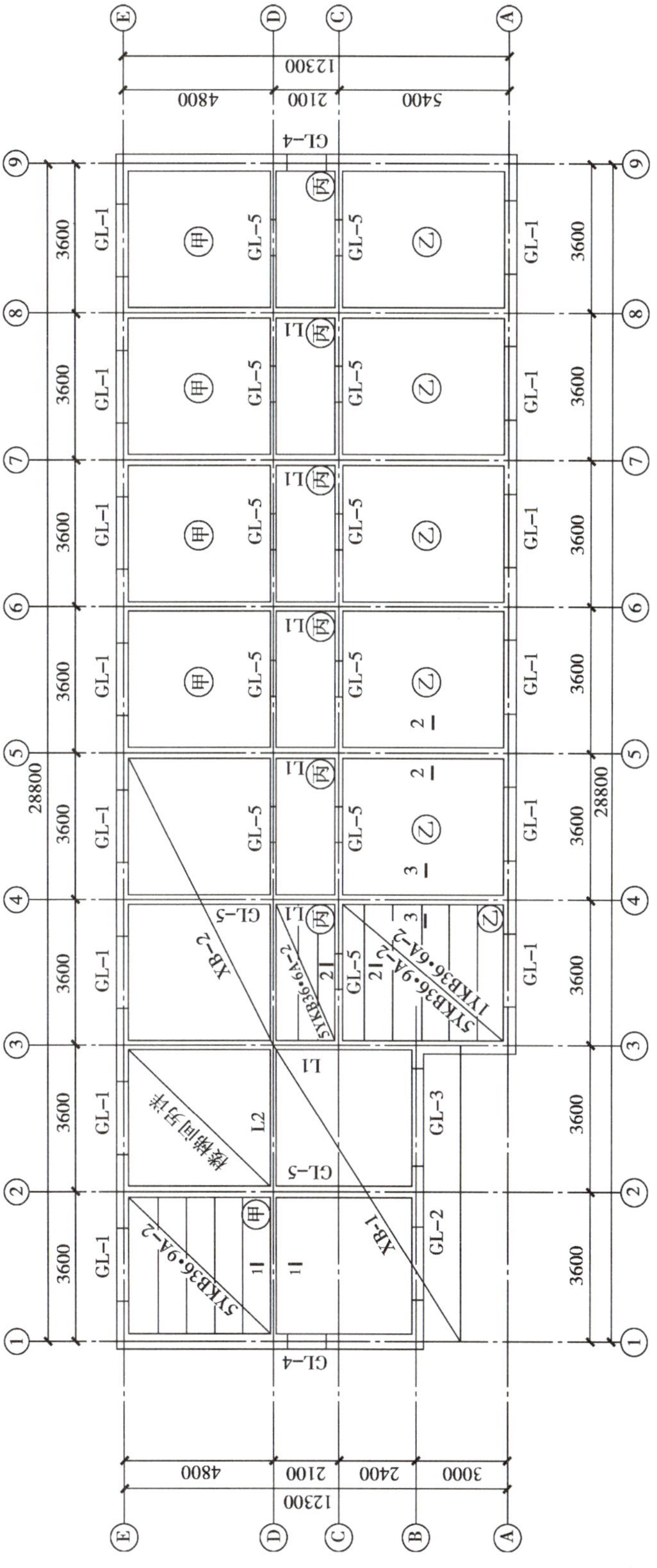

图 1-4　一、二层结构平面图（1：100）

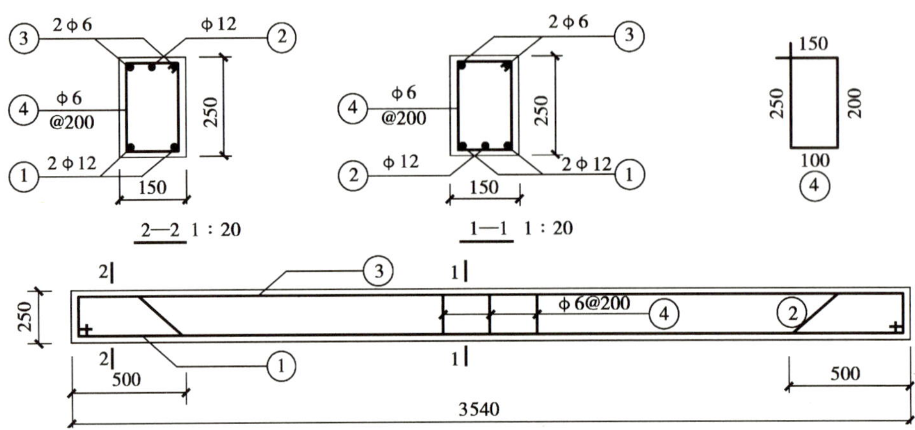

图 1-5 钢筋混凝土梁结构构造详图

第二节 建筑物组成及构造

一、建筑物的分类

1. 按建筑物使用性质分类

（1）工业建筑

工业建筑是指从事各类工业生产的房屋，包括生产用房屋和辅助用房屋，如生产车间、辅助车间、动力用房、仓储建筑等。

（2）农牧业建筑

农牧业建筑是指从事农牧业生产和加工用的房屋，如温室、畜禽饲养场、种子房、粮食与饲料加工站等。

（3）民用建筑

民用建筑是指供人们居住、生活、工作和从事各种政治、经济、文化活动的房屋。

2. 按建筑物主要承重结构的材料分类

（1）砖木结构建筑

砖木结构建筑是指以砖（石）墙（或柱）、木屋顶或木楼板为主要承重结构的建筑。由于我国木材资源短缺，这种建筑已极少采用。

（2）砖混结构建筑

砖混结构建筑是指以砖墙（或柱）、钢筋混凝土楼板和屋顶为主要承重结构的建筑。

（3）钢筋混凝土结构建筑

钢筋混凝土结构建筑是指主要承重构件（柱、梁、板）全部采用钢筋混凝土结构的建筑。它具有坚固耐久、防火和可塑性强等优点，在当今建筑领域中应用很广泛，

主要用于大型公用建筑、高层建筑和工业建筑。

（4）钢结构建筑

钢结构建筑是指主要承重构件（柱、梁）全部用钢材制作的建筑。钢结构力学性能好，便于制作和安装，自重轻，应用在超高层和大跨度建筑中特别适宜。21 世纪前，由于我国钢产量有限，这种结构只在少数工业建筑和大跨度公共建筑中采用。近年来，随着高层建筑的兴起，钢结构的采用已经越来越普遍。

3. 按建筑物的层数分类

民用建筑按地上建筑高度或层数进行分类应符合下列规定：

（1）建筑高度不大于 27.0 m 的住宅建筑、建筑高度不大于 24.0 m 的公共建筑及建筑高度大于 24.0 m 的单层公共建筑为低层或多层民用建筑。

（2）建筑高度大于 27.0 m 的住宅建筑和建筑高度大于 24.0 m 的非单层公共建筑，且高度不大于 100.0 m 的，为高层民用建筑。

（3）建筑高度大于 100.0 m 的为超高层建筑。

（4）建筑防火设计应符合现行国家标准有关建筑高度和层数计算的规定。

4. 按建筑物结构的承重方式分类

（1）墙承重体系

由墙体承受建筑的全部荷载，适用于内部空间小、建筑高度较小的建筑。

（2）骨架承重体系

由钢筋混凝土或钢组成的梁柱体系承受建筑的全部荷载，墙体只起到围护和分隔的作用，如框架结构建筑。骨架承重体系适用于跨度大、荷载大、高度高的建筑。

（3）内骨架承重体系

建筑内部由梁柱体系承重，四周由外墙承重，适用于局部设有较大空间的建筑。

（4）空间承重体系

由钢筋混凝土或钢结构承受建筑的全部荷载，如网架、索、壳体等，适用于大空间建筑。

二、民用建筑主要组成部分及构造

一般民用建筑的组成和构造如图 1–6 所示。

1. 基础

基础是房屋底部与地基接触的承重结构，它的作用是把房屋上部的荷载均匀地传给地基，避免地基受到破坏和产生大量沉降。因此，基础必须坚固、稳定、可靠。

2. 墙（或柱）

在墙承重的房屋中，墙既是承重结构，又是围护构件。在框架承重的房屋中，柱是承重结构，而墙仅作为分隔房间、遮蔽风雨和阳光辐射的围护构件。

3. 楼板和地面层

楼板是水平方向的承重结构，并用来分隔楼层之间的空间。它支撑人、家具和设备的荷载，并将这些荷载传递给墙或柱，应有足够的强度和刚度。地面层是指房屋底层的地坪，地面层应有均匀传力及防潮等要求，具有坚固、耐磨、易清洁等性能。

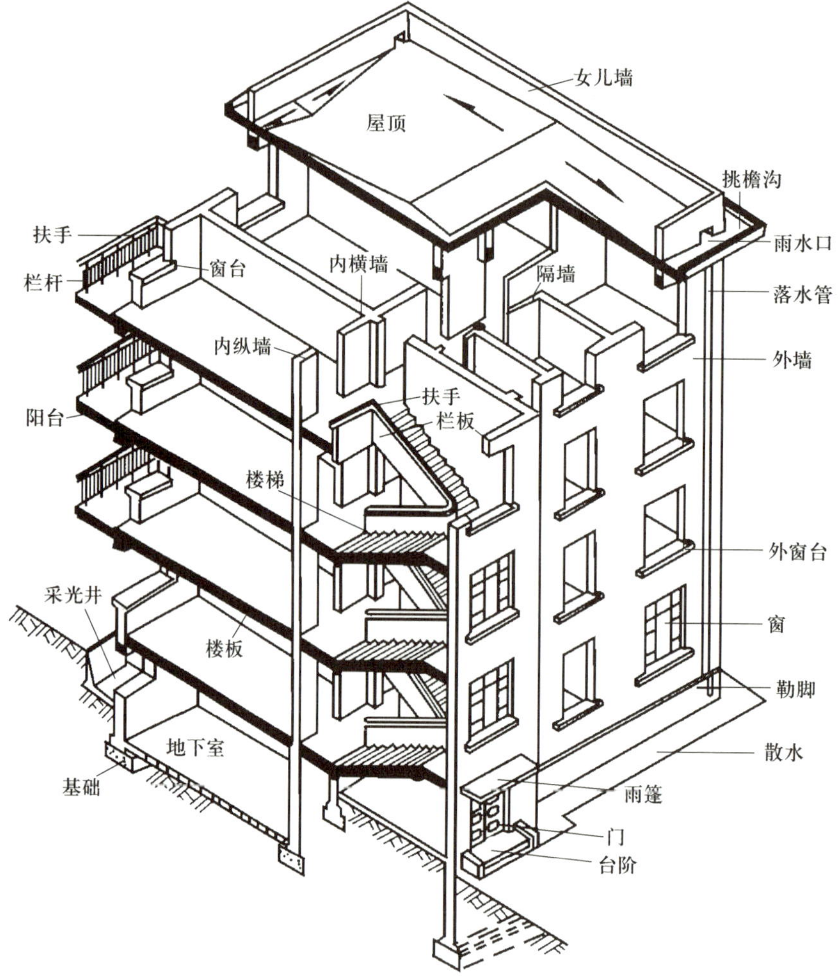

图 1-6　一般民用建筑的组成和构造

4. 楼梯

楼梯是房屋的垂直交通设施，用于人们上下楼层和发生紧急事故时疏散人流。楼梯应有足够的通行能力，并做到坚固和安全。

5. 屋顶

屋顶是房屋的主要围护构件，抵抗风、雨、雪的侵袭和太阳辐射热。屋顶又是房屋的承重结构，承受风雪荷载和施工期间的各种荷载。屋顶应坚固耐久、不漏水并保暖隔热。

6. 门窗

门主要用来通行人流，窗主要用来采光和通风。处于外墙上的门窗又是围护构件的一部分，应考虑防水和保暖隔热等要求。

民用建筑除上述六部分以外，还有一些附属部分，如阳台、雨篷、台阶、烟囱等。组成房屋的各部分各自起着不同的作用，但归纳起来不外乎是两大类，即承重结构和围护结构。墙、柱、基础、楼板、屋顶、门窗等属于承重结构。围护结构是指房屋的外壳部分，如墙、屋顶、门窗等，它们的功能是抵抗自然界的风、雨、雪、太阳辐射

和各种噪声的干扰，应具有防风雨、保暖隔热、隔绝噪声等功能。有些部分既是承重结构也是围护结构，如墙和屋顶等。

三、工业建筑分类、组成及构造

工业建筑是指从事工业生产和为生产服务的各类建筑物、构筑物。工业建筑应根据生产工艺流程和机械设备布置的要求进行设计，同时还要考虑具有良好的安全生产条件。

1. 工业建筑的分类

（1）按用途分类

1）生产类建筑，包括各种工业企业的生产车间。

2）辅助类建筑，包括机修车间、工具车间等。

3）动力类建筑，包括电站、煤气站、压缩气站、变电站、锅炉房等。

4）仓储类建筑，包括原材料仓库、成品仓库、半成品仓库等。

（2）按层数分类

1）单层厂房。这类厂房只有一层，在工业建筑中应用较广泛，生产工艺和运输路线较容易组织，多用于重工业和机械工业。

2）多层厂房。两层及两层以上的厂房称为多层厂房。这类厂房适用于采用垂直方向内部运输的生产工艺流程或厂房的设备和产品重量较轻的情况，常用于食品工业、电子工业、仪表工业、轻纺工业等。

3）层次混合的厂房。有些工业生产（如化学工业）中，部分需要单层厂房以容纳高大的生产设备，而其他部分的生产宜在其单侧或双侧的多层厂房中进行，这就形成了层次混合的厂房。

（3）按承重结构的形式分类

1）骨架承重结构。骨架承重结构是由横向骨架和纵向联系构件组成的承重体系，墙体只起围护作用。骨架承重结构适用于跨度较大、层高较高、吊车荷载较大、侧窗较宽的厂房。骨架承重结构多采用钢筋混凝土构件，如图 1–7 所示。

2）墙承重结构。墙承重结构一般指外墙采用承重砌体墙，有时还设有壁柱以承受屋顶和吊车荷载的承重体系，适用于吊车荷载不大、高度在 9 m 以下、跨度在 5 m 以内的厂房。墙承重的单层厂房不设吊车梁时，一般与民用建筑中的食堂、礼堂类似。

2. 工业建筑组成及构造

（1）屋盖

屋盖包括屋面板、屋架（或屋面梁）及天窗架、托架等。屋面板直接铺在屋架（或屋面梁）上，承受荷载并传给屋架（或屋面梁）。屋架（或屋面梁）是屋盖结构的主要承重构件，屋面板、天窗的荷载都要由屋架（屋面梁）承担，屋架（屋面梁）搁置在柱子上。

（2）吊车梁

吊车梁安放在柱子伸出的牛腿上，它承受吊车自重、吊车起重量以及吊车刹车时产生的冲切力，并将这些荷载传给柱子。

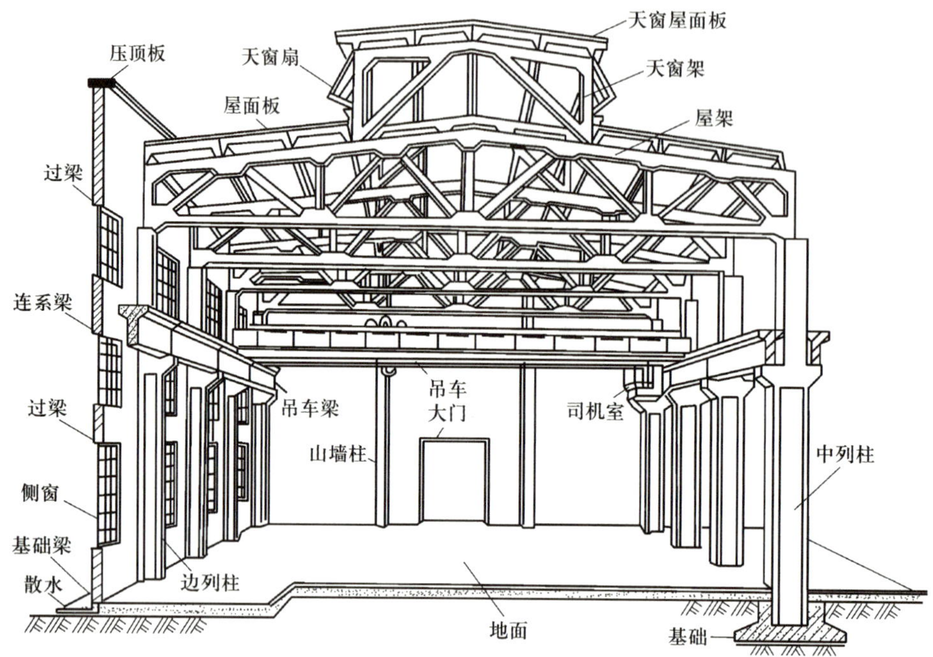

图 1–7　骨架承重结构的单层工业厂房

（3）柱子

柱子是厂房的主要承重构件，它承受着屋盖、吊车梁、墙体上的荷载，以及山墙传来的风荷载，并把这些荷载传给基础。

（4）基础

基础承担作用在柱子上的全部荷载，以及基础梁上部分墙体荷载，并传给地基。基础一般采用独立式基础。

（5）外墙围护系统

外墙围护系统包括厂房四周的外墙、抗风柱、墙梁和基础梁等。这些构件所承受的荷载主要是墙体和构件的自重以及作用在墙体上的风荷载等。

（6）支撑系统

支撑系统包括柱间支撑和屋盖支撑两大部分，其作用是加强厂房结构的空间整体刚度和稳定性，主要传递水平风荷载以及吊车产生的冲切力。

第三节　混凝土结构

一、钢筋混凝土结构房屋的受力特点

钢筋混凝土结构是由配置受力的普通钢筋或钢筋骨架的混凝土制成的结构。混凝土抗压能力很高，而抗拉能力很弱。采用素混凝土制成的构件（指无筋或不配置受力钢筋的混凝土构件，如素混凝土梁），当它承受竖向荷载作用时（见图 1–8a），在梁

的垂直截面（正截面）上受到弯矩作用，截面中性轴以上受压，中性轴以下受拉。当荷载达到某一数值 F_c 时，梁截面受拉边缘混凝土的拉应变达到极限拉应变，即出现竖向弯曲裂缝，这时，裂缝处截面的受拉区混凝土失去强度，使竖向弯曲裂缝也会急速向上发展，导致梁骤然断裂（见图 1–8b）。这种破坏是很突然的。也就是说，当荷载达到 F_c 的瞬间，梁立即发生破坏。F_c 为素混凝土梁受拉区出现裂缝的荷载，一般称为素混凝土梁的抗裂荷载，也是素混凝土梁的破坏荷载。由此可见，素混凝土梁的承载能力是由混凝土的抗拉强度决定的，而受压混凝土的抗压强度远未被充分利用。在制造混凝土梁时，倘若在梁的受拉区配置适量的纵向受力钢筋，就构成钢筋混凝土梁。试验表明，与素混凝土梁有相同截面尺寸的钢筋混凝土梁承受竖向荷载作用时，荷载略大于 F_c 时的受拉区混凝土仍会出现裂缝。在出现裂缝的截面处，受拉区混凝土虽失去强度，但配置在受拉区的钢筋将可承担几乎全部的拉力（见图 1–8c），直至受拉钢筋的应力达到屈服强度，继而截面受压区的混凝土也被压碎，梁才破坏。因此，混凝土的抗压强度和钢筋的抗拉强度都能得到充分的利用，钢筋混凝土梁的承载能力可较素混凝土梁提高很多。

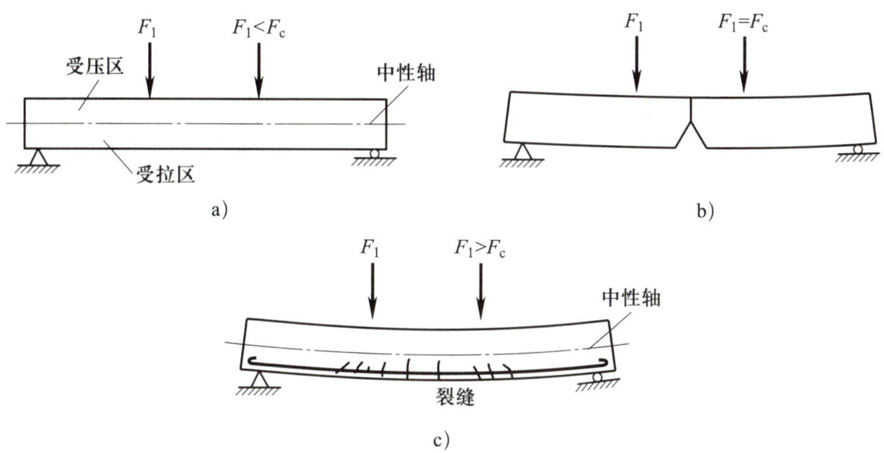

图 1–8　素混凝土梁和钢筋混凝土梁

a）受竖向力作用的混凝土梁　b）素混凝土梁的断裂　c）钢筋混凝土梁的开裂

1. 钢筋和混凝土共同工作的原理

根据构件受力状况配置钢筋和混凝土，形成钢筋混凝土构件，可以将钢筋和混凝土各自的特点有机地整合在一起，从而提高构件的承载能力，改善构件的受力性能。钢筋的作用是代替混凝土受拉。

钢筋和混凝土这两种力学性能不同的材料之所以能有效地接合在一起共同工作，主要是由于：

（1）混凝土和钢筋之间有着良好的黏结力，使两者能可靠地接合成一个整体，在荷载作用下能够很好地共同变形，完成其结构功能。

（2）钢筋和混凝土的温度线膨胀系数较为接近，钢筋为（1.2×10^{-5}）/℃，混凝土为（$1.0\times10^{-5}\sim1.5\times10^{-5}$）/℃，因此，当温度变化时，不致产生较大的温度应力而破

坏两者之间的黏结。

（3）包围在钢筋外围的混凝土起着保护钢筋免遭锈蚀的作用，保证了钢筋混凝土结构构件的寿命。

2. 钢筋混凝土的特点

钢筋混凝土除了能合理地利用钢筋和混凝土两种材料的特性外，还有下述一些优点：

（1）在钢筋混凝土结构中，混凝土强度是随时间而不断增长的，同时，钢筋被混凝土包裹而不致锈蚀，所以，钢筋混凝土结构的耐久性较好。

（2）钢筋混凝土结构既可以整体现浇，也可以预制装配，并且可以根据需要浇制成各种构件形状和截面尺寸。

（3）钢筋混凝土结构所用的原材料中，砂、石所占的比重较大，而砂石材料来源广泛，故可以降低建筑成本。

钢筋混凝土结构也存在一些缺点，例如：钢筋混凝土构件的截面尺寸一般较相应的钢结构大，因而自重较大，这对于大跨度结构是不利的；抗裂性能较差，正常使用时往往是带裂缝工作的；施工受气候条件影响较大；修补或拆除较困难等。

钢筋混凝土结构虽有缺点，但毕竟有其独特的优点，所以，它的应用极为广泛，无论是桥梁工程、隧道工程、房屋建筑工程、铁路工程，还是水工结构工程、海洋结构工程等都已广泛采用。随着钢筋混凝土结构的不断发展，上述缺点已经或正在逐步改善。

3. 钢筋混凝土民用建筑的受力

钢筋混凝土民用建筑的受力如图 1–9 所示。屋面荷载传递到楼面上，楼面荷载传递给柱，柱荷载传递给下层柱直至基础，基础荷载再传递给地基。水平荷载由墙体承载，墙体荷载传递到楼面和柱上，再与屋面和楼面荷载一起向下传递。

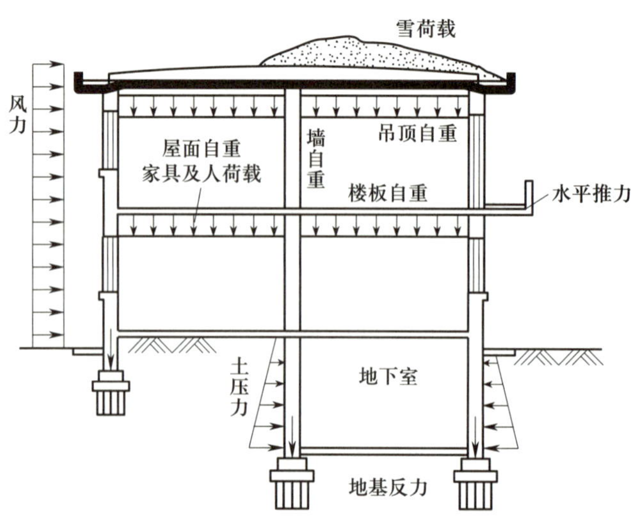

图 1–9　钢筋混凝土民用建筑的受力

4. 单层工业厂房建筑的受力

单层工业厂房建筑的受力如图1-10所示。屋面荷载传递到屋架，由屋架传递给牛腿柱，行车梁或者吊车梁上的荷载传递给牛腿，向下传递到基础，再由基础传递给地基。水平荷载传递方式同民用建筑。

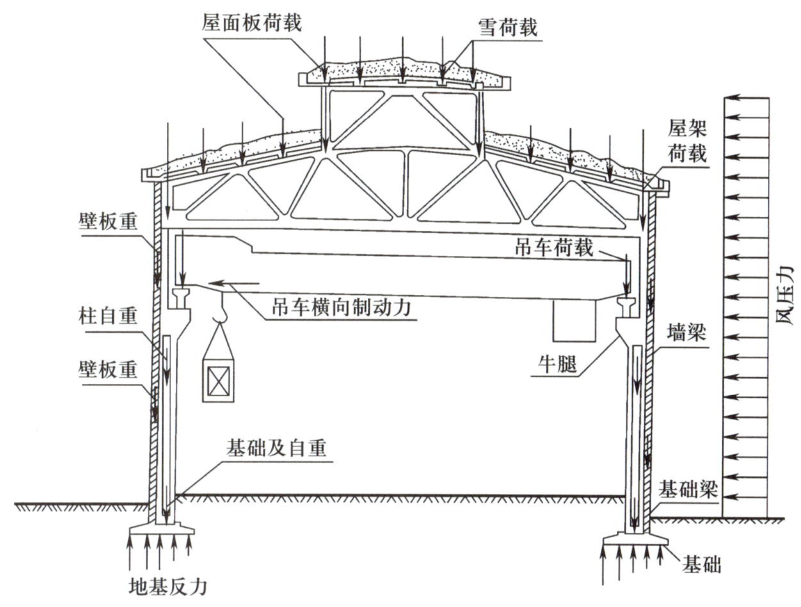

图1-10　单层工业厂房建筑的受力

二、混凝土保护层厚度

钢筋的混凝土保护层厚度系指受力钢筋的外边缘至混凝土表面的距离，该厚度应满足钢筋的黏结锚固要求及结构的耐久性要求。钢筋的混凝土保护层厚度与构件的使用环境、构件类型及混凝土的强度等级有关。任何条件下，混凝土保护层厚度不应小于15 mm，钢筋混凝土构件普通钢筋的混凝土保护层厚度尚不应小于钢筋的公称直径。

普通钢筋、有黏结预应力筋的混凝土保护层有两个主要作用：一是保证普通钢筋、有黏结预应力筋与混凝土之间的黏结锚固性能，使其共同工作，并完成混凝土构件的基本受力性能要求；二是为普通钢筋、预应力筋提供保护作用，使其满足结构耐久性要求。混凝土保护层厚度应根据环境类别、普通钢筋和预应力筋种类、普通钢筋锚固及连接性能要求、预应力筋锚固性能要求、普通钢筋的应力水平、混凝土强度等级等因素综合研究确定。

此外，混凝土保护层厚度还应考虑建筑物的防火要求。

三、现代常用混凝土结构体系及施工方法简介

1. 混凝土框架结构

混凝土框架结构是由混凝土梁和柱组成主要承重结构的体系。其优点是建筑

平面可以灵活布置，形成较大的空间，所以常用于公共建筑中。但是，框架结构属于柔性结构，抗水平荷载的能力较弱，实际使用时其抗震性较差，因此高度不宜过高。

框架结构有现浇和预制装配之分。为了加快现场施工进度，梁、柱模板可以预先进行整体组装然后再安装。预制装配式框架由工厂先行预制，在装配过程中可采用塔式起重机（轨道式或爬升式）或自行式起重机（履带式或汽车式）进行安装。装配式柱子的接头形式有榫式、插入式、浆锚式等。接头要能传递轴向力、弯矩和剪力。柱与梁的接头有明牛腿式、暗牛腿式、齿槽式等，可做成刚接，也可做成铰接。

2. 混凝土剪力墙结构

混凝土剪力墙结构利用建筑物的内墙和外墙构成剪力墙来抵抗水平力，剪力墙一般采用钢筋混凝土墙。这种体系的侧向抗弯能力强，既可以承受很大的水平荷载，也可以承受很大的竖向荷载，但以水平荷载为主，适用于开间小、墙体多、变化少的居民住宅、旅馆等建筑。剪力墙结构可以采用大模板或滑升模板进行浇筑。

3. 混凝土框架－剪力墙结构

混凝土框架－剪力墙结构综合框架结构和剪力墙结构的优点，取长补短，在框架某些柱间布置剪力墙，与框架共同工作，是一种水平承载能力较大、建筑布置较灵活的结构体系。在该体系中，剪力墙可以采用现浇钢筋混凝土墙板，也可以采用预制钢筋混凝土墙板，还可以是钢桁架结构。一般情况下，剪力墙若为现浇钢筋混凝土墙板，多用大模板或组合式钢模进行现场浇筑。框架部分可以使用木模板进行现场浇筑。

4. 混凝土板柱结构

混凝土板柱结构是由混凝土柱和大型楼板构成主要承重结构的体系。施工时通常可用升板法，即先吊装柱，再浇筑室内地坪，然后以地坪为胎膜就地叠浇各层楼板和屋面板，待混凝土达到一定强度后，再在柱上安设提升机，以柱为支撑和导杆。当提升机不断沿着柱往上爬升时，即可通过吊杆将屋面板和各层楼板逐一交替地提升到设计标高，并加以固定。

5. 混凝土筒体结构

混凝土筒体结构是由一个或几个筒体作为承重结构的高层建筑结构体系。其水平荷载主要由筒体承受，具有很大的强度和抗震能力。这种结构体系布置灵活，单位面积的结构材料消耗量少，是目前超高层建筑的主要结构体系之一。该结构体系还可以分为核心筒体系、框筒体系、筒中筒体系和成束筒体系。核心筒的内筒多为现浇的钢筋混凝土墙板结构，如果高度很大，用滑升模板施工较为适宜。

6. 混凝土大跨度结构

跨度较大的混凝土结构通常用于桥梁、高大空间建筑等，一般采用预应力混凝土结构形式。

技能训练 1　识读墙基础

1. 图 1–11 中，混凝土垫层的混凝土强度是________，混凝土基础的混凝土强度是________。

2. 如需浇筑 10 m 长的混凝土垫层，需要________混凝土。

3. 如需浇筑 15 m 长的素混凝土基础，需要________混凝土。

4. 图 1–11 中地圈梁宽是________，梁高是________，如需浇筑 20 m 长的梁，需要（　　）混凝土。

5. 地圈梁箍筋的直径是________，间距是________。

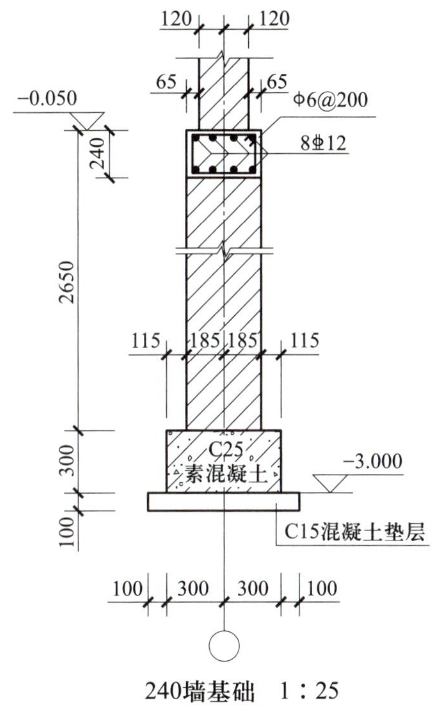

图 1–11　墙基础

注：为了与之上的混凝土基础相区分，本图的混凝土垫层只作文字说明，没有用混凝土图例表示。

技能训练 2　识读民用建筑各组成部分

试着填写图 1–12 中民用建筑各组成部分的名称。

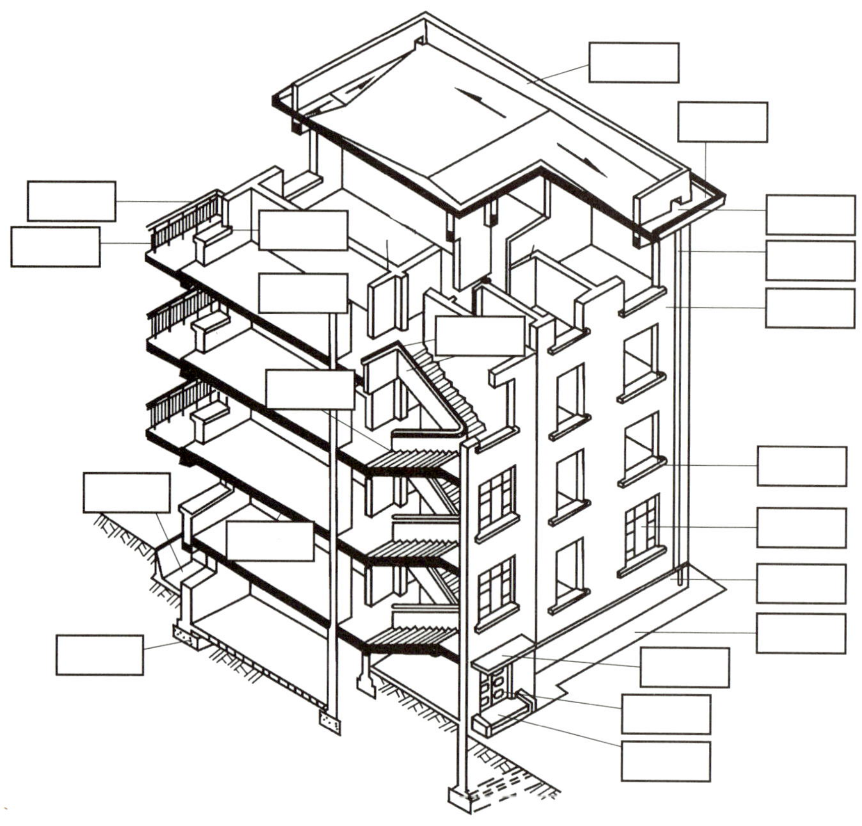

图 1-12　民用建筑各组成部分

思考练习题

1. 简述钢筋和混凝土共同工作的原理。
2. 钢筋混凝土的优缺点有哪些？
3. 钢筋混凝土结构的结构形式有哪几种？

第二章 混凝土材料认知

混凝土基础知识部分的内容包括混凝土的材料组成、主要技术、配合比设计等，在掌握这些基础知识后才能有效地进行混凝土施工技能训练。扎实的基础知识是经验丰富的混凝土技术人员必备的专业素养。

第一节 混凝土组成材料

一、混凝土的组成与分类

混凝土是指用胶凝材料、粗细骨料及水、外加剂和矿物掺和料按一定比例配制，经搅拌振捣成型，在一定条件下养护、胶结成整体的复合固体材料的总称。混凝土原料丰富、价格低廉、生产工艺简单，同时还具有抗压强度高、耐久性好、强度等级范围宽的特点，在各种工程建设中作为重要的建筑材料广泛使用。

1. 混凝土的主要组成材料

（1）胶凝材料

水泥是混凝土中最常用的胶凝材料，可以根据混凝土工程的特点、所处环境和设计、施工要求，并结合各种水泥的不同特性及适用范围，合理地选择水泥的品种与强度等级。

（2）骨料

骨料又称为集料，是混凝土的重要组成部分，起到骨架和填充作用，可按粒径分为粗骨料和细骨料。颗粒粒径小于 5 mm 的岩石颗粒为细骨料，即砂。颗粒粒径大于 5 mm 的岩石颗粒为粗骨料，即石子。

（3）水

配制混凝土一般应用干净的自来水或淡河水，不得使用工业废水，限制使用海水，以免钢筋锈蚀或使混凝土抗冻性降低。

除上述几种材料外，在配置混凝土时，为了改善混凝土的性质、节约水泥、降低成本，必要时可加入一些掺和料或外加剂。

2. 混凝土的分类

混凝土的种类很多，分类方法也很多。

（1）按表观密度分类

1）重混凝土。重混凝土是指表观密度大于 2 600 kg/m^3 的混凝土，常由重晶石和铁矿石配制而成。

2）普通混凝土。普通混凝土是指以水泥为胶凝材料，砂和石子为骨料，经加水搅拌、浇筑成型、凝结固化成的具有一定强度的“人工石材”，即水泥混凝土，表观密度为 1 950～2 600 kg/m³，是目前工程上使用量最大的混凝土品种。普通混凝土通常可简称为砼。

3）轻混凝土。轻混凝土是指表观密度小于 1 950 kg/m³ 的混凝土，包括轻骨料混凝土、多孔混凝土和大孔混凝土等。

（2）按胶凝材料的品种分类

混凝土通常可根据主要胶凝材料的品种进行命名，如水泥混凝土、石膏混凝土、水玻璃混凝土、硅酸盐混凝土、沥青混凝土、聚合物混凝土等。有时，混凝土也以加入的特种改性材料命名，如水泥混凝土中掺入钢纤维时，称为钢纤维混凝土；水泥混凝土中掺大量粉煤灰时，则称为粉煤灰混凝土等。

（3）按使用部位、功能和特性分类

混凝土按使用部位、功能和特性不同，通常可分为结构混凝土、道路混凝土、水工混凝土、耐热混凝土、耐酸混凝土、防辐射混凝土、补偿收缩混凝土、防水混凝土、泵送混凝土、自密实混凝土、纤维混凝土、聚合物混凝土、普通混凝土、高强混凝土和高性能混凝土等。

二、常用水泥种类与特征

常用水泥有硅酸盐水泥、普通硅酸盐水泥、矿渣硅酸盐水泥、火山灰质硅酸盐水泥、粉煤灰硅酸盐水泥、复合硅酸盐水泥、白色硅酸盐水泥等。

白色硅酸盐水泥的熟料矿物主要成分是硅酸盐，国家标准《白色硅酸盐水泥》（GB/T 2015—2017）规定：白色硅酸盐水泥按其强度分为 32.5、42.5、52.5 三个强度等级。白色硅酸盐水泥配入耐碱矿物颜料可制得彩色水泥。

常用水泥的特性见表 2–1，混凝土工程中常用水泥的选用见表 2–2。

表 2–1　常用水泥的特性

序号	水泥名称	原料	代号	特性
1	硅酸盐水泥	硅酸盐水泥熟料和不超过 5% 的石灰石或粒化高炉矿渣、适量石膏磨细制成的水硬性胶凝材料	P · Ⅰ P · Ⅱ	凝结时间短，快硬、早强、高强、抗冻、耐磨、耐热，水化放热集中，水化热较大，抗硫酸盐侵蚀能力较差
2	普通硅酸盐水泥	硅酸盐水泥熟料和 6%～15% 的石灰石或粒化高炉矿渣、适量石膏磨细制成的水硬性胶凝材料	P · O	早期强度增进率稍有降低，抗冻性和耐磨性稍有下降，抗硫酸盐侵蚀能力有所增强，其他性能与硅酸盐水泥类似

续表

序号	水泥名称	原料	代号	特性
3	矿渣硅酸盐水泥	硅酸盐水泥熟料和20%~70%的粒化高炉矿渣、适量石膏磨细制成的水硬性胶凝材料	P·S	需水少，早期强度低但后期增长较快，水化热低，抗硫酸盐侵蚀能力强，耐热性好，但保水性和抗冻性差
4	火山灰质硅酸盐水泥	硅酸盐水泥熟料和20%~50%火山灰质混合材料、适量石膏磨细制成	P·P	抗硫酸盐侵蚀能力较强，保水性好，水化热低，但需水量大，低温凝结慢，干缩性大，抗冻性差
5	粉煤灰硅酸盐水泥	硅酸盐水泥熟料和20%~40%粉煤灰、适量石膏磨细制成	P·F	具有与大山灰质硅酸盐水泥相近的性能。与火山灰质硅酸盐水泥相比，具有吸水量小、干缩性小的特点
6	复合硅酸盐水泥	硅酸盐水泥熟料、15%~50%两种或两种以上规定的混合材料、适量石膏磨细制成的水硬性胶凝材料	P·C	水化热低，耐蚀性好，韧性好，能通过混合材料的复掺优化水泥的性能，如改善保水性、减少干燥收缩等

表 2–2　　混凝土工程中常用水泥的选用

工程特点或环境条件		优先选用	可以使用	不得使用
环境条件	普通气候环境中的混凝土	普通硅酸盐水泥	矿渣硅酸盐水泥、火山灰质硅酸盐水泥、粉煤灰硅酸盐水泥	—
	干燥环境中的混凝土	普通硅酸盐水泥	矿渣硅酸盐水泥	火山灰质硅酸盐水泥、粉煤灰硅酸盐水泥
	高湿度环境中或永远处在水下的混凝土	矿渣硅酸盐水泥	普通硅酸盐水泥、火山灰质硅酸盐水泥、粉煤灰硅酸盐水泥	—
	严寒地区的露天混凝土、寒冷地区处在水位升降范围内的混凝土	普通硅酸盐水泥	矿渣硅酸盐水泥	火山灰质硅酸盐水泥、粉煤灰硅酸盐水泥

续表

工程特点或环境条件		优先选用	可以使用	不得使用
环境条件	严寒地区处在水位升降范围内的混凝土	普通硅酸盐水泥	—	火山灰质硅酸盐水泥、粉煤灰硅酸盐水泥
	厚大体积的混凝土	粉煤灰硅酸盐水泥、矿渣硅酸盐水泥	普通硅酸盐水泥、火山灰质硅酸盐水泥	硅酸盐水泥、快硬硅酸盐水泥
工程特点	要求快硬的混凝土	快硬硅酸盐水泥、硅酸盐水泥	普通硅酸盐水泥	矿渣硅酸盐水泥、火山灰质硅酸盐水泥、粉煤灰硅酸盐水泥
	要求高强（大于 C60）的混凝土	硅酸盐水泥	普通硅酸盐水泥、矿渣硅酸盐水泥	火山灰质硅酸盐水泥、粉煤灰硅酸盐水泥
	有抗渗性要求的混凝土	普通硅酸盐水泥、火山灰质硅酸盐水泥	—	矿渣硅酸盐水泥
	有耐磨性要求的混凝土	硅酸盐水泥、普通硅酸盐水泥	矿渣硅酸盐水泥	火山灰质硅酸盐水泥、粉煤灰硅酸盐水泥

注：1. 蒸汽养护时用的水泥宜根据具体条件通过试验确定。

2. 复合硅酸盐水泥选用应根据其混合比确定。

三、混凝土骨料分类与使用要求

混凝土骨料按来源可分为原生骨料和再生骨料。目前大量工程中应用的是原生骨料，如砂和石子。地壳表面绝大多数的岩石可作为原生骨料。骨料按粒径大小又可分为粗骨料和细骨料，其性质对混凝土性质有很大的影响。

1. 细骨料——砂

（1）定义

粒径小于 5 mm 的岩石颗粒称为细骨料。必须符合《普通混凝土用砂、石质量及检验方法标准》（JGJ 52—2006）的要求。

（2）分类

砂按来源可分为天然砂和人工砂。天然砂按来源又可分为河砂、海砂、山砂。砂按技术要求分为Ⅰ、Ⅱ、Ⅲ三类。Ⅰ类砂用于强度等级大于 C60 的混凝土，Ⅱ类砂用于强度等级在 C30 和 C60 之间的混凝土，Ⅲ类砂用于强度等级小于 C30 的混凝土及建

筑砂浆。

(3)砂的技术要求

1)有害杂质。有害杂质是指骨料中妨碍水泥水化或引起水泥石腐蚀，降低水泥石与骨料黏附性的各种物质，如云母、黏土、淤泥和有机物等。有害杂质会妨碍水泥与骨料的黏结，影响混凝土强度，增大用水量和收缩，引起水泥石腐蚀。当砂中有害杂质含量多，但必须使用时，可用清水加以冲洗，如果冲洗后符合要求，则可使用。砂中有害杂质含量应符合国家标准《建设用砂》(GB/T 14684—2022)的要求，见表 2–3。

表 2–3　砂中有害杂质含量要求（GB/T 14684—2022）　%

类别	Ⅰ类	Ⅱ类	Ⅲ类
云母（质量分数）	≤1.0	≤2.0	
轻物质（质量分数）[a]	≤1.0		
有机物	合格		
硫化物及硫酸盐（按亚硫酸根质量计）	≤0.5		
氯化物（以氯离子质量计）	≤0.01	≤0.02	≤0.06[b]
贝壳（质量分数）[c]	≤3.0	≤5.0	≤8.0

a：天然砂中如含有浮石、火山渣等天然轻骨料时，经试验验证后，该指标可不做要求。

b：对于钢筋混凝土用净化处理的海砂，其氯化物含量应小于或等于 0.02%。

c：该指标仅适用于净化处理的海砂，其他砂种不做要求。

2)颗粒形状和表面特征。砂的颗粒形状和表面特征及其对混凝土性能的影响见表 2–4。

表 2–4　砂的颗粒形状和表面特征及其对混凝土性能的影响

种类	颗粒形状	表面特征	和易性	强度
河砂、海砂	圆、椭圆	光滑	好	低
山砂	多棱角	粗糙	差	高

3)粗细程度。砂的粗细程度是指不同粒径的砂混合在一起后总体的粗细程度，用细度模数表示。砂的粗细程度划分见表 2–5。

表 2–5　砂的粗细程度划分

粗细程度	细度模数（μ_f）	粗细程度	细度模数（μ_f）
粗砂	3.1 ~ 3.7	细砂	1.6 ~ 2.2
中砂	2.3 ~ 3.0	特细砂	0.7 ~ 1.5

4）级配。砂的级配应合理，确保粗细颗粒含量适当，空隙率小，总表面积小，水泥浆的用量少，混凝土的和易性好，密实度高，强度及耐久性高。

2. 粗骨料——石

（1）定义

粒径大于 5 mm 的岩石颗粒称为粗骨料。

（2）分类

粗骨料按来源可分为碎石和卵石，工程中常用碎石配制混凝土。粗骨料按技术要求分为三类：Ⅰ类用于强度等级高于 C60 的混凝土，Ⅱ类用于强度等级在 C30 和 C60 之间的混凝土，Ⅲ类用于强度等级低于 C30 的混凝土及建筑砂浆。

（3）种类及含量限制

1）有害杂质种类及含量限制。含泥量、泥块含量、针片状颗粒含量及有害物质含量等均应符合国家标准《建设用卵石、碎石》（GB/T 14685—2022）的要求。

2）碱—骨料反应。水泥中碱性物质（氧化钠或氧化钾）过多，且粗骨料中含有活性成分（活性氧化硅或活性氧化铝），二者会发生化学反应，生成碱—硅酸凝胶，引起体积膨胀，使混凝土开裂并最终破坏的现象，称为碱—骨料反应。

3）级配。粗骨料级配试验方法及有关参数的计算与细骨料相同，只是筛孔尺寸和级配要求不同。粗骨料标准筛的筛孔尺寸有 2.36 mm（2.5 mm）、4.75 mm（5 mm）、9.5 mm（10 mm）、16 mm（15 mm）、19 mm（20 mm）、26.5 mm（25 mm）、31.5 mm、37.5 mm（40 mm）、53 mm（50 mm）、63 mm、75 mm（80 mm）及 90 mm（100 mm）共 12 种。

（4）颗粒级配

石子级配分为连续级配和单粒级配。连续级配指从小到大每个粒级的石子均占一定比例。这种级配的和易性好，适合配制普通混凝土。单粒级配指剔除某些粒级的颗粒，使空隙率下降。这种级配易产生离析，可配制高强混凝土或干硬性混凝土，须强力振捣。

四、混凝土掺和料

在制备混凝土拌合物时，为了节约水泥、改善混凝土性能而加入的矿物粉体材料，统称为混凝土掺和料。常用的混凝土掺和料有粉煤灰、矿渣粉、硅灰、沸石粉等。

1. 粉煤灰

粉煤灰是从燃煤锅炉烟气中收集的烟道飞灰，是燃煤电厂排出的主要固体废物。

按氧化钙含量不同，粉煤灰分为高钙粉煤灰和低钙粉煤灰，前者氧化钙含量高于 10%。粉煤灰作为混凝土的掺和料，可以大大增强混凝土的耐久性，并减少水泥用量，降低工程成本。大量资料显示，在结构混凝土中掺用一定数量的粉煤灰，将大大提高混凝土的抗渗性、抗冻性、抗碳化性和抗硫酸盐侵蚀性。

2. 矿渣粉

矿渣粉是由矿渣经干燥、粉磨处理后达到一定细度且符合相应活性指数的粉状颗粒，是一种优质的混凝土掺和料。矿渣是高炉炼铁过程中的副产品，是以硅酸盐和硅

铝酸盐为主要成分并经过淬冷的质地疏松、多孔的粒状物。

将矿渣粉掺入水泥中拌制混凝土，能增大混凝土的坍落度，降低混凝土坍落度的损失，且可显著改善混凝土流动性能。

3. 硅灰

硅灰又名硅微粉或硅粉，是冶炼硅铁合金和工业硅时产生的二氧化硅和气态硅与空气中的氧气迅速氧化并冷凝而形成的一种超细硅质粉体材料。

硅灰中的二氧化硅在水化早期就可与氢氧化钙发生反应，可提高混凝土的早期强度，并显著改善混凝土中骨料与水泥石间的界面过渡区。硅灰是配制超高强混凝土和活性粉末混凝土（RPC）的关键材料之一，当硅灰掺量达到胶凝材料总量的5%~10%时，可配制出抗压强度100 MPa以上的超高强混凝土。

硅灰取代水泥后，其作用与粉煤灰类似，可改善混凝土拌合物的和易性，降低水化热，提高混凝土的抗化学侵蚀性、抗冻性及抗渗性，抑制碱—骨料反应，且效果比粉煤灰好得多。硅灰比表面积很大，因此需水量比较大，混凝土中掺入硅灰时一般需要掺入高效减水剂。

4. 沸石粉

沸石粉是由沸石岩经粉磨加工制成的以水化硅铝酸盐为主要成分的矿物火山灰质活性掺和料。

沸石粉掺入混凝土中，可取代10%~20%的水泥。沸石粉中的活性物质能与水泥水化产物氢氧化钙反应生成凝胶体，提高混凝土密实度及强度，可用于配制高强混凝土。另外，沸石粉和其他矿物掺和料一样，能改善混凝土拌合物和易性，提高混凝土的抗渗性和抗冻性，抑制碱—骨料反应。因此，沸石粉也适于配制泵送混凝土和高流动性混凝土。

五、混凝土外加剂的分类与作用

1. 混凝土外加剂的种类

混凝土外加剂按其主要功能分为四类：

（1）改善混凝土拌合物流变性能的外加剂，包括各种减水剂、引气剂和泵送剂等。

（2）调节混凝土凝结时间、硬化性能的外加剂，包括缓凝剂、早强剂和速凝剂等。

（3）改善混凝土耐久性的外加剂，包括引气剂、防水剂和阻锈剂等。

（4）改善混凝土其他性能的外加剂，包括加气剂、膨胀剂、着色剂、防水剂和泵送剂等。

2. 外加剂作用与应用

（1）普通减水剂：在混凝土坍落度基本相同的条件下，能减少拌和用水量。

（2）早强剂：能加速混凝土早期强度发展。

（3）缓凝剂：能延长混凝土凝结时间。

（4）引气剂：在搅拌混凝土过程中能引入大量均匀分布、稳定而封闭的微小气泡。

（5）高效减水剂：在混凝土坍落度基本相同的条件下，能大幅度减少拌和用水量。

（6）早强减水剂：兼有早强和减水功能。

（7）缓凝减水剂：兼有缓凝和减水功能。

（8）引气减水剂：兼有引气和减水功能。

（9）防水剂：能降低混凝土在静水压力下的透水性。

（10）阻锈剂：能抑制或减轻混凝土中钢筋或其他预埋金属锈蚀。

（11）加气剂：能使混凝土制备过程中放出气体，形成大量气孔。

（12）膨胀剂：能使混凝土体积产生一定膨胀。

（13）防冻剂：能使混凝土在负温下硬化，并在规定时间内达到足够防冻强度。

（14）着色剂：能制备具有稳定色彩的混凝土。

（15）速凝剂：能使混凝土迅速硬化。

（16）泵送剂：能改善混凝土拌合物泵送性能。

第二节 混凝土主要技术

一、混凝土的主要技术指标

1. 混凝土的和易性

（1）和易性的概念

新拌混凝土的和易性也称工作性，是指混凝土拌合物易于搅拌、运输、浇捣成型，并获得质量均匀密实的混凝土的一项综合技术性能，通常用流动性、黏聚性和保水性三项内容表示。流动性是指混凝土拌合物在自重或外力作用下产生流动的难易程度；黏聚性是指混凝土拌合物各组成材料之间不产生分层离析现象的难易程度；保水性是指混凝土拌合物不产生严重泌水现象的难易程度。通常情况下，混凝土拌合物的流动性越大，则保水性和黏聚性越差，反之亦然，相互之间存在一定矛盾。和易性良好的混凝土应既具有满足施工要求的流动性，又具有良好的黏聚性和保水性。因此，不能简单地认为流动性大的混凝土的和易性好，也不能认为混凝土的流动性减小则和易性就变差。良好的和易性既是施工的要求，也是获得质量均匀、密实混凝土的基本保证。

（2）和易性的测试和评定

混凝土拌合物和易性是一项极其复杂的综合指标，通常通过测定流动性，再辅以其他直观观察或经验进行综合评定。流动性的测定方法有坍落度法、维勃稠度法、探针法、斜槽法、流出时间法和凯利球法等十多种，对普通混凝土而言，最常用的是坍落度法和维勃稠度法。

1）坍落度法。将搅拌好的混凝土分三层装入坍落度筒中（见图 2–1），每层插捣 25 次，抹平后垂直提起坍落度筒，混凝土则在自重作用下坍落，以坍落度（单位

为 mm）代表混凝土的流动性。坍落度越大，则流动性越好。黏聚性通过观察坍落度测试后混凝土所保持的形状，或侧面用捣棒敲击后的形状判定。用捣棒在已坍落的混凝土锥体侧面轻轻敲打，若锥体逐渐下沉，则表示黏聚性良好；如果锥体倒塌、部分崩裂或出现离析现象，则表示黏聚性不好。保水性是以水或稀浆从底部析出的量大小评定。提起坍落度筒后，如果有较多稀浆从底部析出（淌浆），锥体部分混凝土拌合物也因失浆而骨料外露，则表明混凝土拌合物保水性能不好；如果无稀浆或仅有少量稀浆自底部析出，则表示保水性良好。

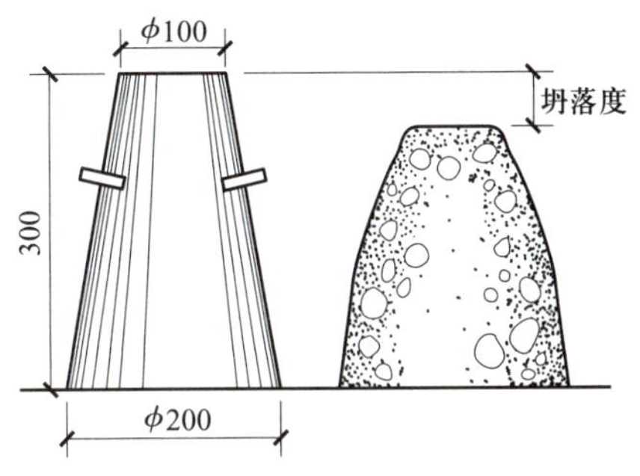

图 2-1　混凝土拌合物和易性测定

根据坍落度值大小将混凝土分为四类：大流动性混凝土（坍落度大于等于 160 mm）、流动性混凝土（坍落度为 100 ~ 150 mm）、塑性混凝土（坍落度为 10 ~ 90 mm）和干硬性混凝土（坍落度小于 10 mm）。

坍落度法测定混凝土和易性的适用条件为：粗骨料最大粒径小于等于 40 mm，坍落度大于等于 10 mm。

对坍落度小于 10 mm 的干硬性混凝土，坍落度值已不能准确反映其流动性大小。例如，当两种混凝土坍落度均为零时，在振捣器作用下的流动性可能完全不同。这种情况下，一般采用维勃稠度法测定其流动性。

2）维勃稠度法。坍落度法的测试原理是混凝土在自重作用下坍落，而维勃稠度法则是在坍落度筒提起后，施加一个振动外力，测试混凝土在外力作用下完全填满面板所需时间（单位为 s）。时间越短，表示混凝土流动性越好；时间越长，表示混凝土流动性越差。维勃稠度仪如图 2-2 所示。

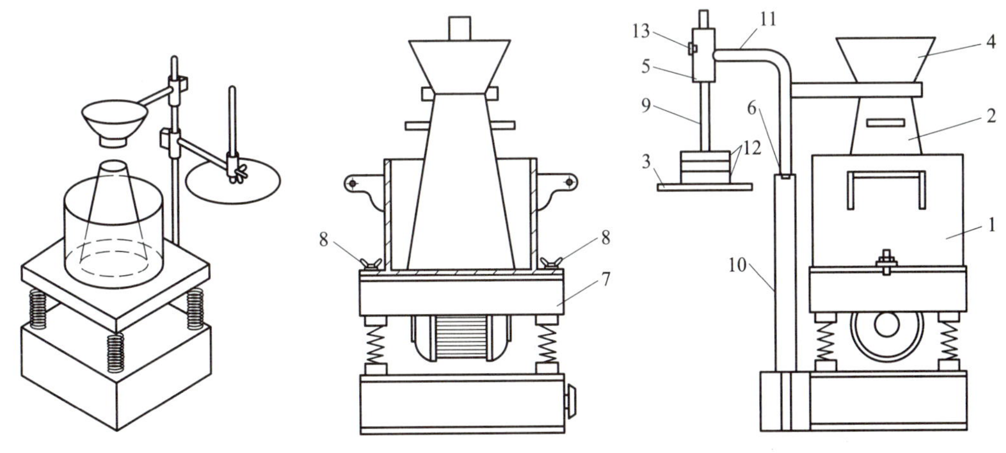

图 2-2　维勃稠度仪

1—容器　2—坍落度筒　3—圆盘　4—漏斗　5—套筒　6—定位器　7—振动台
8—固定螺钉　9—测杠　10—支柱　11—旋转架　12—荷重块　13—测杆螺钉

一般情况下，混凝土浇筑时的坍落度可按表 2–6 选用。

表 2–6　混凝土浇筑时的坍落度

构件种类	坍落度（mm）
基础或地面等的垫层、无配筋的大体积结构（挡土墙、基础等）或配筋稀疏的结构	10 ~ 30
板、梁和大型及中型截面的柱子等	30 ~ 50
配筋密集的结构（薄壁、斗仓、筒仓、细柱等）	50 ~ 70
配筋特密的结构	70 ~ 90

（3）影响和易性的主要因素

1）单位用水量。单位用水量是混凝土流动性的决定因素。用水量增大，流动性随之增大。但用水量大带来的不利影响是保水性和黏聚性变差，易产生泌水分层离析，从而影响混凝土的匀质性、强度和耐久性。大量的试验研究证明，在原材料品质一定的条件下，单位用水量一旦选定，单位水泥用量增减 50 ~ 100 kg/m^3，混凝土的流动性基本保持不变，这一规律称为固定用水量定则。这一定则为普通混凝土的配合比设计带来极大便利，即可通过固定用水量保证混凝土坍落度的同时，调整水泥用量（水灰比），满足强度和耐久性要求。在进行混凝土配合比设计时，单位用水量可根据施工要求的坍落度和粗骨料的种类、规格，根据《普通混凝土配合比设计规程》（JGJ 55—2011）按表 2–7 选用，再通过试配调整最终确定。

表 2–7　混凝土单位用水量选用表　kg

项目	指标	卵石最大粒径（mm）				碎石最大粒径（mm）			
		10	20	31.5	40	16	20	31.5	40
坍落度（mm）	10 ~ 30	190	170	160	150	200	185	175	165
	35 ~ 50	200	180	170	160	210	195	185	175
	55 ~ 70	210	190	180	170	220	205	195	185
	75 ~ 90	215	195	185	175	230	215	205	195
维勃稠度（s）	16 ~ 20	175	160	—	145	180	170	—	155
	11 ~ 15	180	165	—	150	185	175	—	160
	5 ~ 10	185	170	—	155	190	180	—	165

注：1. 本表用水量系采用中砂时的平均取值，如采用细砂，每立方米混凝土用水量可增加 5 ~ 10 kg，采用粗砂时则可减少 5 ~ 10 kg。

2. 掺用各种外加剂或掺和料时，可相应增减用水量。

3. 本表不适用于水灰比小于 0.4 的混凝土以及采用特殊成型工艺的混凝土。

2）浆骨比。浆骨比指水泥浆用量与砂石用量之比。在混凝土凝结硬化之前，水泥浆主要赋予流动性；在混凝土凝结硬化以后，水泥浆主要赋予黏结强度。在水灰比一定的前提下，浆骨比越大，即水泥浆用量越大，混凝土流动性越大。调整浆骨比大小，既可以满足流动性要求，又能保证良好的黏聚性和保水性。浆骨比不宜太大，否则易产生流浆现象，使黏聚性下降。浆骨比也不宜太小，否则因骨料间缺少黏结体，混凝土拌合物易发生崩塌现象。因此，合理的浆骨比是混凝土拌合物和易性良好的保证。

3）水灰比。水灰比即水用量与水泥用量之比。在水泥用量和骨料用量不变的情况下，水灰比增大，相当于单位用水量增大，水泥浆很稀，混凝土拌合物流动性也随之增大，反之亦然。用水量增大带来的负面影响是严重降低混凝土的保水性，增大泌水性，同时也使黏聚性下降。但水灰比也不宜太小，否则因流动性过低影响混凝土振捣密实，易产生麻面和空洞。合理的水灰比是混凝土拌合物流动性、保水性和黏聚性良好的保证。

4）砂率。砂率是指砂占砂石总质量的百分率，砂率对和易性的影响非常显著。

①对流动性的影响。在水泥用量和水灰比一定的条件下，一方面，由于砂与水泥浆组成的砂浆在粗骨料间起到润滑作用，可以减小粗骨料间的摩擦力，所以在一定范围内，随砂率增大，混凝土流动性增大；另一方面，由于砂子的比表面积比粗骨料大，随着砂率增加，粗细骨料的总表面积增大，在水泥浆用量一定的条件下，骨料表面包裹的浆量减薄，润滑作用下降，使混凝土流动性降低。因此，砂率超过一定范围，流动性随砂率增加反而下降。

②对黏聚性和保水性的影响。砂率减小，混凝土的黏聚性和保水性均下降，易产生泌水、离析和流浆现象。砂率增大，黏聚性和保水性增加。但砂率过大，当水泥浆不足以包裹骨料表面时，则黏聚性反而下降。

③合理砂率的确定。合理砂率是指砂填满石子空隙并有一定的富余量时的砂率。合理砂率能在石子间形成一定厚度的砂浆层，减少粗骨料间的摩擦阻力，使混凝土流动性达最大值，或者在保持流动性不变的情况下，使水泥浆用量达最小值。

（4）和易性的调整和改善措施

1）当混凝土流动性小于设计要求时，为了保证混凝土的强度和耐久性，不能单独加水，必须保持水灰比不变，增加水泥浆用量。但水泥浆用量过多，则会提高混凝土成本，且将增大混凝土的收缩和水化热等，混凝土的黏聚性和保水性也可能下降。

2）当坍落度大于设计要求时，可在保持砂率不变的前提下，增加砂石用量，实际上相当于减少水泥浆用量。

3）改善骨料级配，既可增加混凝土流动性，也能改善黏聚性和保水性，但实际操作难度往往较大。

4）掺减水剂或引气剂，这是改善混凝土和易性的最有效措施。

5）尽可能选用最优砂率，当黏聚性不足时可适当增大砂率。

2. 混凝土的强度

强度是硬化混凝土最重要的性质，混凝土的其他性能与强度均有密切关系。混凝土的强度也是配合比设计、施工控制和质量检验评定的主要技术指标，主要有抗压强度、抗折强度、抗拉强度和抗剪强度等。其中，抗压强度值最大，也是最主要的强度指标。

（1）混凝土的立方体抗压强度和强度等级

根据国家标准《混凝土物理力学性能试验方法标准》（GB/T 50081—2019）的规定，立方体试件的标准尺寸为 150 mm × 150 mm × 150 mm，标准养护条件为温度（20 ± 2）℃，相对湿度 95% 以上，标准龄期为 28 天。在上述条件下测得的抗压强度值称为混凝土立方体抗压强度。

根据国家标准《混凝土结构设计规范（2015 年版）》（GB 50010—2010）的规定，混凝土的强度等级应按立方体抗压强度标准值确定，混凝土立方体抗压强度标准值是指标准方法制作养护的边长为 150 mm 的立方体试件，在 28 天龄期用标准方法测得的具有 95% 保证率的抗压强度。钢筋混凝土结构用混凝土分为 C25、C30、C35、C40、C45、C50、C55、C60、C65、C70、C75、C80 共 12 个强度等级。普通混凝土强度等级采用符号 C 和相应的标准值表示，划分为 C20、C25、C30、C35、C40、C45、C50、C55、C60、C65、C70、C75、C80、C85、C90、C100 共 16 个强度等级。例如，C30 表示立方体抗压强度标准值为 30 MPa，亦即混凝土立方体抗压强度大于等于 30 MPa 的概率不低于 95%。

结构混凝土强度等级的选用应满足工程结构的承载力、刚度及耐久性需求。对设计工作年限为 50 年的混凝土结构，结构混凝土的强度等级尚应符合下列规定；对设计工作年限大于 50 年的混凝土结构，结构混凝土的最低强度等级应比下列规定提高。

1）素混凝土结构构件的混凝土强度等级不应低于 C20；钢筋混凝土结构构件的混凝土强度等级不应低于 C25；预应力混凝土楼板的混凝土强度等级不应低于 C30，其他混凝土结构构件的混凝土强度等级不应低于 C40；钢—混凝土组合结构构件的混凝土强度等级不应低于 C30。

2）承受重复荷载作用的钢筋混凝土结构构件，混凝土强度等级不应低于 C30。

3）抗震等级不低于二级的钢筋混凝土结构构件，混凝土强度等级不应低于 C30。

4）采用 500 MPa 及以上钢级钢筋的钢筋混凝土结构构件，混凝土强度等级不应低于 C30。

（2）轴心抗压强度

轴心抗压强度也称为棱柱体抗压强度。由于实际结构物（如梁、柱）多为棱柱体构件，因此采用棱柱体试件测试该强度更有实际意义。该强度一般是采用 150 mm × 150 mm ×（300 ~ 450）mm 的棱柱体试件，经标准养护到 28 天测试而得。同一材料的轴心抗压强度小于立方体抗压强度，其比值为 0.7 ~ 0.8。这是因为抗压强度试验时，试件在上下两块钢压板的摩擦力约束下，侧向变形受到限制（即“环箍效应”），其影响高度大约为试件边长的 0.866 倍，测得的强度相对较高。而棱柱体试件的中间区域未受到“环箍效应”的影响，属纯压区，测得的强度相对较低。当钢压板与试件之间涂上润滑剂后，摩擦阻力减小，“环箍效应”减弱，立方体抗压强度与轴心抗压强度趋于相等。

（3）抗拉强度

混凝土的抗拉强度很小，只有抗压强度的 1/20 ~ 1/10，混凝土强度等级越高，该比值越小。为此，在钢筋混凝土结构设计中，一般不考虑承受拉力，而是通过配置钢

筋，由钢筋来承担结构的拉力。但抗拉强度对混凝土的抗裂性具有重要作用，它是结构设计中裂缝宽度和裂缝间距计算控制的主要指标，也是抵抗由于收缩和温度变形而导致开裂的主要指标。

用轴向拉伸试验测定混凝土的抗拉强度，由于荷载不易对准轴线而产生偏拉，且夹具处由于应力集中常发生局部破坏，试验测试非常困难，测试值的准确度也较低，故国内外普遍采用劈裂法间接测定混凝土的抗拉强度，即劈裂抗拉强度。劈裂法不但大大简化了试验过程，而且能较准确地反映混凝土的抗拉强度。研究表明，轴向拉伸试验测得的抗拉强度低于劈裂法测得的抗拉强度，两者的比值为0.8～0.9。

（4）抗折强度

道路路面或机场道面用水泥混凝土通常以抗折强度为主要强度指标，抗压强度仅作为参考指标。

（5）影响混凝土强度的主要因素

影响混凝土强度的因素很多，从内因来说主要有水泥强度、水灰比和骨料质量，从外因来说主要有施工条件、养护温度、湿度、龄期、试验条件和外加剂等。分析影响混凝土强度各因素的目的，在于可根据工程实际情况，采取相应技术措施，提高混凝土的强度。

1）水泥强度和水灰比。混凝土的强度主要来自水泥石自身强度以及与骨料之间的黏结强度。水泥强度越高，则水泥石自身强度及与骨料的黏结强度就越高，混凝土强度也越高，试验证明，混凝土强度与水泥强度成正相关关系。

水泥完全水化的理论需水量为水泥质量的23%左右，但实际拌制混凝土时，为获得良好的和易性，水胶比为0.40～0.65，多余水分蒸发后，在混凝土内部留下孔隙，且水胶比越大，留下的孔隙越多，使有效承压面积减少，混凝土强度也就越小。另一方面，多余水分在混凝土内迁移的过程中遇到粗骨料时，由于受到粗骨料的阻碍，水分往往在其底部积聚，形成水泡，极大地削弱砂浆与骨料的黏结强度，使混凝土强度下降。因此，在水泥强度和其他条件相同的情况下，水灰比越小，混凝土强度越高，水灰比越大，混凝土强度越低。但水灰比太小，混凝土过于干稠，不能保证振捣均匀密实，强度反而降低。试验证明，在相同的情况下，混凝土的强度与水灰比呈有规律的曲线关系，而与灰水比呈线性关系。

2）骨料的品质。骨料中的有害物质含量高，则混凝土强度低。骨料自身强度不足，也可能降低混凝土强度，这在配制高强混凝土时尤为突出。

骨料的颗粒形状和表面粗糙度对混凝土强度的影响较为显著，例如，碎石表面较粗糙、多棱角、与水泥砂浆的机械啮合力（即黏结强度）提高，混凝土强度较高；相反，卵石表面光洁，混凝土强度也较低。这一点在混凝土强度公式的骨料系数中将有所反映。当粗骨料中针片状颗粒含量较高时，将降低混凝土强度，对抗折强度的影响更显著，所以在骨料选择时要尽量选用接近球状的颗粒。

3）施工条件。施工条件主要指搅拌和振捣成型。一般来说，机械搅拌比人工搅拌均匀，因此强度也相对较高；搅拌时间越长，混凝土强度越高，但考虑到能耗、施工进度等，一般要求控制在 2 ~ 3 min；投料方式对强度也有一定影响，如先投入粗骨料、水泥和适量水搅拌一定时间，再加入砂和其余水，比一次全部投料搅拌提高强度 10% 左右。

一般情况下，机械振捣比人工振捣均匀密实，强度也略高。而且，机械振捣允许采用更小的水灰比，获得更高的强度。此外，高频振捣、多频振捣和二次振捣等均有利于提高混凝土强度。

4）养护条件。混凝土浇筑成型后的养护温度、湿度是决定强度发展的主要外部因素。养护环境温度高，水泥水化速度加快，混凝土强度发展也快，早期强度高；反之亦然。但是，当养护温度超过 40 ℃时，虽然能提高混凝土的早期强度，但 28 天以后的强度通常比 20 ℃标准养护的强度低。若温度在冰点以下，不但水泥水化停止，而且有可能因冰冻导致混凝土结构疏松，强度严重降低。因此，早期混凝土应特别加强防冻措施。

湿度通常指的是空气相对湿度。一方面，相对湿度低，空气干燥，混凝土中的水分挥发加快，致使混凝土缺水而停止水化，混凝土强度发展受阻。另一方面，混凝土在强度较低时失水过快，极易引起干缩，影响混凝土耐久性。因此，应特别加强混凝土早期的浇水养护，确保混凝土内部有足够的水分使水泥充分水化。根据有关规定和经验，在混凝土浇筑完毕后 12 h 内应开始对混凝土加以覆湿或浇水。对硅酸盐水泥、普通水泥和矿渣水泥配制的混凝土，浇水养护不得少于 7 天；对掺有缓凝剂、膨胀剂、大量掺和料或有防水抗渗要求的混凝土，浇水养护不得少于 14 天。

5）龄期。龄期是指混凝土在正常养护下所经历的时间。随龄期增长，水泥水化程度提高，凝胶体增多，自由水和孔隙率减少，密实度提高，混凝土强度也随之提高。最初的 7 天内强度增长较快，而后增幅下降，28 天以后，强度增长更趋缓慢，但如果养护条件得当，则在数十年内强度仍将有所增长。

6）外加剂。在混凝土中掺入减水剂，可在保证相同流动性前提下，减少用水量，降低水灰比，从而提高混凝土的强度；掺入早强剂，可有效加速水泥水化速度，提高混凝土早期强度，但对 28 天强度不一定有利，后期强度还有可能下降。

7）试验条件对测试结果的影响。试验条件是指试件的尺寸、形状、表面状态和加载速度等，它们对混凝土强度也有一定影响。

（6）提高混凝土强度的措施

根据对上述影响混凝土强度因素的分析，提高混凝土强度可从以下几方面采取措施：

1）采用较高强度等级的水泥。

2）尽可能降低水灰比，或采用干硬性混凝土。

3）采用优质砂石骨料，选择合理砂率。

4）采用机械搅拌和机械振捣，确保搅拌均匀性和振捣密实性，加强施工管理。

5）改善养护条件，保证一定的温度和湿度条件，必要时可采用湿热处理，提高早期强度。特别是对掺混合材料的混凝土或用粉煤灰水泥、矿渣水泥、火山灰水泥配制的混凝土，湿热处理的增强效果更加显著，不仅能提高早期强度，后期强度也能提高。

6）掺入减水剂或早强剂，可提高混凝土的强度或早期强度。

3. 混凝土的耐久性

混凝土的耐久性是指混凝土在外部和内部不利因素的长期作用下，保持其原有设计性能和使用功能的性质，是混凝土结构经久耐用的重要指标。外部不利因素指的是酸、碱、盐的腐蚀作用，以及冰冻破坏作用、水压渗透作用、碳化作用、干湿循环引起的风化作用、荷载应力作用和振动冲击作用等。内部不利因素主要指的是碱—骨料反应和自身体积变化。通常用抗渗性、抗冻性、抗碳化性、抗腐蚀性和碱—骨料反应综合评价混凝土的耐久性。

国家标准《混凝土结构设计规范（2015 年版）》（GB 50010—2010）对混凝土结构耐久性作了明确界定，共分为五大环境类别，见表 2–8。一类、二类和三类环境中，设计使用年限为 50 年的结构混凝土应符合表 2–9 的规定。

此外，一类环境中设计使用年限为 100 年的结构混凝土应符合下列规定：钢筋混凝土结构的最低混凝土强度等级为 C30；预应力结构为 C40；最大氯离子含量为 0.06%；宜使用非碱活性骨料，当使用碱活性骨料时，最大碱含量为 3.0 kg/m^3；保护层厚度相应增加 40%；使用过程中应定期维护。

表 2–8　　混凝土结构的环境类别

环境类别		条件
一		室内干燥环境；无侵蚀性静水浸没环境
二	a	室内潮湿环境；非严寒和非寒冷地区的露天环境；非严寒和非寒冷地区与无侵蚀性的水或土壤直接接触的环境；严寒和寒冷地区的冰冻线以下与无侵蚀性的水或土壤直接接触的环境
	b	干湿交替环境；水位频繁变动环境；严寒和寒冷地区的露天环境；严寒和寒冷地区冰冻线以上与无侵蚀性的水或土壤直接接触的环境
三	a	严寒和寒冷地区冬季水位变动区环境；受除冰盐影响环境；海风环境
	b	盐渍土环境；受除冰盐作用环境；海岸环境
四		海水环境
五		受人为或自然的侵蚀性物质影响的环境

注：1. 室内潮湿环境是指构件表面经常处于结露或湿润状态的环境。

2. 严寒和寒冷地区的划分应符合国家标准《民用建筑热工设计规范》（GB 50176—2016）的有关规定。

3. 海岸环境和海风环境宜根据当地情况，考虑主导风向及机构所处迎风、背风部位等因素的影响，由调查研究和工程经验确定。

4. 受除冰盐影响环境为受到除冰盐盐雾影响的环境；受除冰盐作用环境指被除冰盐溶液溅射的环境以及使用除冰盐地区的洗车房、停车楼等建筑。

表 2–9　结构混凝土材料的耐久性基本要求

环境等级		最大水胶比	最低强度等级	最大氯离子含量（%）	最大碱含量（kg/m³）
一		0.60	C20	0.30	不限制
二	a	0.55	C25	0.20	3.0
	b	0.50（0.55）	C30（C25）	0.15	
三	a	0.45（0.50）	C35（C30）	0.15	
	b	0.40	C40	0.10	

注：1. 氯离子含量是指其占胶凝材料总量的百分比。
2. 预应力构件混凝土中的最大氯离子含量为 0.05%；最低混凝土强度等级应按表中的规定提高两个等级。
3. 素混凝土构件的水胶比及最低强度等级的要求可适当放松。
4. 当有可靠工程经验时，二类环境中的最低混凝土强度等级可降低一个等级。
5. 处于严寒和寒冷地区二 b、三 a 类环境中的混凝土应使用引气剂，并可采用括号中的有关参数。
6. 当使用非碱活性骨料时，对混凝土中的碱含量可不作限制。

对二类和三类环境中设计使用年限为 100 年的混凝土结构，应采取专门有效措施。对三类环境中的结构构件，其受力钢筋宜采用环氧树脂涂层带肋钢筋；对预应力钢筋、锚具及连接器，应采取专门防护措施。

四类和五类环境中的混凝土结构的耐久性要求应符合有关标准的规定。

（1）混凝土的抗渗性

混凝土的抗渗性是指混凝土抵抗压力液体（水、油、溶液等）渗透作用的能力，是决定混凝土耐久性最主要的技术指标。混凝土抗渗性好，即混凝土密实性高，外界腐蚀介质不易侵入混凝土内部，从而抗腐蚀性能就好。同样，水不易进入混凝土内部，冰冻破坏作用和风化作用就小。因此，混凝土的抗渗性可以认为是混凝土耐久性指标的综合体现。对一般混凝土结构，特别是地下建筑、水池、水塔、水管、水坝、排污管渠、油罐，以及港工、海工混凝土结构，更应保证混凝土具有足够的抗渗性能。

混凝土的抗渗性能用抗渗等级表示。抗渗等级是根据国家标准《普通混凝土长期性能和耐久性能试验方法标准》（GB/T 50082—2009）的规定，通过试验确定的，分为 P4、P6、P8、P10 和 P12 共 5 个等级，分别表示混凝土能抵抗 0.4 MPa、0.6 MPa、0.8 MPa、1.0 MPa 和 1.2 MPa 的水压力而不渗漏。

影响混凝土抗渗性的主要因素有以下几点。

1）水胶比和水泥用量。水胶比和水泥用量是影响混凝土抗渗透性能的最主要指标。水胶比越大，多余水分蒸发后留下的毛细孔道就越多，亦即孔隙率越大，又多为连通孔隙，故混凝土抗渗性能越差。特别是当水胶比大于 0.6 时，混凝土的抗渗性能急剧下降。因此，为了保证混凝土的耐久性，必须对水胶比加以限制。例如，某些工程从强度计算出发可以选用较大水胶比，但为了保证耐久性又必须选用较小水胶比，此时只能提高强度，服从耐久性要求。为保证混凝土耐久性，水泥用量的多少在某种程度

上可由水胶比表示。因为混凝土达到一定流动性的用水量基本一定，水泥用量少，亦即水胶比大。我国行业标准《普通混凝土配合比设计规程》（JGJ 55—2011）对混凝土工程最小胶凝材料用量的规定见表 2-10。

表 2-10　混凝土工程最小胶凝材料用量

最大水胶比	最小胶凝材料用量（kg/m³）		
	素混凝土	钢筋混凝土	预应力混凝土
0.60	250	280	300
0.55	280	300	300
0.50	320		
≤0.45	330		

注：配制 C15 及以下等级的混凝土时，可不受本表的限制。

2）骨料含泥量和级配。一方面，骨料含泥量高，则总表面积增大，混凝土达到同样流动性所需用水量增加，毛细孔道增多；另一方面，含泥量大的骨料界面黏结强度低，也将降低混凝土的抗渗性能。若骨料级配差，则骨料孔隙率大，填满空隙所需水泥浆增多，同样导致毛细孔增加，影响抗渗性能。因此，水泥浆不能完全填满骨料空隙，否则混凝土抗渗性能会变差。

3）施工质量和养护条件。搅拌均匀、振捣密实是混凝土抗渗性能的重要保证。适当的养护温度和浇水养护是保证混凝土抗渗性能的基本措施。如果振捣不密实留下蜂窝、空洞，或者温度过低产生冻害，或者温度过高产生温度裂缝，或者浇水养护不足导致混凝土产生干缩裂缝，都会严重降低混凝土抗渗性能。因此，要保证混凝土具有良好的抗渗性能，施工养护是一个极其重要的环节。

此外，水泥的品种、混凝土拌合物的保水性和黏聚性等，对混凝土抗渗性能也有显著影响。

要提高混凝土的抗渗性，除了对上述相关因素加以严格控制外，还可掺入引气剂或引气减水剂。其主要作用机理是引入微细闭气孔、阻断连通毛细孔道，同时降低用水量或水灰比。长期处于潮湿和严寒环境中混凝土的含气量应分别不小于 4.5%（D_{max}=40 mm）、5.5%（D_{max}=25 mm）和 5.0%（D_{max}=20 mm）。

（2）混凝土的抗冻性

混凝土的抗冻性是指混凝土在吸水饱和状态下，能经受多次冻融循环而不破坏，同时也不严重降低强度的性能。

混凝土内部毛细孔中的水结冰时产生 9% 左右的体积膨胀，在混凝土内部产生膨胀应力，当这种膨胀应力超过混凝土局部的抗拉强度时，就可能产生微细裂缝。在反复冻融作用下，混凝土内部的微细裂缝逐渐增多和扩大，最终导致混凝土强度下降，或表面（特别是棱角处）产生疏松剥落，直至完全破坏。

混凝土抗冻性以抗冻等级表示。抗冻等级的测定根据国家标准《普通混凝土长期性能和耐久性能试验方法标准》（GB/T 50082—2009）的规定进行。将吸水饱和的混凝土试件在 –15 ℃条件下冰冻 4 h，再在 20 ℃水中融化 4 h 作为一个循环，以抗压强度下降不超过 25%、质量损失不超过 5% 时，混凝土所能承受的最大冻融循环次数来表示混凝土的抗冻等级，如 D50、D100、D150、D200 等，其中的数字表示混凝土能承受的最大冻融循环次数。如 D200 即表示该混凝土能承受 200 次冻融循环，且强度损失不超过 25%，质量损失不超过 5%。

影响混凝土抗冻性的主要因素有：

1）水灰比或孔隙率。水灰比大，则孔隙率大，导致吸水率增大，冰冻破坏严重，抗冻性差。

2）孔隙特征。连通毛细孔易吸水饱和，冻害严重；封闭孔则不易吸水，冻害就小；若为粗大孔洞，则混凝土一离开水面水就流失，冻害也小。因此，无砂大孔混凝土的抗冻性较好，加入引气剂也能提高混凝土的抗冻性。

3）吸水饱和程度。若混凝土的孔隙未完全吸水饱和，冰冻过程产生的压力会促使水分向孔隙处迁移，从而降低冰冻膨胀应力，对混凝土破坏作用就小。

4）混凝土的自身强度。在相同的冰冻破坏应力作用下，混凝土强度越高，冻害程度也就越低。此外，混凝土抗冻性还与降温速度和冰冻温度有关。

从上述分析可知，要提高混凝土抗冻性，关键是提高混凝土的强度和密实性，即降低水灰比，加强施工养护，同时也可掺入引气剂等改善孔结构。

（3）混凝土的抗碳化性能

1）混凝土碳化机理。混凝土碳化是指混凝土内水化产物氢氧化钙与空气中的二氧化碳在一定湿度条件下发生化学反应，产生碳酸钙和水的过程。

2）碳化对混凝土性能的影响。碳化作用对混凝土的负面影响主要有两方面。一是碳化作用使混凝土的收缩增大，导致混凝土表面产生拉应力，从而降低混凝土的抗拉强度和抗折强度，严重时直接导致混凝土开裂。由于开裂降低了混凝土的抗渗性能，使得二氧化碳和其他腐蚀介质更易进入混凝土内部，加速碳化作用，降低耐久性。二是碳化作用使混凝土的碱度降低，降低了强碱环境对钢筋的保护作用，导致钢筋锈蚀膨胀，严重时会使混凝土保护层沿钢筋纵向开裂，直至剥落，进一步加速碳化和腐蚀，严重影响钢筋混凝土结构的力学性能和耐久性。一方面，碳化作用生成的碳酸钙能填充混凝土中的孔隙，使密实度提高；另一方面，碳化作用释放出的水分有利于促进未水化水泥颗粒的进一步水化。因此，碳化作用能适当提高混凝土的抗压强度，但对混凝土结构工程而言，碳化作用造成的危害远远大于抗压强度提高带来的好处。

3）影响混凝土碳化速度的主要因素

①混凝土的水灰比。水灰比大，混凝土的碳化速度就快。这是影响混凝土碳化速度的最主要因素。

②水泥品种和用量。普通水泥水化产物中氢氧化钙含量高，碳化同样深度所消耗的二氧化碳量多，相当于碳化速度减慢。而矿渣硅酸盐水泥、火山灰质硅酸盐水泥、

粉煤灰硅酸盐水泥、复合硅酸盐水泥以及高掺量混合材料配制的混凝土中氢氧化钙含量低，故碳化速度相对较快。水泥用量越大，混凝土碳化速度越慢。

③施工养护。搅拌均匀、振捣成型密实、养护良好的混凝土碳化速度较慢，蒸汽养护的混凝土碳化速度相对较快。

④环境条件。空气中二氧化碳的浓度大，碳化速度加快。当空气相对湿度为50%~75%时，碳化速度最快；当相对湿度小于20%时，由于缺少水环境，碳化终止；当相对湿度达100%或混凝土位于水中时，由于二氧化碳不易进入混凝土孔隙内，碳化也将停止。

4）提高混凝土抗碳化性能的措施。从前述对影响混凝土碳化速度因素的分析可知，提高混凝土抗碳化性能的关键是提高混凝土的密实性，降低孔隙率，阻止二氧化碳向混凝土内部渗透。因此，提高混凝土抗碳化性能的主要措施为：尽可能降低混凝土的水灰比，提高密实度；加强施工养护，保证混凝土均匀密实，水泥水化充分；根据环境条件合理选择水泥品种；用减水剂、引气剂等外加剂降低水灰比或引入密封气孔改善孔结构；必要时还可以在混凝土表面涂刷石灰水等加以保护。

（4）混凝土的耐磨性

耐磨性是路面、机场跑道和桥梁混凝土的重要性能指标之一。用于高等级路面的混凝土必须具有较高的耐磨性能。桥墩、管渠、河坝等均要求混凝土具有较好的抗冲刷和耐磨性能。

（5）提高混凝土耐久性的措施

虽然混凝土工程因所处环境和使用条件不同，对耐久性的要求也不同，但就影响混凝土耐久性的因素来说，良好的密实度是关键。因此，提高混凝土的耐久性可以从以下几方面进行：

1）控制混凝土最大水灰比和最小水泥用量。

2）合理选择水泥品种。

3）选用合理的骨料质量和级配。

4）加强施工质量控制。

5）采用适宜的外加剂。

6）掺入粉煤灰、矿粉、硅灰或沸石粉等。

二、混凝土试件的留置

1. 现场搅拌混凝土

根据国家标准《混凝土强度检验评定标准》（GB/T 50107—2010）的规定，用于检查结构构件混凝土强度的试件，应在混凝土的浇筑地点随机抽取。取样与试件留置应符合以下规定：

（1）每拌制100盘但不超过100 m^3 的同配合比的混凝土，取样次数不得少于一次。

（2）每工作班拌制的同一配合比的混凝土不足100盘和100 m^3 时，取样次数不得少于一次。

（3）当一次连续浇筑超过 1 000 m^3 时，同一配合比的混凝土每 200 m^3 取样不得少于一次。

（4）对于房屋建筑，每一楼层、同一配合比的混凝土取样不得少于一次。

（5）每次取样应至少留置一组标准养护试件，同条件养护试件的留置组数应根据实际需要确定。

2. 结构实体检验用同条件养护试件

根据国家标准《混凝土结构工程施工质量验收规范》（GB 50204—2015）的规定，结构实体检验用同条件养护试件的留置方式和取样数量应符合以下规定：

（1）对涉及混凝土结构安全的重要部位应进行结构实体检验，其内容包括混凝土强度、钢筋保护层厚度及工程合同约定的项目等。

（2）同条件养护试件应由各方在混凝土浇筑入模处见证取样。

（3）同一强度等级的同条件养护试件，按统计方法评定混凝土强度时，留置不宜少于 10 组；按非统计方法评定混凝土强度时，留置数量不应少于 3 组。

（4）当试件达到等效养护龄期时，方可对相同条件养护试件进行强度试验。所谓等效养护龄期，可取日平均温度逐日累计达到 600 ℃・d 时所对应的龄期，且不应小于 14 d。一般情况下，温度取当天的平均温度。日平均温度为 0 ℃及以下的龄期不计入。

3. 预拌混凝土

预拌混凝土除应在预拌混凝土厂内按规定留置试块外，运到施工现场后，还应根据国家标准《预拌混凝土》（GB/T 14902—2012）的规定取样与检验。

（1）混凝土出厂检验应在搅拌地点取样；混凝土交货检验应在交货地点取样，交货检验试样应随机从同一运输车卸料量的 1/4 至 3/4 抽取。

（2）混凝土交货检验取样及坍落度试验应在混凝土运到交货地点时开始算起，20 min 内完成；试件制作应在混凝土运到交货地点时开始算起，40 min 内完成。

（3）混凝土强度检验的取样频率应符合下列规定：

1）出厂检验时，每 100 盘相同配合比混凝土取样不应少于 1 次，每一个工作班相同配合比混凝土达不到 100 盘时应按 100 盘计，每次取样应至少进行一组试验。

2）交货检验的取样频率应符合国家标准《混凝土强度检验评定标准》（GB/T 50107—2010）的规定。

（4）混凝土坍落度检验的取样频率与强度检验相同。

（5）统一配合比混凝土拌合物中的水溶性氯离子含量检验应至少取样一次。海砂混凝土拌合物中的水溶性氯离子含量检验的取样频率应符合行业标准《海砂混凝土应用技术规范》（JGJ 206—2010）的规定。

（6）混凝土耐久性能检验的取样频率应符合行业标准《混凝土耐久性检验评定标准》（JGJ/T 193—2009）的规定。

（7）混凝土的含气量、扩展度及其他项目检验的取样频率应符合国家现行有关标准和合同的规定。

第三节　普通混凝土配合比设计

一、混凝土配合比参数

混凝土配合比设计就是根据工程要求、结构形式和施工条件确定混凝土各组成材料数量之间的比例关系。常用的表示方法有两种：一种是以 1 m^3 混凝土中各组成材料的质量表示，如某配合比为水泥 240 kg、水 180 kg、砂 630 kg、石子 1 280 kg、矿物掺和料 160 kg，该混凝土 1 m^3 总质量为 2 490 kg；另一种是以各组成材料的质量比表示（以水泥质量为 1），将上例换算成质量比可得，水泥 : 砂 : 石子 : 矿物掺和料 = 1 : 2.63 : 5.33 : 0.67，水灰比 =0.75。

1. 混凝土配合比设计的基本要求

混凝土配合比设计必须满足以下 5 项基本要求：

（1）满足施工规定所需的和易性要求。

（2）满足设计的强度要求。

（3）满足与使用环境相适应的耐久性要求。

（4）满足业主或施工单位期望的经济性要求。

（5）满足可持续发展所必需的生态性要求。

2. 混凝土配合比设计的三个参数

混凝土配合比设计的实质是确定胶凝材料、水、砂和石子这四种组成材料用量之间的三个比例关系：

（1）水与胶凝材料之间的比例关系，常用水灰比表示。

（2）砂与石子之间的比例关系，常用砂率表示。

（3）胶凝材料与骨料之间的比例关系，常用单位用水量（1 m^3 混凝土的用水量）表示。

二、混凝土配合比设计方法与步骤

在进行混凝土配合比设计前，应先收集的基本资料有：对混凝土的强度等级、耐久性的要求，对混凝土拌合物工作性的要求，施工管理水平，原材料品种及其物理力学性质，混凝土的部位、结构构造情况、施工条件等。

混凝土配合比设计的方法和步骤如下：

1. 计算配制强度（$f_{cu,o}$）

根据《普通混凝土配合比设计规程》（JGJ 55—2011）规定，混凝土配制强度应按下列规定确定：

（1）当混凝土的设计强度小于 C60 时，配制强度应按下式确定：

$$f_{cu,o} \geq f_{cu,k} + 1.645\sigma$$

式中，$f_{cu,o}$——混凝土配制强度，MPa；

$f_{cu,k}$——混凝土立方体抗压强度标准值，这里取混凝土的设计强度等级值，MPa；

σ——混凝土强度标准差，MPa。

（2）当混凝土的设计强度不小于 C60 时，配制强度应按下式确定：

$$f_{cu,o} \geqslant 1.15 f_{cu,k}$$

当具有近 1～3 个月的同一品种、同一强度等级混凝土的强度资料时，其混凝土强度标准差 σ 应按下式计算：

$$\sigma = \sqrt{\frac{\sum_{i=1}^{n} f_{cu,i}^2 - nmf_{cu}^2}{n-1}}$$

式中，$f_{cu,i}$——第 i 组试件的强度值，MPa；

mf_{cu}——n 组试件的强度平均值，MPa；

n——试件组数，n 值应大于或者等于 30。

对于强度等级不大于 C30 的混凝土，当混凝土强度标准差计算值不小于 3.0 MPa 时，应按混凝土强度标准差计算公式计算结果取值；当混凝土强度标准差计算值小于 3.0 MPa 时，应取 3.0 MPa。

对于强度等级大于 C30 且小于 C60 的混凝土，当混凝土强度标准差计算值不小于 4.0 MPa 时，应按混凝土强度标准差计算公式计算结果取值；当混凝土强度标准差计算值小于 4.0 MPa 时，应取 4.0 MPa。

当没有近期的同一品种、同一强度等级混凝土的强度资料时，其强度标准差 σ 可按表 2-11 取值。

表 2-11　　混凝土强度标准差 σ 值

混凝土强度等级	≤C20	C25～C45	C50～C55
σ（MPa）	4.0	5.0	6.0

2. 计算水胶比（W/B）

混凝土强度等级小于 C60 时，水胶比应按下式计算：

$$\frac{W}{B} = \frac{\alpha_a f_b}{f_{cu,o} + \alpha_a \alpha_b f_b}$$

式中，α_a、α_b——回归系数，可参照表 2-12 采用；

f_b——胶凝材料 28 天胶砂抗压强度，可实测，MPa。

表 2-12　　回归系数 α_a 和 α_b 选用表

回归系数	碎石	卵石
α_a	0.53	0.49
α_b	0.20	0.13

当胶凝材料 28 天胶砂抗压强度（f_b）无实测值时，其值可按下式确定：

$$f_b=\gamma_f\gamma_s f_{ce}$$

式中，γ_f、γ_s——粉煤灰影响系数和粒化高炉矿渣粉影响系数，按表 2–13 选用；

f_{ce}——水泥 28 天胶砂抗压强度，可实测，MPa。

表 2–13　　粉煤灰影响系数（γ_f）和粒化高炉矿渣粉影响系数（γ_s）

掺量（%）	粉煤灰影响系数（γ_f）	粒化高炉矿渣粉影响系数（γ_s）
0	1.00	1.00
10	0.90 ~ 0.95	1.00
20	0.80 ~ 0.85	0.95 ~ 1.00
30	0.70 ~ 0.75	0.90 ~ 1.00
40	0.60 ~ 0.65	0.80 ~ 0.90
50	—	0.70 ~ 0.85

注：1. 采用 I 级、II 级粉煤灰时宜取上限值。

2. 采用 S75 级粒化高炉矿渣粉时宜取下限值，采用 S95 级粒化高炉矿渣粉时宜取上限值，采用 S105 级粒化高炉矿渣粉时宜取上限值加 0.05。

3. 当超出表中的掺量时，粉煤灰和粒化高炉矿渣粉影响系数应经试验测定。

f_{ce} 值还可根据 3 天强度或快测强度推定 28 天强度关系式得出。当无水泥 28 天抗压强度实测值时，其值可按下式确定：

$$f_{ce}=\gamma_c f_{ce,g}$$

式中，γ_c——水泥强度等级值的富余系数（可按实际统计资料确定），当缺乏实际统计资料时，可按表 2–14 选用；

$f_{ce,g}$——水泥强度等级值，MPa。

表 2–14　　水泥强度等级值的富余系数（γ_c）

水泥强度等级值	32.5	42.5	52.5
富余系数	1.12	1.16	1.10

3. 确定每立方米混凝土用水量

（1）干硬性和塑性混凝土用水量的确定

水胶比在 0.40 ~ 0.80 范围内时，根据粗骨料的品种、粒径及施工要求的混凝土拌合物稠度，其用水量可按表 2–15 和表 2–16 选取。

表 2–15　干硬性混凝土的用水量　kg/m³

混凝土拌合物稠度		卵石最大公称粒径（mm）			碎石最大粒径（mm）		
项目	指标	10.0	20.0	40.0	16.0	20.0	40.0
维勃稠度（s）	16～20	175	160	145	180	170	155
	11～15	180	165	150	185	175	160
	5～10	185	170	155	190	180	165

表 2–16　塑性混凝土的用水量　kg/m³

混凝土拌合物稠度		卵石最大粒径（mm）				碎石最大粒径（mm）			
项目	指标	10.0	20.0	31.5	40.0	16.0	20.0	31.5	40.0
坍落度（mm）	10～30	190	170	160	150	200	185	175	165
	35～50	200	180	170	160	210	195	185	175
	55～70	210	190	180	172	220	205	195	185
	75～90	215	195	185	175	230	215	205	195

（2）流动性和大流动性混凝土用水量的确定

1）以表 2–16 中坍落度 90 mm 的塑性混凝土的用水量为基础，按坍落度每增大 20 mm 用水量增加 5 kg 计算未掺外加剂时的混凝土用水量。当坍落度增大至 180 mm 以上时，随坍落度的增加，用水量相应减少。

2）掺外加剂时的混凝土用水量可按下式计算：

$$m_{wa}=m_{wo}(1-\beta)$$

式中，m_{wa}——满足实际坍落度要求的每立方米混凝土用水量，kg/m³；

m_{wo}——未掺外加剂时每立方米混凝土的用水量，kg/m³；

β——外加剂的减水率，应经试验确定，%。

4. 确定每立方米混凝土胶凝材料用量（m_{bo}）

根据已选定的混凝土用水量（m_{wo}）和水灰比（W/B），可求出胶凝材料用量：

$$m_{bo}=\frac{m_{wo}}{W/B}$$

每立方米混凝土矿物掺和料用量（m_{fo}）的确定：

$$m_{fo}=m_{bo}\beta_f$$

式中，β_f——矿物掺和料掺量百分比，应通过试验确定，%。

采用硅酸盐水泥或普通硅酸盐水泥时，钢筋混凝土和预应力混凝土中矿物掺和料最大掺量宜分别符合表 2–17 和表 2–18 的规定。基础大体积混凝土中，粉煤灰、粒化高炉矿渣粉和复合掺和料的最大掺量可增加 5%。采用掺量大于 30% 的 C 类粉煤灰的混凝土应以实际使用的水泥和粉煤灰掺量进行安定性检验。

表 2-17　钢筋混凝土中矿物掺和料最大掺量

矿物掺和料种类	水胶比	最大掺量（%）	
		采用硅酸盐水泥时	采用普通硅酸盐水泥时
粉煤灰	≤0.4	≤45	≤35
	>0.4	≤40	≤30
粒化高炉矿渣粉	≤0.4	≤65	≤55
	>0.4	≤55	≤45
钢渣粉	—	≤30	≤20
磷渣粉	—	≤30	≤20
硅灰	—	≤10	≤10
复合掺和料	≤0.4	≤60	≤50
	>0.4	≤50	≤40

表 2-18　预应力混凝土中矿物掺和料最大掺量

矿物掺和料种类	水胶比	最大掺量（%）	
		采用硅酸盐水泥时	采用普通硅酸盐水泥时
粉煤灰	≤0.4	≤35	≤30
	>0.4	≤25	≤20
粒化高炉矿渣粉	≤0.4	≤55	≤45
	>0.4	≤45	≤35
钢渣粉	—	≤20	≤10
磷渣粉	—	≤20	≤10
硅灰	—	≤10	≤10
复合掺和料	≤0.4	≤50	≤40
	>0.4	≤40	≤30

每立方米混凝土水泥用量（m_{co}）的确定：

$$m_{co}=m_{bo}-m_{fo}$$

为保证混凝土的耐久性，由以上计算得出的胶凝材料用量还要满足有关规定中最小胶凝材料用量的要求，如果算得的胶凝材料用量少于规定的最小胶凝材料用量，则应取规定的最小胶凝材料用量值。

5. 确定砂率

砂率可以根据以砂填充石子空隙并稍有富余的原则确定。根据此原则可列出砂率计算公式如下：

$$V'_{so}=V'_{go}P'$$

$$\beta_s=\beta\frac{m_{so}}{m_{so}+m_{go}}=\beta\frac{\rho'_{so}V'_{so}}{\rho'_{so}V'_{so}+\rho'_{go}V'_{go}}=\beta\frac{\rho'_{so}V'_{go}P'}{\rho'_{so}V'_{go}P'+\rho'_{go}V'_{go}}=\beta\frac{\rho'_{so}P'}{\rho'_{so}P'+\rho'_{go}}$$

式中，β_s——砂率，%；

m_{so}、m_{go}——每立方米混凝土中砂及石子用量，kg；

V'_{so}、V'_{go}——每立方米混凝土中砂及石子松散体积，其中 $V'_{so}=V'_{go}P'$，m^3；

ρ'_{so}、ρ'_{go}——砂和石子堆积密度，kg/m^3；

P'——石子空隙率，%；

β——砂浆剩余系数（一般取 1.1 ~ 1.4）。

6. 确定粗骨料和细骨料用量

（1）当采用质量法时，应按下列公式计算：

$$\begin{cases} m_{co}+m_{fo}+m_{go}+m_{so}+m_{wo}=m_{cp} \\ \beta_s=\dfrac{m_{so}}{m_{so}+m_{go}}\times100\% \end{cases}$$

式中，m_{co}——每立方米混凝土的水泥用量，kg；

m_{fo}——每立方米混凝土的矿物掺和料用量，kg；

m_{go}——每立方米混凝土的粗骨料用量，kg；

m_{so}——每立方米混凝土的细骨料用量，kg；

m_{wo}——每立方米混凝土的用水量，kg；

m_{cp}——每立方米混凝土拌合物的假定质量（可取 2 350 ~ 2 450 kg），kg；

β_s——砂率，%。

（2）当采用体积法时，应按下列公式计算：

$$\begin{cases} \dfrac{m_{co}}{\rho_c}+\dfrac{m_{fo}}{\rho_f}+\dfrac{m_{go}}{\rho'_g}+\dfrac{m_{so}}{\rho'_s}+\dfrac{m_{wo}}{\rho_w}+0.01\alpha=1 \\ \beta_s=\dfrac{m_{so}}{m_{so}+m_{go}}\times100\% \end{cases}$$

式中，ρ_c——水泥密度（可取 2 900 ~ 3 100 kg/m^3），kg/m^3；

ρ_f——矿物掺和料密度，kg/m^3；

ρ'_g——粗骨料的表观密度，kg/m^3；

ρ'_s——细骨料的表观密度，kg/m³；

ρ_w——水的密度（可取 1 000 kg/m³），kg/m³；

α——混凝土的含气量百分数（在不使用引气型外加剂时，α 可取 1）。

粗骨料和细骨料的表观密度 ρ'_g 与 ρ'_s 应按现行行业标准《普通混凝土用砂、石质量及检验方法标准》（JGJ 52—2006）规定的方法测定。

7. 确定每立方米混凝土外加剂用量（m_{ao}）

每立方米混凝土外加剂用量（m_{ao}）应按下式计算：

$$m_{ao}=m_{bo}\beta_a$$

式中，m_{ao}——计算配合比每立方米混凝土中外加剂用量，kg/m³；

m_{bo}——计算配合比每立方米混凝土中胶凝材料用量，kg/m³；

β_a——外加剂掺量，应经混凝土试验确定，%。

三、混凝土配合比试配、调整与确定

1. 混凝土配合比的试配、调整

混凝土配合比初步设计求出的各材料用量是借助于一些经验公式和数据计算出来的，或是利用经验资料查得的，不一定符合实际情况，必须通过试拌调整，直到混凝土拌合物的和易性符合要求为止，然后提出供检验混凝土强度用的基准配合比。

2. 混凝土配合比的确定

首先通过试验得出不同水胶比值时的混凝土强度，然后用作图法或计算求出与 $f_{cu,o}$ 相对应的水胶比值，并按下列原则确定每立方米混凝土的材料用量：

（1）在试拌配合比的基础上，用水量（m_w）和外加剂用量（m_a）应根据确定的水胶比作调整。

（2）胶凝材料用量（m_b）应以用水量乘以确定的水胶比计算得出。

（3）粗、细骨料用量（m_g 及 m_s）应根据用水量和胶凝材料用量进行调整。

3. 施工配合比

设计配合比是以干燥材料为基准的，而工地存放的砂、石子等材料都含有一定的水分。因此，现场材料的实际称量应按工地砂、石子等的含水情况进行修正，修正后的配合比称为施工配合比。

现假定工地测出的砂的含水率为 a%，石子的含水率为 b%，则将上述设计配合比换算为施工配合比，其材料的称量如下。

水泥：$m'_c=m_c$（kg）

砂：$m'_s=m_s(1+a\%)$（kg）

石子：$m'_g=m_g(1+b\%)$（kg）

水：$m'_w=m_w-m_s\times a\%-m_g\times b\%$（kg）

矿物掺和料：$m'_f=m_f$（kg）

技能训练 3　混凝土案例分析

某工地在夏季进行混凝土施工时，因为工地附近发生交通事故，导致交通堵塞，混凝土等待时间太久，坍落度损失太大。现场施工人员为了增加坍落度但又不增加水胶比，采用添加泵送剂的方法调节混凝土的坍落度，结果混凝土在浇筑后表面出现泌水，24 h 仍未凝固。经过调查，混凝土不凝固是外加剂（泵送剂）中缓凝成分过量所致。

夏季混凝土生产所采用的泵送剂是一种带有缓凝成分的复合型外加剂，如果为了调整混凝土坍落度一味采用添加泵送剂的方法，必然在混凝土中增加缓凝成分，致使缓凝成分超量，混凝土凝结时间会极大加长。同时，外加剂过量会导致混凝土板结和泌水。本案例中，混凝土经试验室取样快测，后期强度未受影响。

提问：

1. 若你是现场施工人员，应采取何种措施确保混凝土后期强度？
2. 当混凝土出现坍落度损失过大的情况时，应采用哪些方法避免混凝土浪费，造成经济损失？
3. 若你是现场施工人员，请分析导致混凝土不凝固的可能原因。

技能训练 4　混凝土和易性测定

一、训练目的

了解混凝土配料、搅拌、品质试验过程。

二、训练任务

1. 进行混凝土配料称量。
2. 进行混凝土人工搅拌。
3. 完成混凝土坍落度试验。

三、训练地点与基本要求

实训地点安排在有条件的实训基地，实训过程要听从专业教师指导，认真听取实训教师讲解，要胆大心细，注意安全。

四、组织管理

1. 专业教师实训前联系好实训教师，积极探讨实训内容与安排。
2. 一个教学班按 2 人一组分成若干小组，进行小组化教学，配合完成实训任务。
3. 实训教师在教室介绍实训安排、观摩注意事项、分组情况，并安排学生学习相

关知识。

4. 两名教师共同负责组织、指挥、指导和管理。

五、材料与设备

1. 人工拌制混凝土

（1）拌和板：尺寸为 1 m × 2 m 的金属板，每小组 1 块。

（2）铁铲：每小组 2 把，手工拌和用。

（3）水桶：每小组大、小各一个，装水用。

（4）量筒：1 000 mL，每小组 1 个。

（5）台秤：称量范围为 50 kg，分度值为 0.5 kg，两台共用，用于称量水泥及各种骨料。

（6）斗车：每小组 2 部。

（7）水泥：共 8 包（每包 50 kg）。

（8）中砂：共 5 斗车。

（9）碎石：共 10 斗车。

2. 坍落度试验

（1）坍落度筒：每小组 1 个，坍落度筒为铁板制成的截头圆锥筒，厚度应不小于 1.5 mm，内侧平滑，没有铆钉头之类的突出物，在筒的上方约 2/3 高度处安装两个把手，近下端两侧焊两个踏脚板，以保证坍落度筒稳定。

（2）捣棒：钢质圆棒，每小组 1 根，直径 16 mm，长约 650 mm，并具有半球形端头。

（3）其他：铲刀、半圆铲、量尺和钢底板等，每小组各一个。

另外，自来水管接至实训场地，还需准备 2 部扩音设备。

六、训练内容与工艺流程

1. 训练内容

（1）根据给定混凝土各组成材料的用量进行称量。

（2）根据配合比，每小组手工自拌混凝土一盘。

（3）每小组根据拌制的混凝土完成一次混凝土坍落度测试，完成一篇坍落度试验报告。

2. 工艺流程

混凝土材料的称量→混凝土人工搅拌→现场混凝土坍落度试验。

混凝土人工搅拌时间为 4 ~ 5 min。进行混凝土坍落度试验时，注意混凝土装料时要保证坍落度桶内混凝土的密实度，使用捣棒振捣时，以混凝土上部出现均匀的灰浆为准。

七、评价标准

混凝土和易性测定评价标准见表 2-19。

表 2-19　　混凝土和易性测定评价标准

内容及要求	分值	评分
一、手工拌制混凝土	30	
材料、工具准备	10	
配合比是否合理	10	
拌和是否均匀	10	
二、坍落度试验	50	
材料、工具准备	10	
下料	10	
振捣	10	
提筒	10	
测量	10	
三、总评	20	
备注	每一小组成员得分应相同	

技能训练 5　混凝土配合比设计

例 1:

某教学楼二楼需要设计钢筋混凝土梁，设计混凝土强度等级为 C30，施工坍落度要求为 50 ~ 70 mm，粗骨料最大粒径要求为 40 mm，该单位无历史统计资料。

例 2:

某工业厂房需要设计预应力钢筋混凝土梁，设计混凝土强度等级为 C40，施工坍落度要求为 70 ~ 90 mm，粗骨料最大粒径要求为 30 mm，该单位无历史统计资料。

例 3:

某度假区小别墅需要设计混凝土基础，设计混凝土强度等级为 C25，施工坍落度要求为 10 ~ 30 mm，粗骨料最大粒径要求为 40 mm，该单位无历史统计资料。

例 4:

某商场需要设计钢筋混凝土灌注桩，设计混凝土强度等级为 C30，施工坍落度要求为 160 ~ 180 mm，粗骨料最大粒径要求为 30 mm，该单位无历史统计资料。

课后作业要求:

1. 每班分 8 个小组，每小组选择 1 个题目。

2. 根据选择的题目确定试验方案和试验安排。

3. 测定基础数据。

4. 计算初步配合比。

5. 试拌调整确定基准配合比。

6. 制作试件，进行标准养护，在规定龄期进行抗压强度试验，确定试验室配合比。

7. 认真撰写试验报告。

思考练习题

1. 混凝土组成材料有哪些?
2. 按主要功能不同，混凝土外加剂可分为哪些类别?
3. 简述提高混凝土耐久性的措施。
4. 简述混凝土配合比应满足的基本要求。
5. 设计混凝土配合比时应考虑哪三个参数?

第三章　混凝土搅拌及运输施工

混凝土搅拌是将水泥、石灰、水等材料混合后搅拌均匀的一种操作方法。我国多层建筑物和高层建筑物越来越多，其中大多数采用的是钢筋混凝土结构，对混凝土的需求量越来越大。预拌混凝土能大量进行商业化生产、运送，且能通过泵送浇筑，提高了生产效率，施工的进度也比较快，施工周期大大缩短，而且还能够解决现场工地脏乱差的问题，提高安全性。

第一节　混凝土搅拌站与预拌混凝土

一、混凝土搅拌机类型与使用范围

混凝土搅拌机是把水泥、砂石骨料和水混合并拌制成混凝土拌合物的机械，主要由拌筒、加料和卸料机构、供水系统、原动机、传动机构、机架和支撑装置等组成，如图 3–1 所示。

图 3–1　混凝土搅拌机

1. 混凝土搅拌机的种类

混凝土搅拌机有多种分类方式：按工作性质不同，分为间歇式（分批式）和连续式；按搅拌原理不同，分为自落式和强制式；按安装方式不同，分为固定式和移动式；按出料方式不同，分为倾翻式和非倾翻式；按拌筒结构形式不同，分为梨式、鼓筒式、双锥式、圆盘立轴式和圆槽卧轴式等。

（1）自落式搅拌机

自落式搅拌机有较长的历史，早在 20 世纪初，由蒸汽机驱动的鼓筒式混凝土搅拌机已开始出现。20 世纪 50 年代后，反转出料式和倾翻出料式的双锥形搅拌机以及裂筒式搅拌机等相继问世并获得发展。自落式混凝土搅拌机的拌筒内壁上有径向布置的搅拌叶片。工作时，拌筒绕其水平轴线回转，加入拌筒内的物料被叶片提升至一定高度后，借自重下落，这样周而复始运动，达到均匀搅拌的效果。自落式搅拌机的结构简单，一般以搅拌塑性混凝土为主。

（2）强制式搅拌机

强制式搅拌机从 20 世纪 50 年代初兴起后，得到了迅速的发展和推广。最先出现的是圆盘立轴强制式搅拌机。这种搅拌机分为涡浆式和行星式两种。20 世纪 70 年代后，随着轻骨料的应用，出现了圆槽卧轴式强制搅拌机，它又分单卧轴式和双卧轴式两种，兼有自落式和强制式两种搅拌方式的特点。搅拌叶片的线速度小、耐磨性好且耗能少，发展较快。强制式搅拌机拌筒内的转轴臂架上装有搅拌叶片，在搅拌叶片的强力搅动下，加入拌筒内的物料形成交叉流动。这种搅拌方式远比自落式作用强烈，主要适合搅拌干硬性混凝土。

（3）连续式搅拌机

连续式搅拌机装有螺旋状搅拌叶片，各种材料分别按配合比经连续称量后送入搅拌机内，搅拌好的混凝土从卸料端连续向外卸出。这种搅拌机的搅拌时间短，生产率高，其发展引人注目。

随着混凝土材料和施工工艺的发展，又相继出现了许多新型结构的混凝土搅拌机，如蒸汽加热式搅拌机、超临界转速搅拌机、声波搅拌机、无搅拌叶片的摇摆盘式搅拌机和二次搅拌的混凝土搅拌机等。

（4）JS 系列搅拌机

JS 系列搅拌机技术参数见表 3–1。

表 3–1　　JS 系列搅拌机技术参数

型号	JS500	JS750	JS1000	JS1500	JS2000
出料容量（L）	500	750	1 000	1 500	2 000
进料容量（L）	800	1 200	1 600	2 400	3 200
产能（m^3/h）	≥25	≥37.5	≥50	≥75	≥100
骨料（卵石 / 碎石）最大粒径（mm）	80/60	80/60	80/60	80/60	80/60

续表

搅拌叶片	转速（r/m）	35	31	25.5	25.5	23
	数量（个）	2×7	2×7	2×8	2×10	2×10
搅拌电动机	型号	Y180M-4	Y200L-4	Y225S-4	Y225M-4	Y280S-4
	功率（kW）	18.5	30	37	45	75
卷扬电动机	型号	YEZ132S-4-B5	YEZ132M-4-B5	YEZ160S-4	YEZ180L-4	YEJ180L-4
	功率（kW）	5.5	7.5	11	18.5	22
水泵电动机	型号	50DWB20-8A	65DWB35-5	KQW6	KQW65	CK65/20L
	功率（kW）	0.75	1.1	3	3	4
料斗提升速度（m/min）		18	18	21.9	23	26.8
外形（长×宽×高）尺寸（mm）	运输状态	3 050×2 300×2 680	3 650×2 600×2 890	4 640×2 250×2 250	5 058×2 250×2 440	5 860×2 250×2 735
	工作状态	4 461×3 050×5 225	4 951×3 650×6 225	8 765×3 436×9 540	9 645×3 436×9 700	10 720×3 870×10 726
整机质量（kg）		4 000	5 500	8 700	11 130	15 000
卸料高度（mm）		1 500	1 600	2 700	3 800	3 800

2. 混凝土搅拌机的操作、维护和选择

（1）操作规程

1）搅拌前应空车试运转。

2）根据搅拌时间调整时间继电器定时，注意在断电情况下调整。

3）用水湿润搅拌筒、叶片及场地。

4）搅拌过程中如果发生电气或机械故障，应卸出部分拌合物，减轻负荷，排除故障后再开车运转。

5）操作使用时，应经常进行安全检查，防止发生触电和机械伤人等安全事故。

6）搅拌完毕，关闭电源，清理搅拌筒及场地，打扫卫生。

（2）维护保养

1）保持机体清洁，清除机体上的污物。

2）检查各润滑处的油料及电路和控制设备，并按要求加注润滑油。

3）每班工作前，在搅拌筒内加水空转 1 ~ 2 min，同时检查离合器和制动装置工作的可靠性。

4）混凝土搅拌机运转过程中，应随时监听电动机、减速器、传动齿轮的噪声是否正常，温升是否过高。

5）每班工作结束后，应认真清洗混凝土搅拌机。

（3）注意事项

1）混凝土搅拌机应安置在平坦的位置，用方木垫起前后轮轴，使轮胎架空，以免在开动时发生移动。

2）混凝土搅拌机应实施二级漏电保护，每日上班前，电源接通后，必须仔细检查，经空车试转认为合格，方可使用。试运转时应检验搅拌筒转速是否合适，一般情况下，空车速度比重车（装料后）稍快 2 ~ 3 转，如果相差较多，应调整动轮与传动轮的比例。

3）搅拌筒的旋转方向应符合箭头指示方向，如不符，应调整电动机接线。

4）检查传动离合器和制动器是否灵活可靠，钢丝绳有无损坏，轨道滑轮是否良好，周围有无障碍及各部位的润滑情况是否良好等。

5）开机后，经常注意混凝土搅拌机各部件的运转是否正常。停机时，经常检查混凝土搅拌机叶片是否打弯，螺钉是否脱落或松动。

6）当混凝土搅拌完毕或预计停歇 1 h 以上，除将余料出净外，应将石子和清水倒入料筒内，开机转动，把粘在料筒上的砂浆冲洗干净后全部卸出。料筒内不得有积水，以免料筒和叶片生锈。同时，还应及时清理搅拌筒外积灰，使机械保持清洁完好。

7）下班后及停机不用时，应拉闸断电，并锁好开关箱，以确保安全。

（4）选择

混凝土搅拌机的选择主要有 3 种方式，即按工程量和工期要求选择、按设计的混凝土种类选择、按混凝土的组成特性和稠度选择。

1）按工程量和工期要求选择。混凝土工程量大且工期长时，宜选用中型或大型固定式搅拌机或搅拌站；混凝土工程量小且工期短时，宜选用中小型移动式搅拌机。

2）按设计的混凝土种类选择。搅拌混凝土为塑性或半塑性混凝土时，宜选用自落式搅拌机；搅拌混凝土为高强度、干硬性或为轻质混凝土时，宜选用强制式搅拌机。

3）按混凝土的组成特性和稠度选择。搅拌稠度小且骨料粒度大的混凝土时，宜选用容量较大的自落式搅拌机；搅拌稠度大且骨料粒度大的混凝土时，宜选用搅拌筒转速较快的自落式搅拌机；搅拌稠度大而骨料粒度小的混凝土时，宜选用强制式搅拌机或中、小容量的锥形反转出料搅拌机。

二、混凝土搅拌站与混凝土搅拌楼

1. 混凝土搅拌站

（1）混凝土搅拌站的组成

混凝土搅拌站由搅拌系统、骨料供给系统、粉料储存系统、计量系统、控制系统和外配套设备组成，如图 3–2 所示。

图 3-2　混凝土搅拌站

1）搅拌系统。搅拌系统按搅拌方式不同，分为强制式搅拌系统和自落式搅拌系统。使用强制式搅拌系统的称为强制式搅拌机，这种搅拌机是国内外搅拌站使用的主流，它可以搅拌流动性、半干硬性和干硬性等多种混凝土。使用自落式搅拌系统的称为自落式搅拌机，这种搅拌机主要搅拌流动性混凝土，在搅拌站中很少使用。强制式搅拌机按结构形式不同，可分为主轴行星搅拌机、单卧轴搅拌机和双卧轴搅拌机，其中尤以双卧轴强制式搅拌机的综合使用性能最好。

2）骨料供给系统。骨料供给系统由骨料储存仓、骨料计量斗及骨料输送系统三个部分组成。

骨料输送：混凝土搅拌站的骨料输送有料斗输送和传送带输送两种方式。料斗输送的优点是占地面积小、结构简单，传送带输送的优点是输送距离大、效率高、故障率低。传送带输送适用于有骨料暂存仓的搅拌站，可以提高搅拌站的生产率。

粉料输送：混凝土可用的粉料主要是水泥、粉煤灰和矿粉，普遍采用的粉料输送方式是螺旋输送机输送，大型搅拌站有采用气动输送和刮板输送的。螺旋输送机输送的优点是结构简单、成本低、使用可靠。

液料输送：液料主要指水和液体外加剂，由输液泵输送。

3）粉料储存系统。混凝土可用的粉料储存方式基本相同，骨料露天堆放（也有城市大型混凝土搅拌站用封闭料仓），粉料用全封闭钢结构筒仓储存，外加剂用钢结构容器储存。

4）计量系统。计量系统是影响混凝土质量和生产成本的关键部件，主要分为骨料称量系统、粉料称量系统和液体称量系统三部分。一般情况下，搅拌能力为 20 m^3/h 以下的搅拌站采用叠加称量方式，即骨料（砂、石）用一台秤，水泥和粉煤灰用一台秤，水和液体外加剂分别称量，然后将液体外加剂投放到水称斗内预先混合；搅拌能力为 50 m^3/h 以上的搅拌站多采用各种物料独立称量的方式，所有称量都采用电子秤及计算机控制。骨料称量误差不大于 2%，水泥、粉料、水及外加剂的称量误差均不大

于1%。

5）控制系统。混凝土搅拌站的控制系统是整套设备的核心。控制系统根据用户不同要求和搅拌站的大小而有不同的功能和配置，一般情况下，施工现场可用的小型搅拌站控制系统简单一些，而大型搅拌站的控制系统相对复杂一些。

6）外配套设备。外配套设备主要包括水路、气路和料仓。

（2）混凝土搅拌站的主要优点

1）双卧轴强制式搅拌机搅拌能力强、搅拌质量均匀、生产率高，搅拌干硬性、半干硬性、塑性及各种配比的混凝土的效果均较好。润滑系统、主轴传动系统均比较先进，其液压开门机构可根据需要调整卸料门开度。搅拌轴采用防粘连技术，有效防止水泥在轴上结块，轴端密封采用独特的多重密封结构，有效防止砂浆泄漏，并保证整个搅拌系统的持续长久运行。清洗系统采用高压水泵自动控制加手动控制，各出水孔位于搅拌主轴正上方，提高了清洗的效率，并能增加水雾，以减少粉尘污染并有效清除水泥结块。

2）搅拌站中所有的粉状物料，从上料、配料、计量、加料到搅拌出料都在密闭状态下进行。搅拌机盖、水泥计量仓、粉煤灰计量仓的排尘管均与除尘器相连，骨料加注口设置阻尘板，从而降低粉尘排放量。全封闭的搅拌主楼及传送带输送机结构极大地降低了粉尘和噪声对环境的污染。负压除尘技术及特种纤维滤布的采用，使投料时产生的灰尘完全进入除尘器而不向周围扩散，收集到的粉尘又可方便地回收再利用，从而有效保护环境。

3）搅拌叶片采用高铬高锰合金耐磨材料，轴端支撑及密封形式采用多重密封，极大地提高了主机的可靠性。常受冲击、易损处（如卸料斗、过渡斗等）采用耐磨钢板补强；环形传送带接合处进行硫化粘接，使用寿命比普通的钢铆接延长3倍。

4）整套设备的保养及维修部位设有平台或检修梯，方便检查与维修操作，主机清洗设有泵冲和人工作业两套装置。站台楼式结构及骨料传送带输送机为全封闭结构，保证所有作业都可风雨无阻地进行。封闭形式的传送机下部设有溢料出口，能有效防止沙石四处散落。传送机采用重垂张紧结构，免除了生产过程中的调整作业。

5）骨料、粉剂和水剂的称量过程均由高精度的传感器和计算机控制，各秤单独称量（或累计称量），可保证计量的准确性且工作性能稳定。

（3）混凝土搅拌站的迁移

迁移混凝土搅拌站时，首先要检查所有的安全工具是否完善，并清理施工现场，留有足够的空间，然后清理配料机、水泥仓内的残物，清理时注意切断水、气、电等辅助设施，并拆除电、气、水、外加剂、压缩空气等管路，最后开始逐步拆卸搅拌站，步骤如下：

1）拆除配料层、搅拌层外围板。

2）拆除进料层屋盖、屋架等整体结构。

3）拆除螺旋输送机和胶带机头部机械部分及胶带机桁架（拆前应先将上面的托辊等机械零部件拆掉）。

4）拆除配料层所有机械设备和配料层平台。

5）拆除上排架、控制室及控制室支架。

6）拆除出料斗和搅拌机及搅拌层平台相应的楼梯。

7）拆除搅拌层平台及平台以下的楼梯、立柱等。

8）按片拆除骨料仓及以下的机械设备。

9）拆除粉料罐及上面所有设施，然后拆除粉料罐下面排架。

10）所有部件清理完后，对设备进行清点，确保设备的完整和完好无缺。

2. 混凝土搅拌楼

混凝土搅拌楼主要由搅拌主机、物料称量系统、物料输送系统、物料储存系统、控制系统和外配套设备组成，如图 3–3 所示。与混凝土搅拌站相比，混凝土搅拌楼骨料计量减少了四个中间环节，并且是垂直下料计量，节约了计量时间，因此大大提高了生产效率。搅拌同型号的混凝土时，混凝土搅拌楼生产效率比混凝土搅拌站提高三分之一。

图 3–3　混凝土搅拌楼

（1）组成

1）搅拌主机。搅拌主机的搅拌方式分为强制式搅拌和自落式搅拌两种。强制式搅拌机是目前国内外混凝土搅拌楼使用的主流搅拌机，它可以搅拌流动性、半干硬性和干硬性等多种混凝土。自落式搅拌机主要搅拌流动性混凝土，目前在搅拌楼中很少使用。

强制式搅拌机按结构形式不同，分为主轴行星搅拌机、单卧轴搅拌机和双卧轴搅拌机，其中尤以双卧轴强制式搅拌机的综合使用性能最好。

2）物料称量系统。物料称量系统是影响混凝土质量和生产成本的关键部件，主要分为骨料称量系统、粉料称量系统和液体称量系统三部分。一般情况下，搅拌能力为 20 m^3/h 以下的搅拌楼采用叠加称量方式，即骨料（砂、石）用一台秤，水泥和粉煤灰用一台秤，水和液体外加剂分别称量，然后将液体外加剂投放到水称斗内预先混合。而搅拌能力为 50 m^3/h 以上的搅拌楼多采用各种物料独立称量的方式，所有称量都采用电子秤及计算机控制。骨料称量误差不大于 2%，水泥、粉料、水及外加剂的称量误

差均不大于1%。

3）物料输送系统。物料输送系统由三个部分组成，分别完成骨料输送、粉料输送和液体输送。

①骨料输送。目前搅拌楼骨料输送有料斗输送和皮带输送两种方式。料斗输送的优点是占地面积小、结构简单。皮带输送的优点是输送距离大、效率高、故障率低，主要适用于有骨料暂存仓的搅拌楼，从而提高搅拌楼的生产率。

②粉料输送。混凝土可用的粉料主要是水泥、粉煤灰和矿粉。目前普遍采用的粉料输送方式是螺旋输送机输送，大型混凝土搅拌楼有采用气动输送和刮板输送的。螺旋输送机输送的优点是结构简单、成本低、使用可靠。

③液体输送。液体主要指水和液体外加剂，它们是分别由水泵输送的。

4）物料储存系统。混凝土可用的物料储存方式基本相同。骨料露天堆放（也有城市大型预拌混凝土搅拌楼用封闭料仓），粉料用全封闭钢结构筒仓储存，外加剂用钢结构容器储存。

5）控制系统。混凝土搅拌楼的控制系统是整套设备的核心。控制系统根据用户不同要求和混凝土搅拌楼的大小而有不同的功能和配置，一般情况下小型混凝土搅拌楼的控制系统简单一些，而大型混凝土搅拌楼的控制系统相对复杂一些。

6）外配套设备。外配套设备包括水路、气路、料仓等。

（2）基本型号

混凝土搅拌楼的规格大小是按其每小时的理论生产能力进行命名的，目前我国常用的规格有HZS25、HZS35、HZS50、HZS60、HZS75、HZS90、HZS120、HZS150、HZS180、HZS240等。例如，HZS25是指每小时生产能力为25 m^3 的混凝土搅拌楼，主机为双卧轴强制搅拌机。若主机用单卧轴，则型号为HZD25。

混凝土搅拌楼又可分为单机楼和双机楼，单机楼即每个混凝土搅拌楼有一个搅拌主机，双机楼即每个混凝土搅拌楼有两个搅拌主机，每个搅拌主机对应一个出料口，所以双机搅拌楼的生产能力是单机搅拌楼的2倍。双机搅拌楼的命名方式是2HZS××，例如，2HZS25指搅拌能力为 $2\times25=50$ m^3/h 的双机搅拌楼。

（3）管理制度

1）混凝土搅拌楼工作人员应提前通知试验人员当天所需拌制混凝土的强度等级、数量、施工部位、施工方法，申请施工配合比。混凝土搅拌楼所用材料必须全部经检验合格。

2）混凝土搅拌楼试验人员在开工前取砂石料测定含水量，将混凝土理论配合比换算成施工配合比，填写施工配料通知单，并经技术主管审核。一般情况下，每班抽测2次含水量，雨天应随时抽测，并按测定结果及时调整混凝土施工配合比。

3）混凝土搅拌楼工作人员提前领取施工配料通知单，严格按施工配合比配料，严禁非试验人员调整配合比。

4）应在混凝土搅拌楼醒目位置设立施工配合比标示牌，并安排专人负责填写。标示牌按业主或监理要求制作，主要内容包括施工部位，施工队或班组，原材料名称、产地、规格，混凝土设计强度等级，混凝土理论配合比、施工配合比，每盘混凝土材料用量，以及试验员、技术负责人和施工负责人姓名等。

5）正式开工前必须通知试验人员到场。

6）各材料配比要准确，严格过秤和自动计量，不能采用体积计量法。材料计量误差允许范围如下：水、水泥、外加剂、外掺料为 ±1%，骨料为 ±2%。应采用卧轴式、行星式或逆流式强制搅拌机搅拌混凝土，采用电子计量系统计量原材料。混凝土搅拌楼的计量装置必须经有资质的计量单位标定后方可使用（工地应保存一份标定证书）。必须保证现场所用材料与室内配合比试验所用材料一致，有变化时必须重新调整配合比。当发现工地骨料含泥量比室内试验大时，宜略增加 10 ~ 20 kg/m^3 水泥用量。

7）混凝土搅拌楼内水泥、外加剂、外掺料存放必须规范，并防淋、防潮、防过期、防交叉堆放、防误用。已检料、待检料和不合格料均应分仓存放。

三、预拌混凝土的使用要求

1. 预拌混凝土的配合比

首先应根据工程对混凝土和易性、强度、耐久性等的要求，合理地选择原材料并确定其配合比，以达到经济适用的目的。混凝土的配合比通常按水灰比法则的要求进行设计。材料用量的计算主要用假定容重法或绝对体积法。

预拌混凝土的工艺不同于现场搅拌混凝土，考虑到运输距离和时间，必须控制坍落度损失。因此，在设计混凝土配合比时应考虑如下因素：

（1）根据运输距离和运输时间确定初始坍落度：运输距离小于 10 km 或运输时间小于 1 h 时，初始坍落度为 18 ~ 20 cm；运输距离大于 10 km 或运输时间大于 1 h 时，初始坍落度为 20 ~ 22 cm。

（2）控制坍落度损失，即控制入泵前的坍落度应大于 15 cm。因为坍落度小于 15 cm 时可泵性差，而坍落度大于 20 cm 时，浇筑后混凝土长时间保持大流动性状态，其稳定性差，容易产生离析，凝结慢。

（3）梁、板、柱浇筑时初凝时间控制在 8 ~ 12 h、大体积混凝土初凝时间控制在 12 ~ 15 h。

2. 预拌混凝土的输送与灌筑

混凝土拌合物可用料斗、带式运输机或搅拌运输车输送到施工现场。其灌筑方式可用人工或借助机械。采用混凝土泵输送与灌筑混凝土拌合物，效率高，每小时可达数百立方米。无论是混凝土现浇工程还是预制构件，都必须保证灌筑后混凝土的密实性。其方法主要用振动捣实，也有的采用离心、挤压和真空作业等。掺入某些高效减水剂的流态混凝土则可不振捣。

3. 预拌混凝土的养护

养护的目的在于创造适当的温湿度条件，保证或加速混凝土的正常硬化。不同的养护方法对混凝土性能有不同影响。常用的养护方法有自然养护、蒸汽养护、干湿热养护、蒸压养护、电热养护、红外线养护和太阳能养护等。养护经历的时间称为养护周期。为了便于比较，规定测定混凝土性能的试件必须在标准条件下进行养护。我国采用的标准养护条件是温度为（20 ± 2）℃，湿度不低于 95%。

4. 预拌混凝土的规范及质量检测评定

（1）一般规定

1）工程建设项目在采用预拌混凝土前，一般均应进行经济和技术分析。如果工地无集中大规模生产混凝土条件，采用预拌混凝土对缩短施工时间、保证工程质量较为适宜。

2）城市道路及高层建筑中需要用大量混凝土时，必须使用预拌混凝土。

3）在建设单位或施工单位与预拌混凝土生产厂（站）签订合同前，预拌混凝土生产厂（站）必须将生产资质、工艺过程、试验室等级以及计量装置近期经过国家计量部门检定的资料报监理审查认可。

4）在正式生产前，混凝土生产厂（站）所用的原材料来源、规格、品种、生产厂家、测试资格必须报监理审核。同时，在监理与施工双方共同在场的情况下，随机取样送检测中心测试，取得测试合格报告后，方可投入生产。

5）混凝土强度检验评定应符合国家标准《混凝土强度检验评定标准》（GB/T 50107—2010）的规定。

（2）预拌混凝土的出厂检验

1）出厂检验试件取样和试验工作应由预拌混凝土生产厂（站）承担，并及时将测试报告送交驻厂（站）监理人员。

2）每组试件（三块）取样应随机从搅拌机的盘中抽取：宜在同一盘混凝土中的1/4 处、1/2 处和 3/4 处分别取样，并搅拌均匀，第一次取样和最后一次取样的时间间隔不宜超过 15 min。

3）进行混凝土坍落度和强度检验时，每 100 m^3 取样试验不得少于 1 次；每台班（批）拌制的混凝土不足 100 m^3 时，取样试验亦应保证 1 次。

4）特殊工程应加做含气量试验。

（3）预拌混凝土的到达检验

1）预拌混凝土到达工地交货检验的取样、试验工作由施工单位承担。

2）混凝土搅拌车到达浇筑地点 30 min 内，由现场监理人员从出料口见证取样、制作试件，并在 30 min 内完成。

3）取样频率与出厂检验的取样频率相同。

4）将在交货地点测量的混凝土坍落度值与合同规定的坍落度值进行比较，应符合要求。

（4）预拌混凝土运输过程中的有关规定

1）预拌混凝土必须由混凝土搅拌车直接运到施工现场。

2）混凝土搅拌车应保持混合料在运送过程中的均匀性，不应产生分层离析现象。

3）混凝土搅拌车应保持筒内无积水，方能装料。

4）严禁在运送混凝土前、中途和卸料时向搅拌筒内任意加水，一经发现，则该批次混凝土严禁使用。

5）混凝土的运送时间不应超过 1.5 h（运送时间指搅拌车从进料开始至卸料结束

的时间），特殊情况另行规定。

6）混凝土搅拌车在每次工作完毕后必须对筒内、外进行清洗，严禁将余料随地乱倒乱排。

第二节 混凝土的运输

一、混凝土运输方式与要求

1. 混凝土运输方式

混凝土运输分为地面运输、垂直运输和楼面运输三种情况。

地面运输混凝土时，如果运距较远，可采用自卸汽车或混凝土搅拌运输车（见图 3–4），工地范围内的运输多用载重 1 t 的小型机动翻斗车（见图 3–5），近距离运输亦可采用双轮手推车（见图 3–6）。

图 3–4 混凝土搅拌运输车

图 3–5 小型机动翻斗车

图 3–6 双轮手推车

目前，混凝土的垂直运输多用塔式起重机（见图 3–7），也可采用混凝土泵车（见图 3–8）。

塔式起重机运输的优点是地面运输、垂直运输和楼面运输都可以采用。混凝土在地面由水平运输工具或搅拌机直接卸入塔式起重机吊斗，然后由吊斗吊起运至浇筑部位进行浇筑。

图 3–7　塔式起重机

图 3–8　混凝土泵车

垂直运送混凝土，除用塔式起重机和混凝土泵车之外，还可使用井架。混凝土在地面通过双轮手推车运送至井架的升降平台上，然后井架将双轮手推车提升到楼层上，再通过双轮手推车沿铺在楼面上的跳板将混凝土推到浇筑地点。另外，井架可以兼运其他材料，利用率较高。由于在浇筑混凝土时，楼面上已立好模板，扎好钢筋，因此需铺设双轮手推车行走用的跳板。为了避免压坏钢筋，跳板可用马凳垫起。双轮手推车的运输道路应形成回路，避免交叉和堵塞。

在我国，混凝土楼面运输以双轮手推车为主，也可使用机动灵活的小型翻斗车，如果使用混凝土泵，则用布料机布料。

2. 混凝土运输要求

对混凝土运输的要求是：在运输过程中，应保持混凝土的均匀性，避免产生分层离析现象，混凝土运至浇筑地点，应符合浇筑时所规定的坍落度；混凝土应以最少的中转次数、最短的时间从搅拌地点运至浇筑地点，保证混凝土从搅拌机卸出到浇筑完毕的延续时间不超过表 3–2 的规定；运输工作应保证混凝土的浇筑工作连续进行；运送混凝土的容器应严密，其内壁应平整光洁，不吸水，不漏浆，黏附的混凝土残渣应及时清除。

表 3–2　混凝土从搅拌机中卸出到浇筑完毕的延续时间　min

混凝土强度等级	气温	
	不高于 25 ℃	高于 25 ℃
不高于 C30	120	90
高于 C30	90	60

注：1. 掺用外加剂或采用快硬水泥拌制的混凝土的延续时间应按试验确定。
2. 轻骨料混凝土的延续时间不宜超过 45 min。

二、混凝土运输设备与操作要点

1. 混凝土搅拌运输车

混凝土搅拌运输车是长距离运输混凝土的有效工具，它配有一搅拌筒斜放在汽车底盘上。在混凝土搅拌站装入混凝土后，由于搅拌筒内有两条螺旋状叶片，运输过程中搅拌筒可慢速转动进行拌和，防止混凝土离析，运至浇筑地点后，搅拌筒反转即可迅速卸出混凝土。搅拌筒的容量一般为 2 ~ 10 m^3。

混凝土搅拌运输车由汽车底盘和混凝土搅拌运输专用装置组成。我国生产的混凝土搅拌运输车的底盘多采用整车生产厂家提供的二类通用底盘。其专用机构主要包括取力器、搅拌筒前后支架、减速机、液压系统、搅拌筒、操纵机构、清洗系统等。

混凝土搅拌运输车作为运输用汽车，必须执行“定期检测、强制维护、视情修理”的维护和修理制度。在这个大前提下，再结合混凝土搅拌运输车的实际情况，做好维护和修理。在日常维护方面，除应按常规对混凝土搅拌运输车的发动机、底盘等部位进行维护外，还必须及时清洗混凝土储罐（搅拌筒）及进出料口。由于混凝土会在短时间内凝固成硬块，且对钢材和油漆有一定的腐蚀性，所以每次使用混凝土储罐后，洗净黏附在混凝土储罐及进出料口上的混凝土是必须认真进行的工作。其中包括：

（1）每次装料前用水冲洗进料口，使进料口在装料时保持湿润。

（2）在装料的同时，向随车自带的清洗用水水箱中注满水。

（3）装料后冲洗进料口，洗净进料口附近残留的混凝土。

（4）到工地卸料后，冲洗出料槽，然后向混凝土储罐内加清洗用水 30 ~ 40 L，在车辆回程时保持混凝土储罐正向慢速转动。

（5）下次装料前切记放掉混凝土储罐内的污水。

（6）每天收工时彻底清洗混凝土储罐及进出料口周围，保证不粘有水泥及混凝土块。

以上这些工作只要有一次不认真进行，就会给以后的工作带来很大的麻烦。

2. 混凝土泵

混凝土泵是一种有效的混凝土运输工具，它以泵为动力，沿管道输送混凝土，可以同时完成水平和垂直运输，将混凝土直接运送至浇筑地点，正在我国一些大中城市及重点工程推广使用并取得了较好的技术经济效果。多层和高层框架建筑、基础、水下工程和隧道等都可以采用混凝土泵输送混凝土。如图 3–9 所示为固定式混凝土泵。

图 3–9　固定式混凝土泵

不同型号混凝土泵的排量不同，水平运距和垂直运距也不同，常见混凝土泵的排量多为 30 ~ 90 m^3/h，水平运距为 200 ~ 500 m，垂直运距为 50 ~ 100 m。混凝土泵宜与混凝土搅拌运输车配套使用，且应使混凝土搅拌站的供应能力和混凝土搅拌运输车的运输能力大于混凝土泵的输送能力，以保证混凝土泵能连续工作。

混凝土泵在输送混凝土前，管道应先用水泥浆或砂浆润滑。泵送时要连续工作，如果中断时间过长，混凝土将出现分层离析现象，应将管道内混凝土清除，以免堵塞，泵送完毕要立即将管道冲洗干净。

3. 混凝土泵车

混凝土泵车通常设有三节液压折叠式臂架操纵布料杆，所以又叫布料杆泵车，由泵体和输送管组成，按结构形式分为活塞式、挤压式、水压隔膜式。泵体装在汽车底盘上，再装备可伸缩或折叠的布料杆，就组成泵车。混凝土泵车是在载重汽车底盘上进行改造而成的，底盘上安装有运动和动力传动装置、泵送和搅拌装置、布料装置以及其他一些辅助装置。混凝土泵车通过分动箱将发动机的动力传送给液压泵组或者后桥，液压泵推动活塞带动混凝土泵工作，然后利用混凝土泵车上的布料杆和输送管，将混凝土输送到一定的高度和距离。

4. 手推车和斗车

手推车有单轮、双轮两种，斗容量为 0.1 ~ 0.16 m^3。手推车操作灵活、装卸方便，适用于楼地面工程短距离的水平运输。

斗车是工地、矿区常用的一种运输工具，长方形，口大底小，下有轮，运行于轨道上，似斗，故名斗车。

5. 机动翻斗车

机动翻斗车采用柴油机装配而成，最大行驶速度可达 35 km/h，料斗容积为 0.4 m^3，载重量为 1 000 kg。机动翻斗车具有轻便灵活、结构简单、转弯半径小、速度快、能自动卸料、操作维护简便等特点，适合与 400 L 混凝土搅拌机配合，作混凝土短距离水平运输使用。另外，机动翻斗车还可以运输砂、石子等散装材料。

6. 自卸汽车

自卸汽车是在载重汽车的底盘上装置一套液压举升机构，使车厢升起和降落，以便自卸物料的运输设备。自卸汽车适用于远距离、大容量、水平运输混凝土。

7. 井架

井架由拔杆、卷扬机、吊盘或自卸吊斗及钢丝绳组成。拔杆可设于井架一角或井架外侧，自卸吊斗则设于井架内。混凝土搅拌机一般设在井架附近，当用升降平台时，双轮手推车可直接推到平台上，用翻斗时，混凝土可倾卸在料斗内。这种运输设备具有一机多用、构造简单、装卸方便及成本低等优点，起重高度为 25 ~ 40 m。

井架适用于多层工业与民用建筑施工时混凝土的垂直运输。

8. 塔式起重机

塔式起重机主要用于高层建筑的混凝土垂直运输。垂直运输混凝土时，将混凝土放在吊罐或吊斗内，由塔式起重机提升到浇筑地点。

技能训练 6　预拌混凝土取样、试块制作

一、训练目的

了解预拌混凝土取样过程，掌握预拌混凝土试块制作方法。

二、训练任务

1. 进行预拌混凝土取样。
2. 完成混凝土试块制作。

三、训练地点与基本要求

实训地点安排在有条件的实训基地，实训过程要听从专业教师指导，认真听取实训教师讲解，要胆大心细，注意安全。

四、组织管理

1. 专业教师实训前联系好实训教师，积极探讨实训内容与安排。

2. 一个教学班按 2 人一组分成若干小组，进行小组化教学，配合完成实训任务。

3. 实训教师实训前在教室介绍实训安排、观摩注意事项、分组情况，并安排学生学习相关知识。

4. 两名教师共同负责组织、指挥、指导和管理。

五、材料与设备

1. 预拌混凝土取样

（1）铁铲：每小组 2 把，取样用。

（2）斗车：每小组 2 部。

（3）预拌混凝土：10 m^3。

2. 试块制作

（1）试模：每小组 1 个，由铸铁或钢制成，有足够的刚度且拆装方便，一般一个试模可做一组、三个试件。

（2）捣棒、铲刀。

另外，需准备 2 部扩音设备。

六、训练内容与工艺流程

1. 训练内容

（1）根据给定预拌混凝土练习取样。

（2）每组根据取样的混凝土制作混凝土试块一组，试块制作完成后送试验室养护，待养护完成后自行联系试验室进行抗压试验。每组撰写一篇试验报告。

2. 工艺流程

预拌混凝土取样→现场制作混凝土试块→养护→试压。

制作混凝土试块时一边振捣一边装混凝土材料，完毕后须等混凝土初凝以后方可拆除模板，及时送混凝土试块进试验室进行养护。

七、评价标准

预拌混凝土取样、试块制作技能训练评价标准见表 3–3。

表 3–3　　预拌混凝土取样、试块制作技能训练评价标准

内容及要求	分值	评分
一、预拌混凝土取样	30	
材料、工具准备	10	
取样是否合理	20	
二、试块制作	50	
材料、工具准备	10	
下料、振捣	20	
拆模、养护	20	
三、总评	20	
备注	每一小组成员得分应相同	

思考练习题

1. 混凝土运输可分为哪几种情况?
2. 混凝土搅拌运输车在维护和修理方面应执行怎样的规定?
3. 井架由哪几部分组成?
4. 混凝土拌合物的运输要求是什么?

第四章 常见混凝土结构与构件浇筑施工

混凝土工程在实际土建工程中应用最多的就是结构与构件，包括框架柱、梁、板、基础、墙体的制作。有些构件是在现场浇筑的，有些构件是在工厂预制的，虽然施工工艺流程有所不同，但是基本施工要求都是一致的。本章主要介绍几种常见构件的施工工艺流程与特定的施工要点。

第一节 混凝土的输送

一、泵送混凝土施工方法

泵送混凝土就是利用混凝土泵沿一定的管道直接输送到浇筑地点，一次完成混凝土的水平和垂直运输的一种高效输送浇筑混凝土的施工技术。泵送混凝土具有工效高、劳动强度低、快速方便、浇筑范围大、适应性强等优点。

泵送混凝土除应满足结构设计强度外，还要满足可泵性的要求，即混凝土在泵管内易于流动，有足够的黏聚性，不泌水，不离析，并且摩阻力小。

泵送混凝土骨料粒径一般不大于管径的四分之一，粗骨料宜优先选用卵石。泵送时应加入防止混凝土拌合物在泵送管道中离析和堵塞的泵送剂，以及使混凝土拌合物在泵压下顺利通行的外加剂，减水剂、塑化剂、加气剂和增稠剂等均可用作泵送剂。加入适量的混合材料（如粉煤灰等）可避免施工中混凝土拌合物分层离析、泌水和堵塞输送管道。

1. 施工准备

（1）材料

1）水泥宜选用普通硅酸盐水泥、火山灰质硅酸盐水泥和粉煤灰硅酸盐水泥，有相应的技术措施时也可以使用矿渣硅酸盐水泥。水泥的各项指标应符合国家标准《通用硅酸盐水泥》（GB 175—2023）的要求。泵送混凝土的水泥用量是根据输送管直径、泵送距离及骨料的使用情况决定的，泵送混凝土所使用的粗骨料粒径偏小，会造成水泥用量增加。混凝土中未加掺和料时，最小水泥用量宜为 300 kg/m^3，最大水泥用量不宜大于 550 kg/m^3。

2）在泵送混凝土中掺加粉煤灰，不仅可以减少水泥的用量，而且在水泥中的碱性物质“激发”下，其中所含的二氧化硅及三氧化二铝可以表现出水化硬化能力的活性。

3）为了改善混凝土的可泵性，除了规定细骨料宜用中砂外，还严格规定通过0.315 mm筛孔砂的含量不得少于15%，从而使特细砂的含量高于普通混凝土。泵送混凝土的砂率规定为38%～45%，较使用普通方法施工的混凝土的砂率增加了4%～5%，从而使砂的用量在粗细骨料总量中所占的比例加大。

4）为了防止混凝土泵送时管道堵塞，应严格控制粗骨料的最大粒径与输送管直径之比，碎石最大粒径与输送管内径之比宜小于或等于1∶3，卵石最大粒径与输送管内径之比宜小于或等于1∶2.5。在高层建筑施工中，根据泵送的高度不同，泵送混凝土粗骨料的粒径控制在5～25 mm，远小于普通混凝土的粗骨料粒径。

5）泵送混凝土的配合比设计有其特殊性，一般是在使用普通方法施工的混凝土的配合比设计所遵守的相关规定的基础上，结合混凝土拌合物在泵压作用下由管道输送的特点，对其水泥用量、坍落度、砂率等参数进行特殊处理，使其满足泵送的要求。

6）为了满足泵送的工艺要求，混凝土的坍落度取值是与泵送高度相关的，高度越高，坍落度越大。坍落度大，意味着用水量的增加或减水剂的掺加。外加剂能使混凝土按使用要求改性。例如，减水剂能大幅降低水灰比和提高强度，快速提高混凝土拌合物的和易性，使坍落度加大。缓凝剂的使用，为混凝土的预拌、运输、浇筑提供了可能性。

（2）机具

1）混凝土泵。混凝土泵按移动方式不同，分为固定式、拖式和汽车式；按驱动方式不同，分为活塞式和挤压式；按动力不同，分为机械活塞式和液压活塞式。汽车式混凝土泵又分为带布料杆和不带布料杆两种。

2）混凝土泵站。混凝土泵站应备有足够功率和稳定电压的电源。有可能停电时，还应配备发电设备。

3）混凝土输送管。混凝土输送管应选用专用压力管，规格有ϕ100 mm、ϕ125 mm和ϕ150 mm等，并配有各种拐弯角度的短管。

4）布料系统。布料系统宜优先选用液压布料器，其次才考虑简易布料系统，如用软胶管或可拆驳输送管。

5）振动器。泵送混凝土所用振动器与普通混凝土相同。

6）空气压缩机。泵送完毕，清理输送管道时，空气压缩机用于推动清洗球。

7）通信设施。泵站与浇筑现场之间必须配备可靠的通信联络设施，保证混凝土输送顺畅。

（3）作业条件

1）进行泵送作业时，模板及其支撑设计除按正常计算外，还应考虑脉冲水平推力和输送混凝土速度快所引起过载和侧压力，以及布料器质量的支撑，确保模板支撑系统有足够刚度和稳定性。

2）施工前应根据浇筑的混凝土量、工期、构件特点、泵送能力等确定混凝土的初凝时间、布料方法，并编制浇筑作业方案。

3）泵送前应办理好隐蔽工程验收手续，模板已清理干净，并淋水湿润。

4）不论是现场制备混凝土还是使用场外预拌站供应的混凝土，其生产能力和运输能力必须等于或大于泵送能力。

5）混凝土泵的操作人员必须经培训考核合格，才能上岗操作。

6）浇捣混凝土楼面时，应搭设操作平桥或交通走桥，防止踩踏钢筋。

7）液压油箱、水箱的油位、水量适宜，各油管接头紧固。

8）检查冷却润滑水箱中是否加足干净的乳化液，液面不能低于活塞杆。

9）准备好清洗泵机和管道的机具，如空气压缩机棉球、清洁管接头等。为保证正常工作空气压缩机，应储备一定压力，以备随时使用。

10）空载启动泵机前，应在料斗内加一半的水量，使活塞在缸筒内移动时，不至于摩擦力过大，损坏活塞。

11）检查液压油是否干净，查看真空表上指针，若指到“红色”范围内，应拆除、更换、清洗滤清器。

12）准备好润滑管道的水泥砂浆，一般是用 1∶2 水泥砂浆，坍落度为 12 ~ 16 cm。

13）接通电源后，检测电压表及各种指示灯是否正常，泵机适用电压为 350 ~ 410 V。

14）泵机空载应运行一段时间，观察工作状态是否正常，正常后才能泵送混凝土。

2. 操作工艺

（1）混凝土的拌制及运送

泵送混凝土的拌制，在原材料计量、质量控制、搅拌时间方面和普通混凝土相同。但泵送混凝土对所用骨料的粒径和级配有严格要求，防止粒径过大造成堵管现象。泵送混凝土拌制各种原材料的质量必须符合配合比设计要求，拌制时除投料顺序符合有关规定外，粉煤灰宜与水泥同步，外加剂的添加量应符合配合比的设计要求，且宜滞后于水和水泥加入。

运输是泵送混凝土施工工艺过程的关键，要计算好运输车的台数，要求选用的运输机具和方法要保证紧密配合施工进度，确保混凝土的连续均匀供应。要尽量做到泵车不等搅拌车，搅拌车不等泵车，避免由于相互等待而造成堵泵现象。运输过程中要保证混凝土不产生分层、离析现象，否则应在浇筑前二次搅拌。尽量减少混凝土的运输时间和转运次数，确保混凝土在初凝前运至现场并浇筑完毕。

（2）泵送工艺

1）泵送混凝土前，先把料斗内清水从管道泵出，达到湿润和清洁管道的目的，然后向料斗内加入与混凝土配比相同的水泥砂浆（或 1∶2 水泥砂浆），润滑管道后即可开始泵送混凝土。

2）开始泵送时，泵送速度宜放慢，油压变化应在允许范围内，待泵送顺利，才用正常速度进行泵送。

3）泵送期间，料斗内的混凝土量应保持在缸筒口上 100 mm 到料斗口下 150 mm 之间为宜，避免吸入效率低，甚至吸入空气而造成塞管。如果料斗内的混凝土量太多，则反抽时会溢出，加大搅拌轴负荷。

4）混凝土泵送宜连续作业，如果混凝土供应不及时，应降低泵送速度，泵送暂时中断时，搅拌不应停止。当叶片被卡死时，应反转排出混凝土，再正转、反转一定时间，待正转顺利后方可继续泵送。

5）泵送中途，若停歇时间超过 20 min 且管道较长时，应每隔 5 min 开泵一次，泵送少量混凝土；管道较短时，可每隔 5 min 正反转 2 ~ 3 个行程，使管内混凝土蠕动，防止泌水离析。长时间停泵（超过 45 min）、气温高、混凝土坍落度小时可能造成塞管，宜将混凝土从泵和输送管中清除。

6）泵送先远后近，在浇筑中逐渐拆管。

7）在高温季节泵送，宜用湿草袋覆盖管道，以降低混凝土入模温度。

8）泵送管道的水平换算长度总和应小于设备的最大泵送距离，水平换算长度见表 4–1。

表 4–1　　水平换算长度　　m

管道种类	管道特征	水平换算长度	
向上垂直管（每米）	ϕ100 mm	4	
	ϕ125 mm	5	
	ϕ150 mm	6	
橡胶软管	5 ~ 8 m	30	
弯管（每个）		转弯半径 r=1 m	转弯半径 r=0.5 m
	90°	9	12
	45°	4.5	6
	30°	3	4
	15°	1.5	2

（3）泵送结束

1）泵送将结束时，应估算混凝土管道内和料斗内储存的混凝土量及浇捣现场所欠混凝土量（ϕ150 mm 直径管道每 100 m 有 1.75 m^3），以便决定拌制混凝土量。

2）泵送完毕清理管道时，采用空气压缩机推动清洗球。先安好专用清洗管，再启动空压机，渐进加压。清洗过程中应随时敲击输送管，判断混凝土是否接近排空。当输送管内尚有 10 m^3 左右混凝土时，应将压缩机缓慢减压，防止出现大喷爆和伤人。

3）泵送完毕，应立即清洗混凝土泵、布料器和管道，管道拆卸后按不同规格分类堆放。

二、泵送混凝土的质量控制措施

1. 泵送的混凝土必须用机械搅拌，搅拌时间要满足有关规定要求：掺有外加剂

时，一般不宜少于 120 s；掺引气减水剂时，一般不宜大于 300 s，也不宜少于 180 s。

2. 混凝土的坍落度宜为 8 ~ 18 cm，各盘（槽）混凝土的坍落度应均匀。

三、施工注意事项

1. 避免工程质量缺陷

（1）混凝土输送管道的直管布置应顺直，管道接头应密封不漏浆，转弯位置的锚固应牢固可靠。

（2）混凝土泵与垂直向上管的距离宜大于 10 m，以抵消反冲和保证泵的振动不直接传到垂直管，并在垂直管的根部装设一个截流阀，防止停泵时上面管内混凝土倒流产生负压。

（3）向下泵送时，混凝土的坍落度应适当减小，混凝土泵前应有一段水平管道和弯上管道再折向下方，并应避免垂直向下装置方式，防止离析和混入空气，对泵送不利。

（4）凡管道经过的位置要平整，管道应用支架或木垫等垫固，不得直接与模板、钢筋接触，若放在脚手架上，应采取加固措施。

（5）垂直管穿越每一层楼板时，应用木枋或预埋螺栓加以锚固。

（6）对施工中途新接驳的输送管，应先清除管内杂物，并用水或水泥砂浆润滑管壁。

（7）尽量减少布料器的转移次数，每次移位前应先清除管内混凝土拌合物。

（8）用布料器浇筑混凝土时，要避免对侧面模板的直接冲射。

（9）垂直向上管和靠近混凝土泵的起始混凝土输送管宜用新管或磨损较少的管。

（10）使用预拌混凝土时，如果发现坍落度损失过大（超过 2 cm），经过现场试验员同意，可以向搅拌车内加入与混凝土水灰比相同的水泥浆，或与混凝土配比相同的水泥砂浆，经充分搅拌后才能卸入泵机内。严禁向储料斗或搅拌车内加水。

（11）泵送中途停歇时间一般不应大于 60 min，否则要进行清管或添加自拌混凝土，以保证泵机连续工作。

（12）搅拌车卸料前，必须以搅拌速度搅拌一段时间方可卸入料斗。若发现初出的混凝土拌合物石子多，水泥浆少，适当加入备用砂浆拌匀方可泵送。

（13）最初泵出的砂浆应均匀分布到较大的工作面上，不能集中在一处浇筑。

（14）若采用场外供应预拌混凝土，现场必须适当储备与混凝土配比相同的水泥，以便自制砂浆或自拌少量混凝土。

（15）泵送过程中，要做好开泵记录、机械运行记录、压力表压力记录、塞管及处理记录、泵送混凝土量记录、清洗记录，检修时要做检修记录，使用预拌混凝土时要做好坍落度抽查记录。

2. 主要安全技术措施

（1）要随时检查泵机乳化剂冷却润滑水箱中的水量是否足够和干净，一般工作 8 h 要更换一次。

（2）泵机运行声音变化、油压增大、管道振动是堵管的先兆，应该采取措施排除。

（3）经常检查泵机压力是否正常，避免泵机经常处于高压下工作。

（4）泵机停歇后再启动时，要注意压力表压力是否正常，预防塞管。

（5）混凝土泵输出的混凝土在浇捣面处不要堆积过量，以免引起过载。

（6）拆除管道接头时，应先进行多次反抽，卸除管道内混凝土压力，以防混凝土喷出伤人。

（7）清管时，管端应设置挡板或安全罩，并严禁管端站立人员，以防喷射伤人。

（8）清洗管道可用压力水或压缩空气，但两种形式不允许同时采用。在水洗时，可以中途转换为气洗，但气洗中途绝对禁止转换为水洗。严禁用压缩空气清洗布料器。

3. 产品保护

（1）泵送混凝土一般掺有缓凝剂，其养护方法与不掺外加剂的混凝土相同，应在混凝土终凝后才浇水养护，并且要加强早期养护。

（2）为了减少收缩裂缝，待混凝土表面无水渍时，宜进行第二次研压抹光。

（3）泵送混凝土的水泥用量大，宜进行蓄水养护，或覆盖湿草袋、麻袋等物，以减少收缩裂缝。

第二节 混凝土基础结构的浇筑与振捣

一、混凝土基础施工准备工作

混凝土基础施工准备工作是基槽（坑）土方开挖，土方开挖操作流程如图 4-1 所示。

需要注意的是：土方开挖方案应经建设、监理单位认可；土方开挖过程中应注意边坡稳定，如果发现异常或与地勘不吻合或发现地下管网等，应通知部门主管，会同相关部门共同研究处理。

二、混凝土垫层施工工艺与要求

1. 砂垫层和砂石垫层施工

（1）施工准备

1）技术准备

①砂垫层或砂石垫层下的基土（层）应按设计要求施工并验收合格。

②砂石应选用天然级配材料，颗粒级配应良好，铺设时不应有粗细颗粒分离现象，虚铺厚度、压实次数等参数应通过压实试验确定。

③砂垫层厚度不应小于 60 mm，砂石垫层厚度不应小于 100 mm。

2）材料要求

①宜采用质地坚硬的中砂、粗砂、砾砂、碎（卵）石、石屑或其他工业废粒料。

②级配砂石材料中不得含有有机杂物，碎石或卵石最大粒径不得大于垫层或厚度的 2/3，并不宜大于 50 mm。

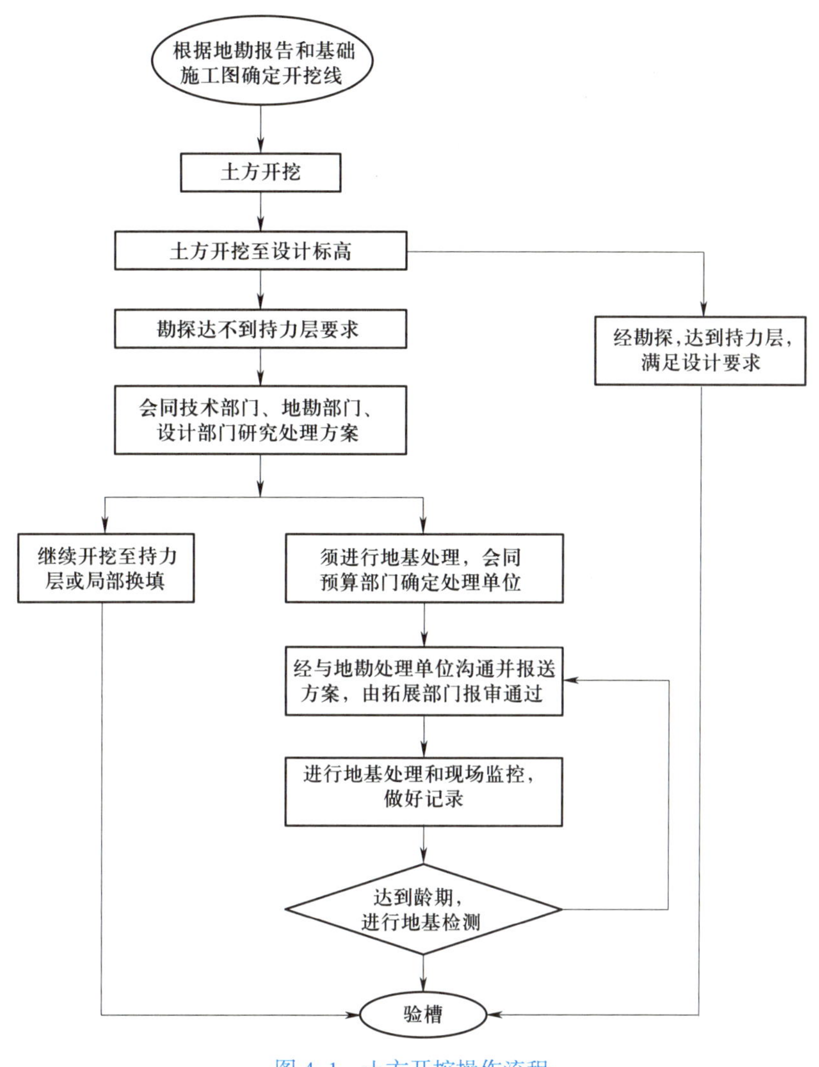

图 4-1　土方开挖操作流程

③在缺少中砂、粗砂的地区，可以用细砂代替，但宜同时掺入一定数量的碎石或卵石，掺量应符合设计要求。

3）主要机具设备

①根据砂石和施工条件，应合理选用适当的摊铺、平整、碾压、夯实机具设备和辅助用具，以能达到设计要求为基本原则，兼顾进度、经济要求。

②常用机具设备有蛙式打夯机、柴油式打夯机、手推车、筛子、木耙、铁锹、钢尺、胶管等。工程量较大时，大型机械有自卸汽车、推土机、压路机和翻斗车等。

（2）施工工艺

1）工艺流程。检验砂石料→试验确定施工参数→技术交底→准备机具设备→基底清理→分层铺砂石→洒水→分层夯实→检验密实度→修整、找平、验收。

2）操作工艺

①填土前应将基底地坪上的杂物、浮土清理干净。

②检验砂石料的质量，确定有无杂质，粒径、级配是否符合要求，含水量是否在规定范围内。

③铺筑砂石应分层摊铺，每层铺土厚度应通过压实试验确定，一般为 150～200 mm，不宜超过 300 mm。每层摊铺后耙平。

④砂石施工时，应在夯实碾压前根据其干湿程度和气候条件，适当洒水以保持砂石的最佳含水量，一般为 8%～12%。

⑤每层的夯压次数根据压实试验确定。作业时，应严格按照试验所确定的参数进行。打夯应不少于 3 次，应一夯压半夯，夯夯相接，行行相连，纵横交叉。采用压路机往复碾压应不少于 4 次，碾距搭接不小于 50 cm，边缘和转角应用人工或蛙式打夯机补夯密实。

⑥砂石垫层分段施工时接槎处应做成斜坡，每层接槎处的水平距离应错开 0.5～1.0 m，并应充分压实。

⑦施工时应分层找平，夯压密实，并应设置纯砂检查点，用 200 cm^3 的环刀取样，测定干砂的质量密度。下层合格后，方可进行上层施工。用贯入法测定质量时，用贯入仪、钢筋或钢叉等进行试验，贯入值小于规定值为合格。砂垫层和砂石垫层的干密度（或贯入度）应符合设计要求。

⑧垫层全部完成后，应进行表面拉线找平。凡超过标准高程的地方，及时依线铲平；凡低于标准高程的地方，应补砂石夯实。

2. 灰土垫层工程施工

（1）施工准备

1）技术准备

①灰土垫层下的基土（层）应按设计要求施工并验收合格。

②填土前应取土样，通过配合比试验或根据设计要求确定灰土配合比和土的最佳含水量，虚铺厚度、压实遍数等参数应通过压实试验确定。

2）材料要求

①灰土垫层应采用熟化石灰与黏土（或粉质黏土、粉土）的拌和料铺设，其厚度不应小于 100 mm。

②施工用土料必须为试验取样的原土，土层、土质必须相同，土料中不得含有有机杂质，使用前应先过筛，其粒径不大于 15 mm，并严格按照试验结果控制含水量。

③熟化石灰应采用块灰或磨细生石灰，使用前应充分熟化过筛，不得含有粒径大于 5 mm 的生石灰块，亦可采用粉煤灰或电石渣代替。

3）主要机具设备

①根据土质和施工条件，应合理选用适当的摊铺、平整、碾压、夯实机具设备和辅助用具，以能达到设计要求为基本原则，兼顾进度、经济要求。

②常用机具设备有蛙式打夯机、柴油式打夯机、手推车、筛子、木耙、铁锹、钢尺、胶管等。工程量较大时，装运土方机械有铲土机、自卸汽车、推土机、铲运机和翻斗车等。

（2）施工工艺

1）工艺流程。检验土料和石灰质量→试验确定施工参数→技术交底→准备机具设备→基底清理→过筛→灰土拌和→分层铺灰土、耙土→分层夯实→检验密实度→修整、找平、验收。

2）操作工艺

①填土前应将基底地坪上的杂物、浮土清理干净。

②检验土的质量，确认有无杂质，粒径是否符合要求，土的含水量是否在控制范围内；检验石灰的质量，确保粒径和熟化程度符合要求。

③灰土的配合比应用体积比，应按照试验确定的参数或设计要求控制配合比，设计无要求时，一般为 2∶8 或 3∶7。拌和时必须均匀一致，至少翻拌两次，拌和好的灰土颜色应一致。

④灰土施工时，应依据试验结果严格控制含水量。如果土料水分过大或过干，应提前采取晾晒或洒水等措施。

⑤回填土应分层摊铺，每层铺土厚度应根据土质、密实度要求和机具性能通过压实试验确定。作业时，应严格按照试验所确定的参数进行，每层摊铺后耙平。

⑥回填土每层的夯压次数根据压实试验确定。作业时，应严格按照试验所确定的参数进行。打夯应一夯压半夯，夯夯相接，行行相连，纵横交叉。

⑦灰土分段施工时，不得在墙角、窗间墙下接槎，上下两层接槎的距离不得小于 500 mm。

⑧回填土每层填土夯实后应按规范进行环刀取样，测出干土的质量密度，达到要求后，再进行上一层的铺土。

⑨填土全部完成后，应进行表面拉线找平。凡超过标准高程的地方，及时依线铲平；凡低于标准高程的地方，应补土夯实。

3. 三合土垫层施工

（1）施工准备

1）材料要求

①三合土垫层采用石灰、砂（可掺入少量黏土）与碎砖的拌和料铺设。

②石灰应充分熟化过筛，粒径不得大于 5 mm，不得含有生石灰块。

③砂应选用中砂，并不得含有草根、贝壳等有机杂质；碎砖不得采用风化、疏松和含有有机杂质的砖料。

2）主要工机具

①根据土质和施工条件，应合理选用适当的摊铺、平整、碾压、夯实机具设备和辅助用具。

②三合土垫层施工主要工机具见表 4–2。

表 4–2　　三合土垫层施工主要工机具

序号	工机具名称	序号	工机具名称
1	机动翻斗车	11	筛子
2	搅拌机	12	木耙
3	平板振动器	13	铁锹
4	蛙式打夯机	14	钢尺
5	柴油式打夯机	15	胶管
6	手推车	16	粉线
7	铲土机	17	木夯
8	自卸汽车	18	环刀
9	推土机	19	容重检测仪
10	装载机	20	水准仪

（2）施工工艺

1）工艺流程。检验石灰、砂、碎砖质量→试验确定施工参数→作业指导→专业会签→准备机具设备→基底清理→过筛→石灰、砂、碎砖拌和→分层铺筑、耙平→分层夯实→检验密实度→修整、找平、验收。

2）操作工艺

①铺筑前应将基层上的杂物、浮土清理干净。

②检验石灰的质量，确保粒径和熟化程度符合要求；检验碎砖的质量，其粒径不得大于 60 mm。

③石灰、砂、碎砖的配合比应用体积比，应按照试验确定的参数或设计要求控制配合比。当工程量较小且设计无要求时，可按常用体积配合比 1∶2∶4（石灰∶砂∶碎砖）进行配料，加水后拌和至均匀一致，拌和好的熟料颜色应一致。

④填料应分层摊铺。每层铺填厚度应根据材质、密实度要求和机具性能，通过压实试验确定。作业时，应严格按照试验所确定的参数进行。每层摊铺后，应确保平整。

⑤回填三合土每层的夯压次数根据压实试验确定。作业时，应严格按照试验所确定的参数进行。打夯应一夯压半夯，夯夯相接，行行相连，纵横交叉。

⑥三合土分段施工时，应留成斜坡接槎，并夯压密实。上下两层接槎的水平距离不得小于 1.0 m。

⑦铺至设计标高后，最后一遍夯打时，须加浇浓浆一层，待表面略晾干后，再在上面铺一层砂子或炉渣，进行最后整平夯实，至表面泛浆为止。

4. 混凝土垫层施工

（1）施工准备

1）材料及主要机具

①水泥。宜用 32.5 号硅酸盐水泥、普通硅酸盐水泥和矿渣硅酸盐水泥。

②砂。中砂或粗砂，含泥量不大于 5%。

③石子。卵石或碎石，粒径为 5 ~ 32 mm，含泥量不大于 2%。

④混凝土搅拌机、磅秤、手推车或翻斗车、尖铁锹、平铁锹、平板振捣器、串筒或溜管、刮杠、木抹子、胶管、铁錾子、钢丝刷。

2）作业条件

①主体结构工程质量已办完验收手续，门框安装完，墙四周已弹好 +50 cm 水平标高线。

②穿过楼板的暖、卫管线已安装完，管洞已浇筑细石混凝土，并已填塞密实。

③铺设在垫层中的水平电管已做完，并办完隐检手续。

④在首层地面浇筑混凝土垫层前，穿过室内的暖气沟及沟内暖气管已做完，排水管道已完工并完成验收手续，室内回填土已进行分项质量检验评定。

（2）操作工艺

1）工艺流程。基层处理→找标高、弹水平控制线→混凝土搅拌→铺设混凝土→振捣→找平→养护。

2）操作工艺

①基层处理。把黏结在混凝土基层上的浮浆、松动混凝土、砂浆等用錾子剔掉，用钢丝刷刷掉水泥浆皮，然后用扫帚扫净。

②找标高，弹水平控制线。根据墙上的 +50 cm 水平标高线，往下量测出垫层标高，有条件时可弹在四周墙上。

③根据配合比（其强度等级不宜低于 C20），核对后台原材料，检查磅秤的精确性，做好搅拌前的一切准备工作。后台操作人员认真按混凝土的配合比投料，每盘投料顺序为石子、水泥、砂、水。应严格控制用水量，搅拌要均匀，搅拌时间不少于 90 s。

按国家标准《建筑地面工程施工质量验收规范》（GB 50209—2010）的要求制作试块。试块组数按每一楼层建筑地面工程不应少于一组计。当每层建筑地面工程面积超过 1 000 m^2 时，每增加 1 000 m^2 各增做一组试块，不足 1 000 m^2 按 1 000 m^2 计。

④铺设混凝土。混凝土垫层厚度不应小于 60 mm。为了控制垫层的平整度，首层地面可在填土中打入小木桩（30 mm × 30 mm × 200 mm），拉水平标高线在木桩上做垫层上平层的标记（间距 2 m 左右）。在楼层混凝土基层上可抹 100 mm × 100 mm 找平墩（用细石混凝土），找平墩上平层为垫层的上标高。

大面积地面垫层应分区段进行浇筑。各区段应考虑变形缝位置、不同材料地面面层的连接处和设备基础位置等进行划分。

铺设混凝土前先在基层上洒水湿润，刷一层素水泥浆（水灰比为 0.4 ~ 0.5），然后从一端开始铺设，由室内向外退着操作。

⑤振捣。用铁锹铺混凝土，厚度略高于找平墩，随即用平板振捣器振捣。厚度超过 20 cm 时，应采用插入式振捣器，其移动距离不大于作用半径的 1.5 倍，做到不漏振，确保混凝土密实。

⑥找平。混凝土振捣密实后，以墙上水平标高线及找平墩为准检查平整度，高处铲掉，凹处补平。用水平木刮杠刮平，表面再用木抹子搓平。有坡度要求的地面，应按设计要求做坡度。

⑦养护。已浇筑完的混凝土垫层应在 12 h 左右覆盖和浇水，一般养护不得少于 7 天。

⑧冬期施工操作时，环境温度不得低于 5 ℃。在负温下施工时，所掺防冻剂必须经试验合格后方可使用。氯盐掺量不得大于水泥质量的 3%。强度等级不大于 C20 的混凝土，在受冻前混凝土的抗压强度不得低于 5.0 MPa。

（3）质量标准

1）保证项目

①混凝土所用的水泥、水、骨料、外加剂等必须符合施工规范和有关的规定。

②混凝土的配合比、原材料计量、搅拌、养护和施工缝处理等必须符合施工规范的规定。

③评定混凝土强度的试块，必须按国家标准《混凝土强度检验评定标准》（GB/T 50107—2010）的规定取样、制作、养护和试验，其强度必须符合施工规范的规定。

2）地面垫层混凝土允许偏差见表 4–3。

表 4–3　地面垫层混凝土允许偏差

序号	项目	允许偏差	检验方法
1	表面平整度	10 mm	用 2 m 靠尺和楔形塞尺检查
2	标高	± 10 mm	用水平仪检查
3	坡度	不大于房间对应尺寸的 2/1 000，且不大于 30 mm	用坡度尺检查
4	厚度	任意局部厚度不大于设计厚度的 1/10	尺量检查

（4）成品保护

1）在已浇筑的垫层混凝土强度达到 12 MPa 以后，才可允许人员在其上走动和进行其他工序。

2）在施工操作过程中，运送混凝土的小车不得碰撞模板（应预先有保护措施），铺设混凝土时要保护好电气等设备的暗管。

3）混凝土垫层浇筑完毕且满足养护时间后，可继续进行面层施工。继续施工时，应对垫层加以覆盖保护，并避免在垫层上搅拌砂浆。存放油漆桶等物时应注意避免污染垫层，影响面层与垫层的黏结力，造成面层空鼓。

（5）应注意的质量问题

1）混凝土不密实。漏振和振捣不密实，或配合比不准及操作不当等，均可能导致混凝土不密实。基底太干燥和垫层过薄也会造成混凝土不密实。

2）表面不平、标高不准。铺混凝土时必须根据所拉水平线掌握铺设厚度，振捣后再次拉水平线检查平整度，去高填低后，用木刮杠以水平墩（或小木桩）为标准进行刮平。如果操作时未认真找平，可能会造成表面不平、标高不准等质量问题。

3）不规则裂缝。垫层面积过大、未分段分仓进行浇筑、首层暖沟盖板上未浇混凝土、首层地面回填土不均匀下沉、管线太多、垫层厚度不足 60 mm 等因素，都能导致裂缝产生。

三、混凝土基础浇筑工艺与要求

以下讲到的混凝土基础浇筑内容适用于工业与民用建筑的独立基础、条形基础、筏形基础和无筋基础。

1. 施工准备

（1）材料要求

1）现场搅拌混凝土。混凝土强度按设计要求，有配合比设计并符合普通混凝土现场拌制工艺要求。

2）预拌混凝土。混凝土强度按设计要求，有配合比设计，由具有相应资质的预拌混凝土生产厂家生产。

3）大卵石或块石。粒径不大于 150 mm，质地坚硬，无裂缝，表面无水锈、污泥杂质等。

（2）机具设备和工具

1）机具设备。塔吊及吊斗或混凝土输送泵及输送管道、插入式振捣器等。

2）工具。大平锹、小平锹、铁板、手推车、串筒、溜槽、铁钎和抹子等。

（3）作业条件

1）基础模板、钢筋及预埋管线全部安装完毕，模板内的木屑、泥土、垃圾等已清理干净。钢筋上的油污已除净，经检查合格并办完隐、预检手续。

2）浇筑混凝土的脚手架及车行道搭设完成，经检查合格。

3）预拌混凝土已准备好，泵送准备工作已完成，试模已准备。混凝土拌制、运输、浇灌和振捣机械设备经检修、试运转，情况良好，满足连续浇筑要求。

4）已检查复核基础轴线、标高，在槽帮或模板上标好混凝土浇筑标高，大面积浇筑的基础已每隔 3 m 左右钉上水平桩。

5）基坑的护坡或支护经验收合格，地下水位已降至施工工作面 50 cm 以下，并设排水集水井。

6）浇筑混凝土底板前，砖砌模胎砌体和砂浆达到一定的强度等级。

2. 施工操作工艺

（1）工艺流程

混凝土运输→混凝土浇筑→混凝土养护。

（2）基础混凝土浇筑施工工艺操作要点

混凝土搅拌完后，应及时用手推车或吊斗运至浇筑地点，运送时应防止离析或水泥浆流失，如有离析，应进行二次拌和。用预拌混凝土时，应通过泵送的方式运到浇筑地点。浇筑时如果高度超过 2 m，应使用串筒、溜槽下料，防止混凝土发生离析。

3. 独立基础浇筑

（1）浇筑台阶式独立基础，如图 4–2 所示，应按每一台阶高度内分层一次连续浇筑完成，每层先浇边角，后浇中间，摊铺均匀，振捣密实。每一台阶浇完，台阶部分表面应随即原浆抹平。

浇筑台阶式独立基础时，为防止垂直交角处可能出现吊脚（上层台阶与下层混凝土脱空）现象，可采取如下措施：

1）在第一级混凝土捣固下沉 2 ~ 3 cm 后暂不填平，继续浇筑第二级，先用铁锹沿第二级模板底圈做成内外坡，然后再分层浇筑，外圈边坡的混凝土于第二级振捣过程中自动摊平，待第二级混凝土浇筑后，再将第一级混凝土齐模板顶边拍实抹平。

2）捣完第一级后拍平表面，在第二级模板外先压以 20 cm × 10 cm 的压角混凝土并加以捣实后，再继续浇筑第二级。待压角混凝土接近初凝时，将其铲平重新搅拌利用。

3）如果条件许可，宜采用柱基流水作业方式，即顺序先浇一排杯形基础第一级混凝土，再回转依次浇第二级。这样可保证已浇好的第一级有下沉的时间，但必须保证每个柱基混凝土在初凝之前连续施工。

（2）浇筑现浇独立柱基础（见图 4–3）应保证柱子插筋位置准确，防止位移和倾斜。浇筑时，先满铺一层 5 ~ 10 cm 厚的混凝土，并捣实，使柱子插筋下端与钢筋网片的位置基本固定，然后再继续对称浇筑，避免碰撞钢筋。

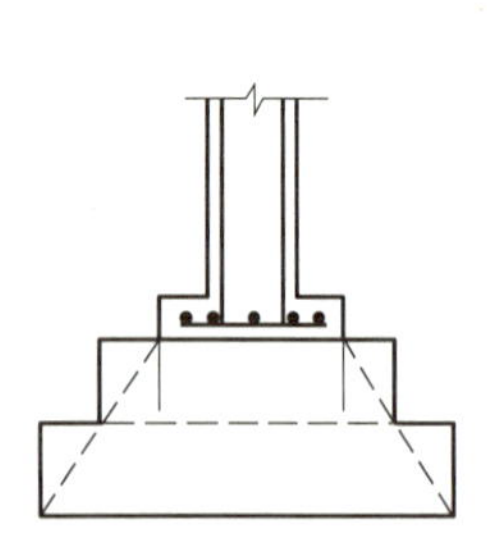

图 4–2　台阶式独立基础

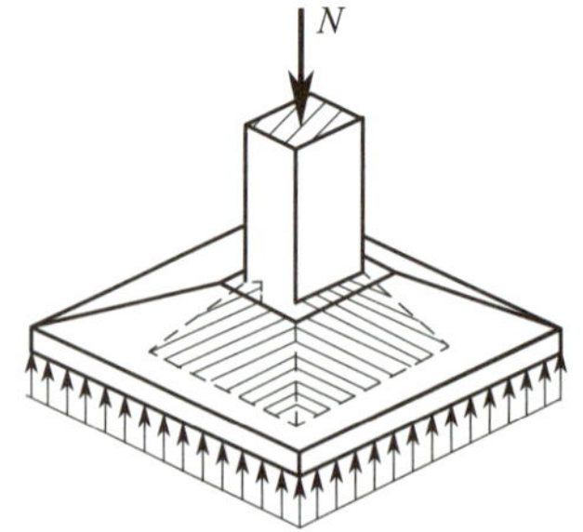

图 4–3　现浇独立柱基础

4. 条形基础浇筑

浇筑条形基础应分段分层连续进行，如图 4–4 所示，一般不留施工缝。各段分层应互相衔接，每段长 2 ~ 3 m，逐段逐层呈阶梯形推进，并注意先使混凝土充满模板边角，然后浇筑中间部分，保证混凝土密实。

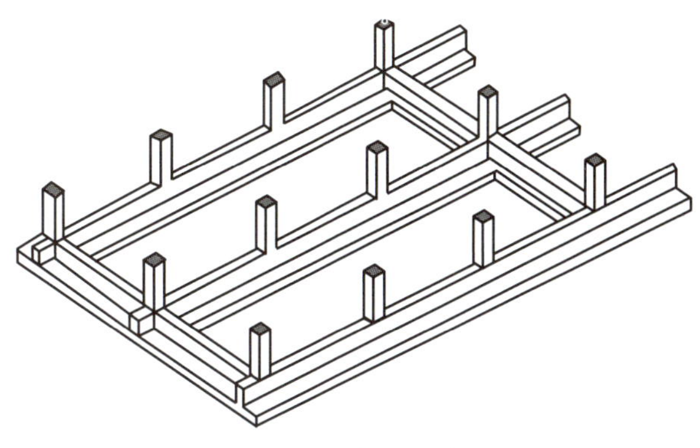

图 4–4　条形基础

5. 无筋基础浇筑

在厚大无筋基础混凝土中，经设计人员同意，可填充部分大卵石或块石，但其数量一般不超过混凝土体积的 25%，并均匀分布，间距不小于 10 cm，最上层应有厚度不小于 10 cm 的混凝土覆盖层。

6. 筏形基础浇筑

（1）施工工艺流程

测量、放线及基坑土方开挖→浇筑垫层混凝土→绑扎钢筋→支设模板→隐检→浇筑筏板基础混凝土→筏板混凝土养护

（2）施工操作要点

1）基坑开挖

①按设计施工图放好轴线和基坑开挖边线后进行基坑土方开挖。如果有地下水，应降低地下水位至基坑底 50 cm 以下部位，以保证在无水的情况下进行土方开挖和基础结构施工。

②基坑土方开挖应注意保持基坑底土的原状结构。采用机械挖土时，基坑底面以上留 20 ~ 40 cm 厚土层，采用人工挖除和修整，避免超挖或破坏基土。如果局部有软弱土层或超挖，应进行换填并夯实。基坑开挖应连续进行，如果基坑挖好后不能立即进行下一道工序，应在基底以上留置 15 ~ 20 cm 厚一层土不挖，待下道工序施工时再挖至设计基坑底标高，以免基土被扰动。

2）基础垫层施工。基坑土方开挖至设计标高，经验槽合格后，即可采用 C20 混凝土浇筑垫层。若底板有防水要求，应待底板混凝土达到 25% 以上强度后再进行底板防水层施工。防水层施工完毕，应浇筑一定厚度的混凝土保护层，以免进行钢筋安装绑扎时破坏防水层。

3）筏板钢筋绑扎、模板安装。按设计图纸要求绑扎基础底板和梁钢筋，并插好墙、柱及其他预留钢筋，然后安装梁、柱、墙侧模板。

4）筏形基础底板混凝土施工

①筏板钢筋及模板安装完毕并检查无误，清除模内泥土、垃圾、杂物及积水之后，即可进行筏板基础底板混凝土浇筑。混凝土应一次连续浇筑完成。

②当筏形基础长度过长（40 m 以上）时，往往在中部位置留设贯通后浇带或膨胀加强带，以免出现温度收缩裂缝。对于超厚的筏形基础，应充分考虑采取降低水泥水化热和混凝土入模温度的措施，以免出现过大温度收缩效应，导致基础底板开裂。

③浇筑混凝土时，应经常观察模板、钢筋、预埋件、预留孔洞和管道，若有偏位、变形等情况，应先停止浇筑，及时纠正好后再继续浇筑，确保在混凝土初凝前处理好。

第三节 混凝土现浇主体结构的浇筑与振捣

一、混凝土柱的浇筑工艺与要求

1. 混凝土柱浇筑前的准备工作

（1）材料准备

1）混凝土搅拌前，应检查水泥、石子、砂、外加剂等原材料的品种、规格是否符合要求。确定施工配合比后，根据施工现场使用的搅拌机确定每盘混凝土各种材料的用量。

2）混凝土浇筑前，坍落度检查必须满足表 4–4 的要求。如果不符合要求，应及时调整施工配合比。

表 4–4　混凝土浇筑时的坍落度　mm

结构种类	坍落度
基础或地面等的垫层、无配筋的大体积结构（挡土墙、基础等）或配筋稀疏的结构	10 ~ 30
板、梁和大型及中等截面的柱子等	30 ~ 50
配筋密集的结构（薄壁、斗仓、筒仓、细柱等）	50 ~ 70
配筋特密的结构	70 ~ 90

（2）模板检查

检查模板配置和安装是否符合要求，支撑是否牢固；检查模板的轴线位置、垂直度、标高、拱度的正确性；检查模板上的浇筑口、振捣口位置是否正确，施工缝是否按要求留设等。

（3）钢筋工程的验收

混凝土的浇筑必须在钢筋的隐蔽工程验收符合要求后进行。浇筑前，应对钢筋和预埋件的品种、规格、数量、间距、接头位置、保护层厚度及绑扎安装的牢固性等进行全面检查，并签发隐蔽工程验收单后，方可浇筑混凝土。

（4）预埋水电管线的检查和验收

预埋水电管线的材料品种、规格、数量、位置、保护层厚度必须符合设计的要求，并签发隐蔽工程验收单后，方可混凝土浇筑。

（5）模板的清理及接缝的处理

混凝土浇筑前应打开清扫口，清理残留在柱、墙底的泥、浮砂、浮石、木屑、废弃绑扎铁丝等杂物，用清水冲洗干净并不得留下积水。对木模还应浇水润湿，模板的接缝仍较大时应用水泥袋或纸筋灰填实，特别是模板四大角的接缝应严密。

2. 混凝土柱的浇筑

（1）混凝土的灌注

1）混凝土柱浇筑前底部应先填以 5 ~ 10 cm 厚的与混凝土配合比相同的砂浆，然后分层浇筑，每层浇筑混凝土的厚度宜为 50 cm 左右。

2）混凝土柱高在 3 m 之内时，可在柱顶直接浇筑，超过 3 m 时，应采取措施（用串筒）或在模板侧面开洞安装斜溜槽分段浇筑。每段高度不得超过 2 m，每段混凝土浇筑后将开洞模板封闭严密，并用箍箍牢。

3）混凝土应一次浇筑到梁底或板底，且高出梁底或板底 3 cm（待拆模后，剔凿掉 2 cm，使之漏出石子为止），如需留施工缝，应留在主梁下面。无梁楼盖应留在柱帽下面。在与梁板整体浇筑时，应在浇筑完毕后停歇 1 ~ 1.5 h，使混凝土获得初步沉实，再继续浇筑。

4）混凝土浇筑完成后，应随时将混凝土顶面伸出的搭接钢筋整理到位。

5）构造柱混凝土应分层浇筑，每层厚度不得超过 30 cm。

（2）混凝土的振捣

柱混凝土一般用插入式振捣器振捣。当振捣器的软轴比柱子长 0.5 ~ 1 m 时，待下料达到分层厚度后，即可将振捣器伸入柱子顶部混凝土层内进行振捣；当振捣器的软轴短于柱高时，应从柱模侧面的门洞进行振捣。振捣器伸入下一层混凝土中深度应不小于 50 mm，以保证上下混凝土接合处的密实性。

柱混凝土应分层振捣，使用插入式振捣器时每层厚度大于 50 cm，振捣棒不得搅动钢筋和预埋件。插入点应均匀，防止多振或漏振，如图 4–5 所示。

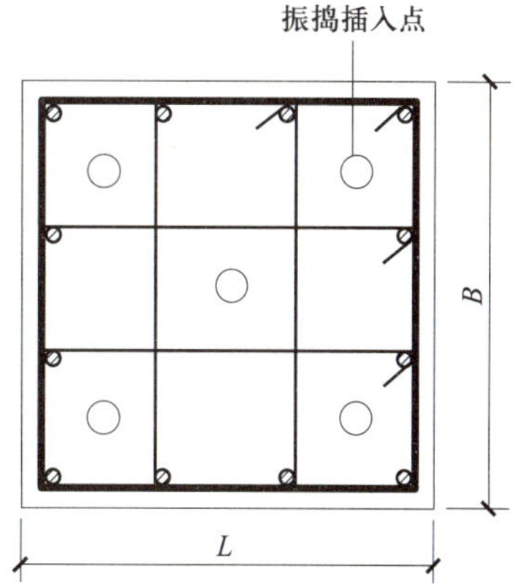

图 4–5　框架柱振捣插入点布置

当柱的断面较小且配筋较为密集时，可将柱模一侧全部配成横向模板，从下至上，每浇筑一节就封闭一节模板，便于混凝土振捣密实。

无条件进行机械振捣时可采用人工振捣。其方法是一人用竹竿从柱顶插入中心上下振捣，竹竿比柱子长 1 m，同时另一人用竹片在钢筋和模板之间上下提浆，或用小木槌在模板外轻轻敲打，保证水泥砂浆充满模板。

（3）混凝土柱养护

常温下，混凝土柱宜采用自然养护。由于柱为垂直构件，断面较小且高度大，覆盖较为困难，故常采用直接浇水养护的方法。硅酸盐水泥、普通硅酸盐水泥和矿渣硅酸盐水泥拌制的混凝土的浇水时间不得少于 7 天，其他品种水泥的混凝土的养护时间应根据水泥技术参数决定。当日的平均气温低于 5 ℃时，不得浇水。

（4）混凝土柱浇筑施工中常出现的质量事故及防治

1）柱底混凝土出现“烂根”。混凝土“烂根”主要原因是漏浆或在模板支设时底口封堵不严。当柱底出现“烂根”时，可以采取以下措施：将不密实、松动的混凝土凿除，用清水冲洗干净并充分湿润后，支设模板，再用比原强度等级高一等级并加微量膨胀剂的细石混凝土浇筑填补，并仔细振捣，确保密实。工序流程如下：

①用尖头筋配合铁锤将松动的、不密实的混凝土凿除，一直凿到密实的混凝土为止。

②把凿掉的混凝土石渣清理干净，并用钢丝刷将密实处的混凝土面彻底刷干净。

③用清水冲洗密实处的混凝土凿毛面，冲洗 2 ~ 3 min，充分湿润，确保混凝土凿毛面冲洗干净，没有颗粒残渣。

④开始支设模板，用三合夹层板将凿除后的混凝土柱根部围住，周围用镀锌铁丝捆绑牢固，自下而上每 200 mm 一道。支设夹层板要比“烂根”两边各多出 100 mm，圆柱的修补措施如图 4–6 所示。

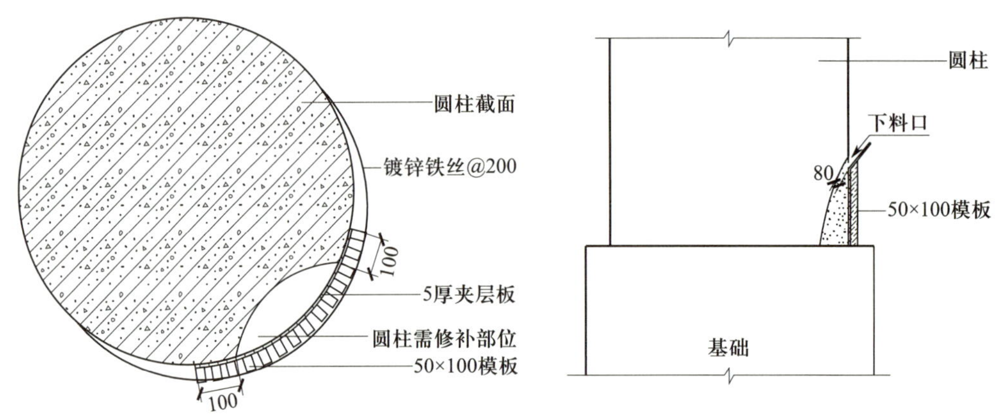

图 4–6　圆柱的修补措施

⑤待模板支设稳固后，采用比圆柱高一强度等级的细石混凝土进行灌注，应保证细石混凝土充满整个空洞及周边，并振捣密实，振捣时要快插慢拔，充分振捣，加强凿毛面周围混凝土的振捣，保证混凝土的浇筑质量。

⑥浇筑完后，要对其进行抹面收光，保证混凝土构件的整体观感质量，然后用镀锌铁丝将模板绑扎在圆柱外表面并且箍紧。混凝土构件整体尺寸要符合规范和设计要求。

⑦常温下待混凝土浇筑完成 3 天后拆模，再用塑料薄膜缠绕覆盖处理过的部位，保证新浇混凝土后期湿度。7 天后拆除塑料薄膜，并且用打磨机对处理过的部位进行

打磨，使其与圆柱外表面形成一致的观感效果。

2）柱子边角严重漏石。柱模板边角拼装时缝隙过大，导致混凝土振捣时跑浆严重，会使柱子边角严重漏石。对此情况，模板拼装时，边角的缝隙应用水泥袋纸或纸筋灰填塞，柱箍间距应缩小。同时，制作模板时宜采用阶梯缝，减少漏浆。

混凝土配合比不当或发生离析，石子集中于边角处而水泥浆少，振捣时混凝土无法密实，也会造成严重漏石。因此，浇筑时应严格控制每一盘混凝土的配合比，下料时采用串筒或斜溜槽，避免混凝土发生离析。

插点位置未掌握好或振捣器振捣力不足，以及振捣时间过短，也会造成边角漏石。因此，应预先找好振动器振捣位置，再合闸振捣，同时掌握好振捣时间。

3）柱顶端出现较厚的砂浆层。混凝土柱浇筑到顶端时，柱上部出现较厚的砂浆层。造成此种现象的主要原因是：混凝土经过振捣后，石子相互间的摩擦力和黏着力减弱，靠自重下沉而使砂浆上挤；同时，柱顶先铺设的砂浆层因振捣也往上浮，导致柱上部的砂浆增多。因此，柱底预先铺设的砂浆不宜过厚，满足需要即可。砂浆层中少石子，其强度较设计强度低。为加强这个薄弱部位，应在柱顶砂浆中加入一定数量的同粒径的洁净石子，然后再振捣。

4）柱垂直度发生偏移。单根柱浇筑后垂直度发生偏移的主要原因是：混凝土在浇筑中对柱模产生侧压力，如果柱模某一面的斜向支撑不牢固，就会造成柱垂直度偏移。因此，柱模在安装过程中，支撑一定要牢固可靠。

浇筑一排柱时发生垂直度偏移，主要是浇筑顺序不正确。正确的浇筑顺序是从两端同时开始向中间推进，不可以从一端开始向另一端推进。因为浇筑混凝土时，由于模板吸水膨胀、断面增大，从而产生横向推力，如果逐渐积累到另一端，则这一端最后浇筑的柱将发生弯曲变形和垂直度偏移。

5）柱与梁连接处混凝土“脱颈”。浇筑柱、梁整体结构时，应在柱混凝土浇筑完毕后停 2 h，使其初步密实后再继续浇筑梁混凝土。如果柱、梁混凝土连续浇筑，其连接处混凝土会产生“脱颈”。为此，混凝土柱的施工缝应设置在基础表面和梁底下部 20 ~ 30 mm。

二、混凝土墙体的浇筑工艺与要求

1. 工艺流程

作业准备→湿润→铺砂浆→浇筑、尺杆控制混凝土厚度→振捣→检查窗下洞口混凝土漏浆→控制标高→拆模养护。

2. 浇筑前准备

混凝土供应必须及时，以保证混凝土泵能连续工作。墙体混凝土浇筑前，先在底部接槎处铺 5 cm 厚与墙体同配合比的水泥砂浆，用铁锹均匀入模，应有专人铺设，项目部门应配专人用尺杆抽查。

3. 混凝土浇筑

（1）墙体混凝土分层厚度不大于 50 cm，分层浇筑、振捣，墙体连续进行浇筑，间隔时间不超过 2 h。

（2）洞口浇筑时，使洞口两侧浇筑高度对接均匀，振捣棒距洞边 30 cm 以上，两侧同时振捣，防止洞口变形。

（3）采用 ϕ50 mm 插入式振捣棒，分层振捣，厚度为作用长度（35 ~ 38 cm）的 1.25 倍，约 50 cm，移动间距为作用半径的 1.5 倍，但应小于 40 cm，振捣上层混凝土时宜插入下层混凝土 5 cm，每点振捣时间一般为 20 ~ 30 s。振捣时间不宜过长，但应使混凝土表面不再下沉，不再出现气泡，表面应泛出灰浆。振捣时要做到快插慢拔，并不宜紧靠模板振捣，尽量避免碰撞钢筋、模板、预埋管、预埋件等，发现有变形、位移，各有关工种应相互配合处理。

（4）混凝土浇筑上口标高高出楼板底 3 cm。

4. 拆模、养护

拆模时，墙体应不粘模、不掉角、不裂缝，并及时修整墙面、边角，拆模后及时刷养护液养护。

5. 施工缝的留设位置及处理方法

（1）施工缝留在门洞过梁跨中 1/3 区段。墙应留垂直缝。

（2）墙体、梁施工缝处用切割机切 1 cm 深再剔凿，如图 4–7 所示。

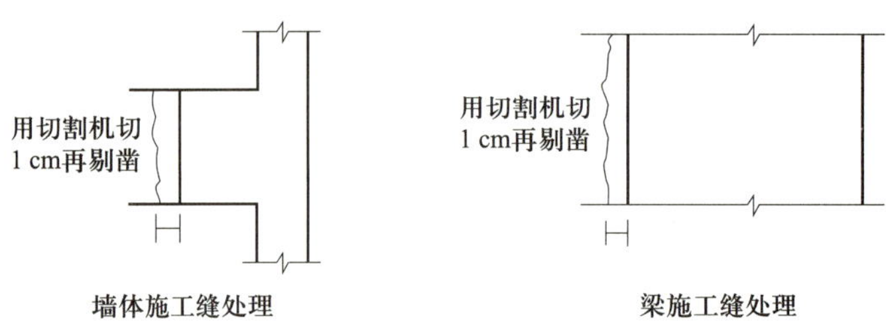

图 4–7　墙体、梁施工缝处理

（3）墙体与顶板的施工缝留在板底以上 3 cm，拆模后弹线切割、剔凿。

6. 质量标准

（1）基本项目

混凝土振捣密实，墙面及接槎处应平整，不得有孔洞、露筋、缝隙夹渣等缺陷。

（2）允许偏差

混凝土墙体浇筑允许偏差见表 4–5。

表 4–5　混凝土墙体浇筑允许偏差

序号	项目	允许偏差（高层大模）	检验方法
1	轴线位移	5 mm	尺量检查
2	楼层标高	± 10 mm	用水准仪或尺量检查
3	截面尺寸	+5 mm –2 mm	尺量检查

续表

序号	项目		允许偏差（高层大模）	检验方法
4	墙垂直度		5 mm	用 2 m 靠尺检查
5	表面平整度		4 mm	用 2 m 靠尺和楔形塞尺检查
6	电梯井	井筒长宽对中心线偏移	+25 mm −0	尺量检查
		井筒全高垂直度	H/1 000 且≤ 30 mm	吊线和尺量检查

7. 成品保护

（1）为保证钢筋、模板尺寸位置正确，不得踩踏钢筋，并不得碰撞、改动钢筋。

（2）保护好穿墙管、电线管、接线盒及预埋件等，振捣时勿将预埋件挤偏或挤入混凝土内。

（3）门窗在刷完养护剂以后，底边用角钢保护，侧边用塑料护角保护，防止碰掉棱角。

（4）不得任意拆改大模板的连接件及螺栓，且保证大模板的外形尺寸准确。

（5）混凝土浇筑振捣至最后完工时，要保持甩出钢筋的位置正确。

8. 墙体混凝土浇筑质量问题

（1）墙体“烂根”

外墙外侧应粘好海绵条，浇筑前，先均匀浇筑 5 cm 厚同配合比的砂浆。严格控制混凝土坍落度，防止混凝土离析，底部振捣时应小心操作。

（2）洞口位移变形

浇筑时防止混凝土冲击洞口模板，洞口两侧混凝土应对称，均匀进行浇筑振捣。模板穿墙螺栓应紧固可靠。

（3）墙面气泡过多

振捣应充分，均要振捣至气泡排出为止。

（4）混凝土与模板粘连

注意清除模板，拆模不能过早，隔离剂应涂刷均匀。

三、混凝土肋形楼盖的浇筑工艺与要求

现浇钢筋混凝土肋形楼盖由板、次梁及主梁组成，主要用于承受楼面竖向荷载，因其形似肋条，故称肋形楼盖或肋形楼板，如图 4–8 所示。

1. 肋形楼盖混凝土浇筑

有主次梁的肋形楼盖，混凝土的浇筑方向应顺次梁方向，主次梁同时浇筑。在保证主梁浇筑的前提下，将施工缝留置在次梁跨中 1/3 的跨度范围内。当采用小车或

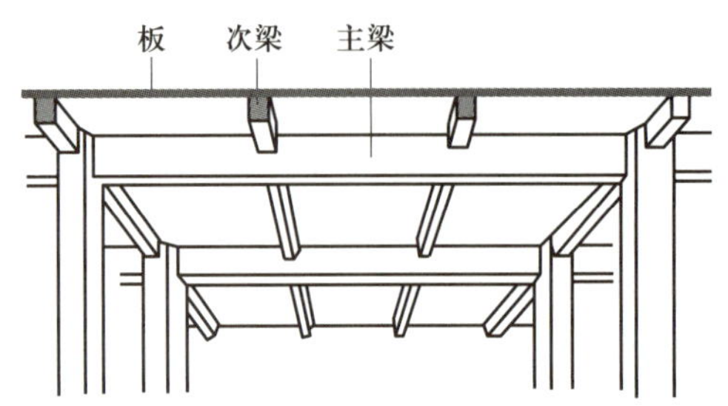

图 4-8　肋形楼盖

料斗运料时，宜将混凝土料先卸在铁拌盘上，再用铁锹往梁里灌注混凝土。灌注时一般采用带浆法下料，即铁锹背靠着梁的侧模向下倒，在梁的同一位置两侧各站一人，一边一锹均匀下料。

灌注楼板混凝土时，可直接将混凝土料卸在楼板上，但应注意不可集中卸在楼板边角或有上层构造钢筋的楼板处。同时，还应注意小车或料斗的浆料，将浆多石少或浆少石多的混凝土料均匀搭配。楼板混凝土的虚铺厚度可比楼板厚度高出 20 ~ 25 mm。

2. 肋形楼盖混凝土振捣

当梁高大于 1 m 时，可先浇筑主次梁混凝土，后浇筑楼盖混凝土，其水平施工缝留置在板底以下 20 ~ 30 mm 处。当梁高大于 0.4 m 且小于 1 m 时，应先分层浇筑梁混凝土，待梁混凝土浇筑至楼板底时，再同时浇筑梁与板。

当梁的钢筋较密集，采用插入式振捣器振捣有困难时，机械振捣可与人工赶浆法捣固相配合。具体做法是：

（1）从梁的一端开始，先在起头约 600 mm 长的一小段里铺一层厚约 15 mm、与混凝土成分相同的水泥砂浆，然后在砂浆上铺筑一层混凝土料。两人配合，一人站在浇筑混凝土前进方向一端，面对混凝土使用插入式振捣器振捣，使砂浆先流到前面和底部，以便让砂浆包裹石子；另一人站在后边，面朝前进方向，用捣钎靠着侧模及底模部位往回钩石子，以免石子挡住砂浆往前流，捣固梁两侧时，捣钎要紧贴模板侧面。待下料延伸至一定距离后再重复第二遍，直至振捣完毕。

（2）在浇捣第二层时可连续下料，不过下料的延伸距离比第一层略短些，以形成阶梯形。

对于主次梁与柱接合部位，由于梁上部钢筋特别密集，插入式振捣器无法插入，此时可将振动棒从上部钢筋较稀疏的部位倾斜插入梁端进行振捣。同时也可用带刀片的插入式振捣器振捣，但刀片不宜过长，否则振捣效率较低。所以，当截面较高时，梁下部也不易振捣密实。这种情况下必须加强人工振捣，以保证混凝土密实。该部位混凝土灌注有困难时可改用细石混凝土灌注。

浇筑楼盖混凝土时宜采用平板振捣器，浇筑小型平板时可采用人工捣实，人工捣实用带浆法操作时由板边开始，铺上一层厚 10 mm、宽 300 ~ 400 mm、与混凝土成分相同的水泥砂浆。此时操作者应面向来料方向，与浇筑的前进方向一致，用铁铲反铲下料。

3. 混凝土养护

常温下，肋形楼盖混凝土初凝后即可采用草帘、草袋覆盖，终凝后浇水养护，浇水次数以保证覆盖物经常湿润为准。肋形楼盖由于面积较大且平，也可采用围水养护，即在板四周用黏土筑成小埂，将水蓄在混凝土表面以达到养护的目的。硅酸盐水泥、普通硅酸盐水泥、矿渣硅酸盐水泥拌制的混凝土，应在常温下养护不少于 7 天；其他水泥拌制的混凝土，其养护时间视水泥特性而定。

4. 肋形楼盖混凝土浇筑施工中常出现的质量问题

（1）柱顶与梁、板接合部位出现裂缝

柱与梁、板整体现浇时，如果柱混凝土浇筑完毕后，立即进行梁、板混凝土的浇筑，会因为柱混凝土未凝结而产生沿柱长度方向的体积收缩和下沉，造成柱顶与梁、板底接合处混凝土出现裂缝。因此，正确的浇筑方法应先浇筑柱混凝土，待浇至其顶端部位时，静置 2 h 后再浇筑梁、板混凝土。同时，也可在该部位留置施工缝，分两次浇筑。总之，柱与梁、板整体现浇时，不宜将柱与梁、板结构连续浇筑。

（2）柱、梁混凝土接合部位出现蜂窝、孔洞

柱与主梁、次梁交接的部位钢筋较密集，特别是接合部位上部，因其主筋交叉集中，使混凝土无法灌注、插入式振捣器振捣困难，稍不注意就会因浇捣不密实而产生蜂窝、孔洞。因此，在浇筑这些部位时，可改用细石混凝土灌注，用带刀片的插入式振捣器振捣，或采用带浆法下料，也可用带刀片的插入式振捣器配合赶浆法人工捣固，使混凝土密实。

（3）梁及板底部出现“麻面”

模板表面粗糙或重复使用的模板表面未清理干净，粘有干硬的水泥浆，拆模时，混凝土表面被粘损，就会出现“麻面”。因此，模板在安装前，表面应清理干净。

木模板在混凝土浇筑前未浇水湿润或湿润不充分，使模板与混凝土接触处的水分被模板吸收，混凝土表面失水过多，也会出现“麻面”。为此，木模板在浇筑前应浇水充分湿润。

钢模板表面隔离剂涂刷不均匀或漏刷，拆模时混凝土表面与模板黏结，也会产生“麻面”。因此，涂刷隔离剂应仔细认真。

模板拼缝不严密，混凝土振捣时漏浆，其表面沿模板缝位置也会出现“麻面”。再者，振捣不密实，混凝土中的气泡未排出，一部分气泡停留在模板表面，也会形成“麻面”。因此，模板安装时其缝隙应堵塞。混凝土振捣时，应掌握好振捣时间，充分振捣，以混凝土表面泛浆且无气泡为准。

（4）楼板地面出现露筋

楼板钢筋的保护层垫块铺垫间距过大或漏铺，致使钢筋紧贴模板，混凝土浇筑后出现露筋。因此，除保护层厚度应符合规定外，垫块的间距一般为 1 ~ 1.5 m，并避免

漏铺。

楼板混凝土浇筑过程中，操作人员踩踏钢筋，使钢筋紧贴模板，拆模后出现漏筋。因此，操作时必须注意切忌踩踏。

四、钢筋混凝土框架结构的浇筑工艺与要求

1. 框架结构混凝土浇筑

现浇框架结构混凝土的浇筑顺序：在一个施工段内，应尽量从两端向中间推进，先浇柱、墙竖向构件，后浇梁、板等横向构件。

（1）柱混凝土的浇筑

1）柱混凝土浇筑前，柱底表面应用高压冲洗干净，确保没有明水，先浇筑一层 5 ~ 10 cm 厚与混凝土成分相同的水泥砂浆，然后再分段分层灌注混凝土。

2）当柱高不超过 3 m 时，混凝土可用小车由柱模顶直接倒入柱模；当柱高超过 3 m 时，必须用一串筒挂入送料。

3）一般浇入混凝土料深 40 ~ 50 cm 时，即可用插入式振捣器插入振捣。根部可在柱子中部开的门子板处插入振捣。待浇筑至门子板下 10 cm 时，把门子板封死，振捣器移至柱顶处，这时柱内的串筒也可以拿走，在上部边浇筑边振捣。一般柱高小于 3 m 的，振捣棒在柱顶也够得到，就不设置门子板了。

4）浇筑至梁底标高下 10 cm 左右，第一次浇筑完成。如果柱与梁、板连续浇筑，则应开始记录间歇时间，2 h 后才可接着浇筑梁、柱接头处的混凝土。如果工期许可，一般不建议连续浇筑，主要原因有三点：一是钢筋密无法下料；二是由于钢筋多，容易产生离析；三是振捣不容易进行，容易发生蜂窝、麻面或孔洞等质量问题。

5）浇捣中要注意，柱模不要胀模或鼓肚，要保证柱钢筋的位置，即在全部完成一层框架后，到上层放线时，钢筋应在柱边框线内。

（2）墙体混凝土的浇筑

1）墙体混凝土浇筑，应遵循先边角后中部，先外墙后内墙的顺序，以保证外部墙体的垂直度。

2）混凝土灌注时应分层，人工振捣分层厚度不大于 35 cm，振捣器振捣分层厚度不大于 50 cm，轻骨料混凝土分层厚度不大于 30 cm。

3）高度在 3 m 以内的外墙和内墙，混凝土可从墙顶向板内卸料，卸料时须在墙顶安装料斗缓冲，以防混凝土产生离析。对于截面尺寸狭小且钢筋密集的墙体，则应在侧模上开门子板，用斜溜槽投料，但高度不得大于 2 m。对于高度大于 3 m 的任何截面的墙体，均应每隔 2 m 开门窗洞，装斜溜槽投料。

4）墙体上开有门窗洞或工艺洞口时，应从两侧同时对称投料，以防将门窗洞或工艺洞口模板挤变形。

5）墙体在灌注混凝土前，须先在底部铺 5 ~ 10 cm 厚与混凝土成分相同的水泥砂浆。

（3）柱节点混凝土浇筑

1）框架梁、柱节点处的特点：框架的梁、柱交叉位置称为梁、柱节点，由于其受

力特殊、主筋连接接头加强，以及箍筋加密等原因，造成钢筋密集，采用一般的浇筑施工方法难以保证混凝土密实度。

2）混凝土中的粗骨料要适应钢筋密集的要求：按施工图设计的要求，采用强度等级相同或高一级的细石混凝土浇筑。

3）混凝土的振捣：用直径较小的插入式振捣器进行振捣，必要时可以辅助人工振捣，以保证其密实性。

4）为了防止初凝阶段混凝土在自重以及模板横向变形等因素作用下，在高度方向产生收缩，柱浇捣至箍筋加密区后，可以停 1～1.5 h（不能超过 2 h）再浇筑节点混凝土。节点混凝土必须一次性浇捣完成，不得留施工缝。

（4）梁、板混凝土的浇筑

1）确定浇筑顺序：一般从最远端开始，逐渐缩短混凝土运距，避免捣实后的混凝土受到扰动。浇筑时应先低后高，即先浇捣梁，待浇捣至梁上口后，可一起浇捣梁、板，浇筑过程中尽量使混凝土面保持水平状态。对截面高于 1 m 的梁，可以先单独浇捣梁至板下 5～10 cm，然后再将梁的上部混凝土与板的混凝土一起浇捣。

2）混凝土入模：应采用反铲下料，这样可以避免混凝土产生离析。当梁内混凝土上下料 30～40 cm 深时，就应进行振捣，振捣时应直插、斜插、移点相结合，保证混凝土的密实性。

3）梁板混凝土浇筑方向：应沿次梁方向垂直于主梁的方向浇筑。浇捣一段后（一个开间或一个柱距），应采用平板振捣器按浇筑方向拉动机器振实面层。平板振捣后，由操作人员随后按楼层结构标高面，用木杠及木抹子搓抹混凝土表面。

4）当楼层不能一次浇筑完成，或遇到特殊情况，中间停歇时间超过 2 h 以上时，应设置施工缝或按设计要求留出后浇带。

2. 框架结构混凝土振捣

（1）对于截面厚大的混凝土墙，可用插入式振捣器振捣，方法同柱的振捣。对一般或钢筋密集的混凝土墙，宜采用模板外侧悬挂附着式振捣器振捣，振捣深度约为 25 cm。墙体截面尺寸较厚时，可在两侧悬挂附着式振捣器振捣。

（2）使用插入式振捣器如遇有门窗洞及工艺洞时，应两边同时对称振捣，同时不得用棒头猛击预留孔洞、预埋件等。

（3）当顶板与墙体整体现浇时，楼顶板端头部分的混凝土应单独浇筑，保证墙体的整体性和抗震能力。

3. 施工缝的留置与处理

（1）施工缝应留置于结构受剪力较小且便于施工的部位，留置位置和处理方法应按技术交底的施工方法进行。框架结构的施工缝通常留在以下几个部位：

1）梁。肋形楼盖混凝土的浇筑行程大多与框架主梁垂直，与次梁平行，把施工缝留在次梁中间部位跨度的 1/3 范围内对受力是有利的。主梁不宜留设施工缝。悬臂梁和与其相连接的结构应整体浇筑，一般不宜留施工缝，必须留施工缝时，应取得设计单位同意，并采取有效措施。

2）板。单向板施工缝可留设在与主筋平行的任何位置或与受力主筋垂直方向中部跨度的 1/3 范围内，双向板施工缝位置应按设计要求留设。

3）柱。宜留设在梁底标高以下 20 ~ 30 mm 或梁、板面标高处。

4）墙。宜留设在门洞口连梁跨中 1/3 区段内，也可留在纵横剪力墙的交接处。

5）大截面梁、厚板和高度超过 6 m 的柱。应按设计要求留设施工缝。

（2）在施工缝处继续浇混凝土时，已浇筑混凝土的抗压强度要达到 1.2 MPa；要清除已硬化混凝土表面的浮渣和松散石子、软弱混凝土层，并洒水湿润，无明水后再浇新混凝土；浇筑前，接头处要先用同混凝土配合比一致的水泥砂浆铺垫，该处振捣要细致、密实，确保接合牢固。

4. 养护与拆模

（1）常温下宜采用喷水养护，养护时间在 7 天以上。

（2）当混凝土强度达到 1 MPa 以上时方可拆模。拆模时间过早容易使墙体混凝土下坠，产生裂缝，或模板发生粘连。

5. 现浇混凝土框架结构常出现的质量问题

（1）柱、墙“烂根”

1）混凝土浇筑前，未在柱、墙底铺以 5 ~ 10 cm 厚的细石混凝土（水泥砂浆的配合比与混凝土相同）。在向其底部卸料时，混凝土发生离析，石子集中于柱、墙底而无法振捣出浆来，造成底部“烂根”。

2）混凝土浇筑高度超过规定要求，又未采取相应措施，导致混凝土发生离析，柱、墙底石子集中而缺少砂浆，出现“烂根”。

3）振捣时间过长，使混凝土内石子下沉、水泥浆上浮，出现“烂根”。

4）分层浇筑时一次投料过多，振捣器未伸到底部，造成漏振，出现“烂根”。因此，一次投料不可过多，振捣完毕后应采用木槌敲击模板，从声音判断底部是否振实。

5）楼地面表面不平整，墙模安装时与楼地面接触处缝过大，造成混凝土严重漏浆而出现“烂根”现象。

（2）边角处漏石、露筋

1）模板边角拼装缝隙过大，严重跑浆造成边角处漏石。所以，模板配制时，边角处宜采用阶梯缝搭接。如果采用直缝，模板缝隙应使用水泥袋纸填塞。

2）某一拌盘配合比不当，石多浆少或局部漏振，造成边角处呈蜂窝状漏石。

3）柱混凝土浇筑完毕后未经沉实而继续浇筑梁板混凝土。浇筑与柱和墙连成整体的梁和板时，应在柱和墙浇筑完毕后停歇 1 ~ 1.5 h，使其初步沉实，再继续浇筑。

4）轴线走位及垂直度偏移，具体有两种情况：一是柱模支撑方法不当，致使混凝土振捣时支撑下陷，柱顶发生偏移；二是一排柱浇筑时，从一端开始向另一端行进过程中，由于模板吸水膨胀，断面增大而产生横向推力，并逐渐积累到另一端，最后一根柱子将发生弯曲变形。因此，应采用从两端对称向中间浇筑或从中间对称向两端浇筑的顺序。

五、大体积混凝土构件的浇筑工艺与要求

1. 大体积混凝土的浇筑

（1）大体积混凝土结构浇筑方案

为保证结构的整体性，大体积混凝土应连续浇筑，要求每一处混凝土在初凝前就被后部分混凝土覆盖并捣实成整体，根据结构特点不同，可分为全面分层、分段分层、斜面分层等浇筑方案，如图 4–9 所示。

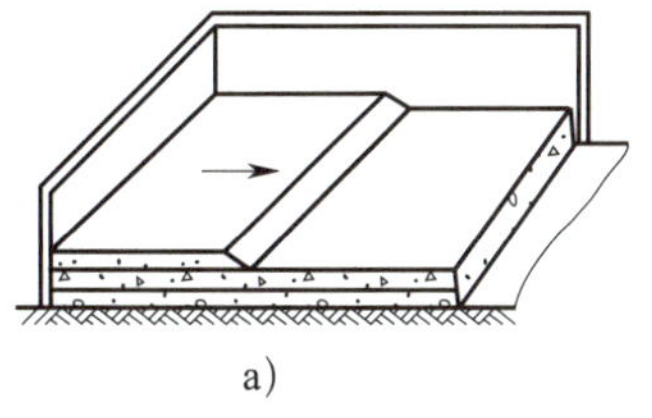
a）

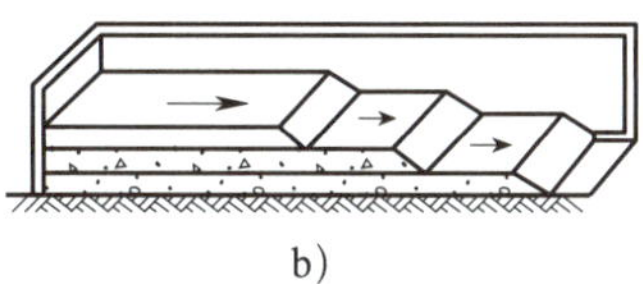
b）

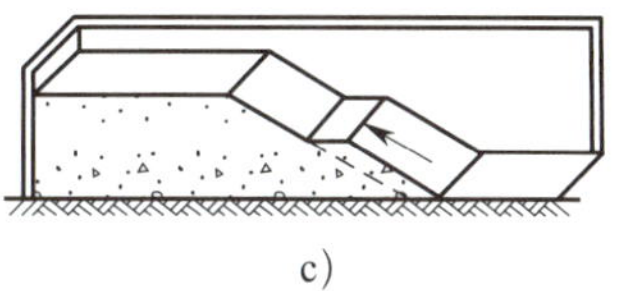
c）

图 4–9　大体积混凝土浇筑方案

a）全面分层　b）分段分层　c）斜面分层

1）全面分层。当结构平面面积不大时，可将整个结构分为若干层进行浇筑，即第一层全部浇筑完毕后，再浇筑第二层，如此逐层连续浇筑，直到结束（见图 4–9a）。

2）分段分层。当结构平面面积较大时，全面分层已不适应，这时可采用分段分层浇筑方案，即将结构分为若干段，每段又分为若干层，先浇筑第一段各层，然后浇筑第二段各层，如此逐段逐层连续浇筑，直至结束（见图 4–9b）。

3）斜面分层。当结构的长度超过厚度的 3 倍时，可采用斜面分层的浇筑方案（见图 4–9c）。这时，振捣工作应从浇筑层斜面下端开始，逐渐上移，且振动器应与斜面垂直。

（2）早期温度裂缝的预防

厚大钢筋混凝土结构由于体积大，水泥水化热聚积在内部不易散发，内部温度显著升高，外表散热快，形成较大内外温差，内部产生压应力，外表产生拉应力，如果内外温差过大（25 ℃以上），则混凝土表面将产生裂缝。当混凝土内部逐渐散热冷却，产生收缩，由于受到基底或已硬化混凝土的约束，不能自由收缩，而产生拉应力。温差越大，约束程度越高，结构长度越大，则拉应力越大。当拉应力超过混凝土的抗拉强度时即产生裂缝，裂缝从基底向上发展，甚至贯穿整个基础。要防止混凝土早期产生温度裂缝，就要降低混凝土的温度应力。因此，要控制混凝土的内外温差，使之不超过 25 ℃，防止表面开裂，还要控制混凝土冷却过程中的总温差和降温速度，防止基底开裂。早期温度裂缝的预防方法主要有以下几种：优先采用水化热低的水泥（如矿渣硅酸盐水泥）；减少水泥用量；掺入适量的粉煤灰或在浇筑时投入适量的毛石；放慢浇筑速度和减少浇筑厚度，采用人工降温措施（拌制时用低温水，养护时用循环水冷却）；浇筑后应及时覆盖，控制内外温差，减缓降温速度，尤其应注意寒潮的不利影响。必要时，在取得设计单位同意后，可分块浇筑，块和块间留 1 m 宽后浇带，待各分块混凝土干缩后，再浇筑后浇带。分块长度可根据有关手册计算，当结构厚度在 1 m 以内时，分块长度一般为 20 ~ 30 m。

（3）泌水处理

大体积混凝土另一特点是上、下浇筑层施工间隔时间较长，各分层之间易产生泌水层。它将使混凝土强度降低，出现酥软、脱皮、起砂等不良后果。采用自流方式和抽吸方法排出泌水，会带走一部分水泥浆，影响混凝土的质量。在同一结构中使用两种不同坍落度的混凝土，或在混凝土拌合物中掺减水剂，都可减少泌水现象。

混凝土捣固一般都采用插入式振捣器，其移动间距不大于作用半径的 1.5 倍。混凝土浇筑过程中，应有专人负责观察模板、支撑、管道和预留孔有无移动情况，当发现变形位移时，应立即停止浇筑，并应在已浇筑的混凝土凝结前修整完好，才能继续浇筑。混凝土浇筑应连续进行，一般接缝不应超过 2 h，如果间歇时间超过水泥初凝时间，应按规范留置施工缝。

2. 大体积混凝土养护

大体积混凝土养护时间也要与普通混凝土一致，一般养护 7 天，特殊情况下养护 14 天，前提是控制混凝土内外温差不超过 25 ℃，在混凝土浇筑时就得措施到位。由于混凝土内部水化热不易释放，内外温差超过 25 ℃，会造成混凝土有微裂纹，严重的会有贯通性通裂。冬季施工时应特别注意这一点。在 7 天或 14 天内，内部温度降为与外界温度一致的情况下，普通混凝土养护 7 天就可以了，抗渗、抗冻融等特殊混凝土需要养护 14 天。

六、钢管混凝土的浇筑工艺与要求

1. 钢管混凝土浇筑

（1）泵送顶升浇筑法

泵送顶升浇筑法的要点是利用混凝土输送泵将混凝土从钢管柱下部预留的进料孔连续不断地自下而上顶入钢管内，通过泵送压力使混凝土密实。在钢管接近地面的适当位置安装一个带止回阀的进料短钢管，直接与混凝土输送管相连，将混凝土连续不断地自下而上灌入钢管，无须振捣。

泵送顶升浇筑法的施工要点如下：

1）当钢管直径小于 350 mm 或选用半熔透直缝焊接钢管时，不宜采用泵送顶升浇筑法。

2）为防止混凝土回流，应在短钢管与输送泵之间安装止回阀。

3）插入钢管柱内的短钢管直径与混凝土输送泵管直径相同，壁厚不小于 5 mm，内端向上倾斜 45°，与钢管柱密封焊接。

4）钢管柱顶部要设溢流孔或排气孔，孔径不小于混凝土输送泵管直径。

5）混凝土强度达到设计强度 50% 后，割除短钢管，补焊封堵板。

6）浇筑孔和溢流孔应在加工厂内开设，不得后开。

（2）振捣浇筑法

采用振捣浇筑法时，混凝土自钢管上口灌入，当管径大于 350 mm 时，用插入式内部振捣器振捣密实，每次振捣时间不少于 30 s，混凝土一次浇筑高度不超过 2 m。

当管径小于 350 mm 时，可采用附着在钢管外壁的外部振捣器进行振捣，外部振捣器的位置应随混凝土浇灌的进展而调整，外部振捣器的工作范围以钢管横向振幅不小于 0.3 mm 为有效，振幅可用百分表实测，振捣时间不小于 1 min。

（3）高位抛落无振捣法

高位抛落无振捣法的要点是钢管内混凝土的浇筑在拼接完一段或几段钢管柱后，利用混凝土本身的流动性，通过浇筑过程中从高空下落时的动能，使混凝土充满钢管柱，达到密实的目的。

采用高位抛落无振捣法浇筑混凝土应注意以下几点要求：

1）抛落高度限于 4 m 及以上，小于 4 m 时，下落时的动能难以保证混凝土密实，需要振捣。

2）该方法适用于大管径钢管内混凝土浇筑，管径大于 350 mm。

3）一次抛落混凝土量不宜少于 0.5 m^3，用料斗装填，料斗的下口尺寸应比钢管内径小 100 ~ 200 mm，以便混凝土下落时能够排出管内空气。

4）钢管内的混凝土浇筑工作宜连续进行，必须间歇时，间歇时间不应超过混凝土的初凝时间。

5）每次浇筑混凝土前（包括施工缝）应先浇筑一层厚度 5 ~ 10 cm 的与混凝土强度等级相同的水泥砂浆，以免自由下落的混凝土产生离析现象。

2. 钢管混凝土浇筑的注意事项

（1）浇筑前，钢管内杂物应清理干净，保持清洁，安装时应采取临时措施封闭，防止异物掉入，钢管内混凝土一次性浇筑高度不得大于 2 m。混凝土的浇筑应连续进行，一次浇满。当必须暂停时，暂停时间不得超过混凝土的终凝时间，施工缝处应浇灌一层 200 mm 厚的与混凝土强度相同的水泥砂浆。钢管内混凝土应先于楼板混凝土浇筑，浇筑高度为本节柱接头以下楼板面处。浇筑前，必须确保本节柱内所有梁与柱焊接并验收完毕。

（2）自密实混凝土宜采用补偿收缩混凝土，保证不因为混凝土的收缩而导致柱与混凝土之间产生间隙，影响柱的整体性能。

（3）导管内要先注入一定量的同强度等级的水泥砂浆，第一斗混凝土应严格计量，必须保证导管下口埋入钢管内混凝土 2 m 以上，导管拔升过程中，通过来回插拔导管促使钢管内混凝土更加密实，每拆除一节导管，应插拔导管 6 ~ 8 次，同时振动棒通过串筒深入进行振捣密实，应清除浮浆，做好收口收平工作。

（4）钢柱混凝土应按方量浇筑，如果发现预算的量还没浇筑完但混凝土已到达柱面，要追查原因，并探测钢管内混凝土是否有异状，发现问题及时解决。

（5）控制混凝土配合比和合理确定坍落度是保证导管法施工的关键。从导管法施工混凝土的导流原理可以看出，导管法浇筑混凝土是通过混凝土在钢管柱内由下向上回流来保证混凝土施工达到自密实性要求的。因此，混凝土必须有良好的和易性和流动性，如果过大，不但会增加水泥用量，也容易出现离析而影响混凝土的质量。混凝土配料时应采用级配良好且连续的砂石料，合理选用外加剂，添加细度良好的外加掺和料，增加混凝土的流动性和保水性。

（6）做好安全防护工作，操作平台与梁面结构连接要牢固，操作平台周边应做好临边防护措施，所有吊运构件都必须捆绑结实方可起吊。合理规范使用劳动保护用品，人员上下都必须使用专用爬梯，严禁随意攀爬。

七、自密实混凝土构件的浇筑工艺与要求

1. 自密实混凝土施工准备

（1）自密实混凝土原材料

1）水泥。在水工建筑物中，为减小水泥水化热，宜选用中热硅酸盐水泥或低热硅酸盐水泥。

2）粉煤灰。采用 I 级粉煤灰。

3）细骨料。自密实混凝土的砂率较大，一般选用中砂或偏粗中砂，砂细度模数在 2.5 ~ 3.0 为宜，砂中粒径小于 0.125 mm 的细粉含量不低于 10%。

4）粗骨料。各种类型的粗骨料都可使用，要求石子为连续级配，以便获得较低的孔隙率。

5）外加剂。外加剂必须有缓凝、保坍、增塑、减水、早强等性能。

（2）自密实混凝土配合比

1）混凝土砂率。自密实混凝土的砂率大小影响着混凝土是否免振与振捣强度比的大小。一般情况下，自密实混凝土砂率应在普通混凝土的基础上提高 3% ~ 5%。

2）骨料粒径及级配。为了减小骨料分离，也为了能采用混凝土泵输送入仓，骨料最大粒径应不超过 40 mm，且中石与小石比例采用 1 : 1 或 2 : 3 为宜。钢筋密集部位一般采用一级配自密实混凝土，骨料最大粒径不超过 20 mm；钢筋较少部位可采用二级配自密实混凝土，骨料最大粒径不超过 40 mm。

3）混凝土掺和料。掺入细磨粉煤灰的微珠效应和复合高效减水剂作用叠加，赋予混凝土良好的免振自密实性能，而且掺入粉煤灰可以降低水泥水化热温升。为了满足最低胶凝材料用量，在胶凝材料总量不变的情况下，选取合适的粉煤灰掺量，可以满足各种强度等级混凝土要求。一般粉煤灰掺量为 20% ~ 25%，低强度等级混凝土的粉煤灰掺量可以达到 40%。

2. 自密实混凝土的浇筑

（1）混凝土运输

自密实混凝土的运输应使用混凝土搅拌车，搅拌车宜直接向泵机或吊罐供料，然后向泵机喂料，减少转料环节。合理调配车辆、选择最佳线路将混凝土尽快运到施工部位入仓浇筑，可减少混凝土坍落度或扩散度的损失。

（2）混凝土浇筑

泵机布置合理，泵管加固牢固，泵机泵管与埋设在仓内各个埋管试连接没有问题后，开始浇筑自密实混凝土。其布料方式为：若孔洞结构有坡度，一般泵管从低处开始布料，然后依次向高处布料；若孔洞结构平整，一般从里向外布料，埋设的泵管交替布料。自密实混凝土分层平仓浇筑，每层厚度为 50 mm 左右。混凝土浇筑至最后一层时，先从最里边一根泵管开始布料，边输送边观察，待泵机打不出料后，

使泵机保持压力 30 min，封闭管口，换另一根泵管输送混凝土，由里向外依次换管布料。

浇筑底层混凝土时，通过模板上的预留窗观察混凝土浇筑情况。浇筑顶层混凝土时，通过预埋的排气管观察孔内混凝土填满程度，若排气管有水泥浆出现，说明此泵管周边位置混凝土已填满，然后根据实际情况换泵管，当所有的排气管都有水泥浆出现时，说明孔内已填满。适时控制泵机供料和稳压的时间（一般为 30 min），同时防止钢管的持续压力影响模板的稳定性。

为防止泵管拆除时混凝土回流，有两种方式封闭管口。第一种方式为：封闭管口时用氧炔焰将管壁烤热，加速出口混凝土初凝，然后用重锤将钢筋打入 ϕ125 mm 或 ϕ150 mm 埋管，防止混凝土料回流。第二种方式为：在预埋的钢管与泵管之间设 Z81W-20K 闸阀，通过关闭闸阀达到封闭管口的目的。第一种方式现场操作简单方便，施工中常用。

八、施工缝或后浇带浇筑工艺与要求

1. 施工缝设置

有主次梁的楼盖宜沿着次梁方向浇筑楼板，施工缝应留置在次梁跨度 1/3 范围内，如图 4-10 所示。施工缝表面应与次梁轴线或板面垂直。单向板的施工缝留置在平行于板的短边的任何位置。双向受力的楼板、大体积混凝土结构、拱、薄壳、多层框架等，以及其他复杂的结构，应按设计要求留置施工缝。

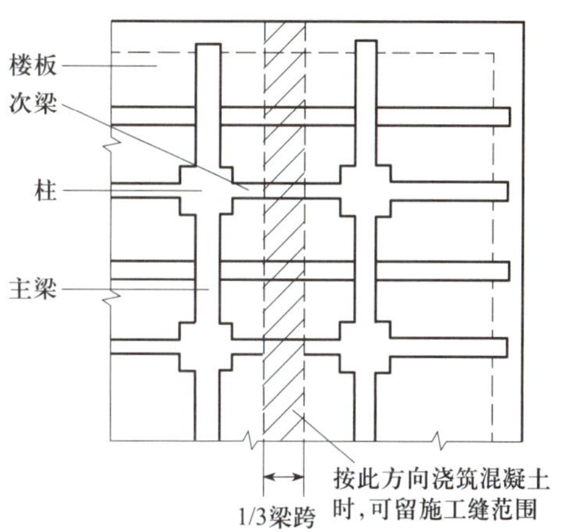

图 4-10　有主次梁楼板的施工缝位置

（1）施工缝用木板、钢丝网挡牢。

（2）施工缝处须待已浇混凝土的抗压强度不低于 1.2 MPa 时，才允许继续浇筑。

（3）在施工缝处继续浇筑混凝土前，施工缝表面应凿毛，清除水泥薄膜和松散石子，并用水冲洗干净。排除积水后，先浇一层水泥浆或与混凝土成分相同的水泥砂浆，然后继续浇筑混凝土。

2. 施工缝混凝土浇筑

（1）在已硬化的混凝土表面继续浇筑混凝土之前，应清除施工缝内的杂物、水泥薄膜、表面已松动的砂石和疏松的混凝土层，同时还要凿毛接缝表面，用水冲洗干净并充分湿润，一般不少于 24 h，残留在混凝土表面的积水应清除。

（2）在施工缝位置附近回弯钢筋时，钢筋周围的混凝土不应受到影响而松动和损坏。钢筋上的油污、水泥砂浆及浮锈等杂物也应清除。

（3）从施工缝处开始继续浇筑时，要注意避免直接靠近缝边下料。机械振捣前，宜向施工缝处逐渐推进，并至 100 cm 处停止振捣，但应加强施工缝处混凝土的振实，使其紧密接合。

3. 后浇带混凝土浇筑

（1）混凝土浇筑前要将后浇带内杂物清理干净，用水冲洗后刷一道纯水泥浆。

（2）采用比设计高一个强度等级的微膨胀细石混凝土浇筑，振捣密实。

（3）后浇带和施工缝在浇筑混凝土过程中，使用振捣棒振捣时应先振两侧，后振中间，多点轻振，捣实。后浇带捣实后即抹平并清除余浆。

（4）为保证后浇带混凝土在规定的龄期内达到设计要求的强度，控制混凝土早期产生收缩裂缝，必须做好养护工作，并在混凝土浇筑完毕后 12 h 内进行，养护时间应不小于 14 天，水平梁板采用覆盖麻袋浇水养护，保证混凝土体处于湿润状态。

（5）在浇筑混凝土时，专人专职巡检缝底支模是否有松动、爆裂、变形等现象。如果有，应立即对支模进行抢修后再浇筑。

4. 后浇带浇筑安全注意事项

（1）后浇带钢筋应贯通，接缝形式必须严格按图施工，施工时应用收口网，不能留成自然斜坡槎，使施工缝处混凝土浇捣困难，造成混凝土不密实，达不到设计强度等级，地下室底板还易产生渗水现象。

（2）后浇带先浇混凝土完成后进行防护时，局部应覆盖，四周用临时栏杆围护，防止踩弯钢筋、钢筋杂乱、建筑垃圾较多，导致不易清理。

（3）后浇带浇筑混凝土前，必须将整个截面按照施工缝的要求进行处理，清除杂物、水泥薄膜、表面松动的砂石和软弱混凝土层，并将两侧混凝土凿毛，用水冲洗干净，充分保持两侧混凝土湿润，一般不少于 24 h。在表面涂刷水泥净浆或混凝土界面处理剂后，及时浇筑混凝土。若两侧混凝土不凿毛就浇筑，则难以保证新老混凝土的黏结强度，处理不好就会在后浇带两侧造成两条贯通裂缝，极易渗水。

（4）后浇带混凝土浇筑时，混凝土强度等级比原先混凝土提高一个等级，并在混凝土中掺加防裂抗渗剂，使用微膨胀水泥，可使其产生微膨胀压力，抵消因干缩、温差等产生的拉应力，避免混凝土结构出现裂缝，提高抗渗能力。

（5）后浇带后浇混凝土一定要精心振捣密实，注意浇水养护。避免因后浇混凝土用量较少，在后浇带旁人工拌制混凝土，随拌随浇，严重影响工程质量的现象发生。

（6）后浇带位置混凝土强度必须达到设计强度后方可拆模板。拆除模板时只能先部分拆除，待先拆除部分用钢管支撑加固完毕后，再拆除余下模板，模板拆完后立即用钢管进行支撑加固。不能提前拆除后浇带跨度内的模板和支撑，否则可能造成板边开裂，使结构承载能力下降。

（7）在混凝土浇筑和振捣过程中，应特别注意振捣器与模板的距离，防止振捣过程中水泥浆严重流失，振捣器与模板的距离一般控制在 40 ~ 50 cm，为了保证混凝土的密实性，钢丝网片及模板处、较深的垂直施工缝处应用钢钎人工捣实。

5. 质量控制措施

（1）为了使后浇带施工达到一次性合格的质量目标，所有后浇带的清理、钢筋除锈和调直、模板支设、混凝土浇筑等应安排专人管理，并一直跟踪至养护结束。

（2）为保证后浇带混凝土在规定的龄期内达到设计要求的强度，控制混凝土早期产生收缩裂缝，养护工作必须在混凝土浇筑完毕后 12 h 进行，养护时间应不少于 14 天，水平梁板采用覆盖麻袋浇水养护，保证混凝土处于湿润状态。

第四节　普通混凝土 PC 结构预制构件的浇筑与振捣

一、PC 结构预制构件

将建（构）筑物的混凝土构件预先制作好，供现场进行装配化施工，这种构件称为 PC 构件。与采用混凝土现浇工艺相比，使用 PC 构件能够节省劳动力、克服季节影响、提高建筑效率，是实现建筑工业化的重要途径之一。

1. 常见 PC 构件的类型

常见的 PC 构件包括普通混凝土预制构件和预应力混凝土预制构件。预应力混凝土预制构件是利用高强钢筋（或钢丝）和高强混凝土材料制成的构件，通过张拉钢筋的方法赋予混凝土预压应力，以克服混凝土抗拉强度低的弱点，提高结构的抗裂、抗渗、抗剪、抗疲劳等性能。工业厂房的预应力混凝土构件一般采取预制工艺。预制方式分为工厂预制和现场预制两种，施加预应力的方法有先张法和后张法两种。生产设备除采用制作普通混凝土构件的混凝土制备、钢筋加工、支模、浇筑、成型和养护等设备外，还需要专门的张拉设备、灌浆机械、生产台座、夹具、锚具和模具等。

2. PC 构件的预制方法

（1）工厂预制

采用这种方法时，混凝土构件和制品生产在专业的工厂中进行，主要产品有定型构件（如屋面板、空心楼板、墙板、屋面梁、吊车梁、柱、桩等）和批量制品（如管、电线杆、轨枕等）。

1）工序与装备。制作工序包括混凝土制备、钢筋加工、模板组装、构件成型和构件养护。

①混凝土制备。该工序在构件工厂的搅拌站内进行。搅拌站一般按单阶式布置，即骨料和水泥一次提升，然后进行搅拌，拌好的混凝土料卸入输送设备或料斗，运往浇筑地点。

②钢筋加工。构件的钢筋件有网片、平面骨架、空间骨架、预埋件等。网片是用相同直径钢筋制成的半成品，在构件中作架立筋使用，常作为大型屋面板、空心板、墙板和肋形板的上部配筋。平面骨架由受力钢筋和分布钢筋组成，可用于构件承重部位，包括构件在垂直于荷载方向平面上的全部配筋。空间骨架由受力钢筋、分布钢筋和架立钢筋组成，可制成矩形、正方形、T 字形和圆环形截面，用于柱、梁、管、桩、电杆等的配筋。预埋件埋设于构件内部，用于装配式构件安装时的相互连接。构件工厂的钢筋加工设备包括用于钢筋下料的剪断设备和弯曲设备，用于预应力构件钢筋端

部锚固头的镦粗设备，制作网片和骨架的接触对焊机、点焊机和电弧焊机，以及制作环状骨架的滚焊机和成型设备等。

③模板组装。模板分固定式模板和移动式模板两类。金属制成的模板（主要是钢模板）适用于各种施工工艺。木模和钢筋混凝土胎模主要用于生产数量少、外形复杂的构件，如薄壳、桁架等。还有一种工艺性模板装置，具有机械化的侧模、芯管、插入式成型装置等，成型后能立即进行快速脱模，可用于梁、板、柱的批量生产。

④构件成型。构件成型有振动密实成型、压制密实成型、离心密实成型、真空脱水密实成型四种方法。

振动密实成型是依靠振动脉冲使混凝土拌合物密实，是构件成型普遍采用的方法。振动设备有用于整体振动密实的振动台，用于外部振动密实的附着式振动器，用于表面振动密实的平面式振动器和用于内部振动密实的插入式振动器。

压制密实成型是在外部压力作用下，使混凝土拌合物中的固体颗粒互相挤紧，部分多余水分和气体被排出，留在混凝土拌合物内部的封闭性气泡被压缩，继而克服颗粒与模板间的摩擦力，达到密实成型的效果。此法可用于制作上下水管、空心板等。采用振动与压制密实复合成型工艺，其密实效果更为显著。

离心密实成型是利用圆形钢模在离心机上高速旋转产生的惯性力，将混凝土拌合物甩向模壁，达到密实并制成管状构件。此法多用于生产管柱、管桩、水管、电线杆等。

真空脱水密实成型是指模内的混凝土拌合物振捣后，在混凝土表面或其内部插入真空设施，借助大气压和真空压力差的作用，排出混凝土拌合物内的多余水分和气体，从而达到密实成型的效果。此法适用于制作板材或薄型复杂的构件。

⑤构件养护。工厂预制的 PC 构件通常采用蒸汽养护，有的采用电热养护，也有个别采用热模养护和太阳能养护。蒸汽养护设施包括养护坑（池）、立式养护窑、水平隧道窑三种。养护坑（池）的构造简单，对构件的适应性强，但养护周期较长，蒸汽耗量较大；立式养护窑占地少，自动化程度高，节省蒸汽，但投资较大，设备复杂，只宜用于大中型构件厂大批量生产定型构件的养护；水平隧道窑便于连续流水作业，但升温、恒温、降温三区段不易分开，窑门不易封闭。电热养护是通过装在模具内有一定刚度的电热器的加热来实现的，此法用于柱子、屋面板、厚度小于 500 mm 的墙板的养护有一定效果，通常与湿热养护并用。热模养护是将构件成型用的钢模制成空腔，向内喷入蒸汽或热空气，通过加热模板以加热模内的混凝土，从而达到养护效果。太阳能养护是构件在上层为双层玻璃、四周为保温层的太阳能养护窑中进行养护，适用于日照时间较长地区的露天作业。

2）生产方法。按构件制作过程中工艺设备、模板、构件在时间、空间组织形式方面的不同，主要有以下几种：

①平模机组流水法。如图 4-11 所示，构件生产线一般建在厂房内，生产时将混凝土拌合物分布于模具内，模具顺着流水线移动，操作人员、设备固定在流水线上各个相应的工位，模具用桥式起重机按工艺流程由一个工位转移到另一个工位，在拆模工区脱模并经质量检验后，将构件运至成品堆场。留下的模具运回成型工位，投入下一工艺循环。平模机组流水法生产流程如图 4-11 所示。此法的成型工序一般

采用振动台振动或振动加压抽芯、离心脱水等工艺，养护采用坑式蒸汽养护。此法比较灵活，投资较少，可生产各种构件，适用于构件类型较多的中小规模生产线。

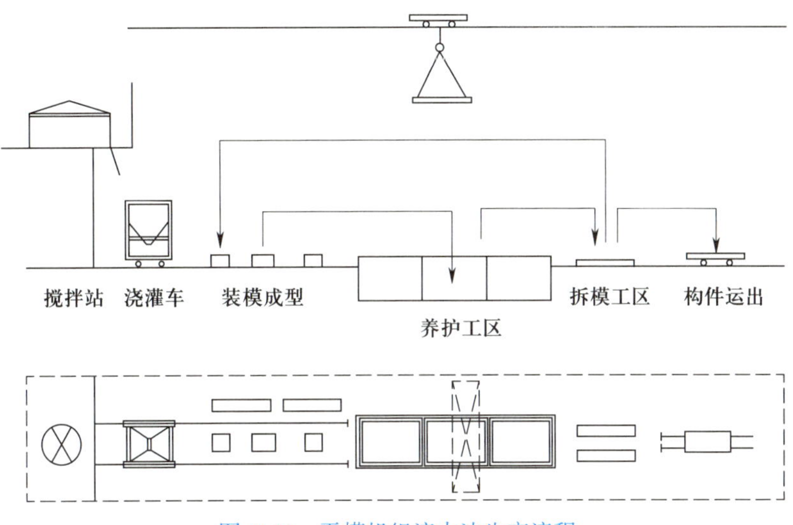

图 4-11　平模机组流水法生产流程

②平模传送流水法。平模传送流水法是室内生产 PC 构件自动化程度较高的一种方法。生产时，操作人员和设备固定在各个工位上，而构件由一个工位移至另一个工位。模具中的构件按工艺流程规定的统一节奏强制性地推进，直至养护、脱模，最后用吊车运出、堆放。此法生产效率高，但投资大，生产线不易调整，适用于批量很大的单一构件的生产。

③固定台座法。生产构件时，模板固定在一个位置上完成构件成型的各道工序。操作人员、材料和设备则依次从一个生产位置移动到下一个生产位置。常用的设备有可拆式钢模、不可拆式钢模和混凝土台座。此法适合于板类构件、大型薄壁构件和预应力梁等的成型。

④长线台座法。台座用混凝土或钢筋混凝土筑成，长度一般为 100 ~ 180 m，适用于厚度较小构件和先张法预应力混凝土构件的生产。在台座上，可采用现场支模进行构件的单层或叠层生产，或采用快速脱模生产较大的梁、柱类构件，也可采用拉模和挤压机生产空心板、桩、桁架、小梁、柱等构件。

（2）现场预制

部分或全部建（构）筑物的混凝土构件在现场就地制作的过程称为现场预制。现场预制的构件主要有矩形梁、T 形梁、花篮梁、柱、屋架、薄腹梁等。现场预制的主要工序有底模制备、钢筋绑扎、侧模安装，以及混凝土浇筑、养护与拆模。由于制作场地条件不同，现场预制与工厂预制相比，生产方法和技术要求有以下特点：

1）必须在现场总平面布置时选定合适的构件预制场地，特别是对一些体积较大的重要构件，一定要按照施工组织设计的要求合理布局，以免发生不必要的二次倒运，造成构件损坏和经济损失。

2）现场预制的生产方法分平卧法和立法两种。平卧法生产是将构件平卧在底模上进行制作的方法，包括构件的叠加生产。此法是目前现场预制构件最常用的，一般用于混凝土矩形梁、屋架、柱、薄腹梁等构件的预制。立法生产是将构件垂直架立起来进行制作的方法，一般用于吊车梁，也可用于屋架、薄腹梁的预制。

3）现场预制支设的模板应能保证构件各部位形状、尺寸和相关位置的正确，具有足够的承载能力、刚度和稳定性。底模分平板式底模和胎式底模两种，前者主要用于矩形梁、T 形梁、桁架式屋架的预制，后者主要用于工字形截面柱、薄腹梁的预制。支设底模的位置要求土层坚固，回填土要夯实，有良好的排水条件和隔离措施。侧模按支设方法不同，分组合式、卡箍式和支撑式三种。组合式侧模一般用于同一型号批量较大的预制构件；卡箍式侧模一般用于断面较小、场地狭窄、地质条件较差、不便于打锚桩支护的情况；支撑式侧模一般用于构件断面较大和地质条件较好的场地，现场预制的芯模一般用于工字形截面柱、薄腹梁的制作。

4）现场预制的混凝土料一般在现场进行搅拌。浇筑时多用插入式振捣器将混凝土振捣密实，较厚的构件需分层浇筑，每层的混凝土厚度不应超过振捣器棒长的 1.25 倍。振捣上层混凝土要在下层混凝土初凝之前进行，振捣棒应穿过上层插入下层 50 mm 左右，以消除两层间的接缝。外部振捣器（平板式或附着式振捣器）一般用于立法生产或构件较薄难以使用插入式振捣器的场合。一般外部振捣器的作用深度为 250 mm。当构件较厚时，需在构件两侧安装振捣器同时振捣。混凝土浇灌的高度应高于振捣器安装的位置。当构件钢筋较密、断面狭深时，也可采取边浇灌边振捣的方法。

5）浇筑构造较复杂的预制构件（如屋架和柱）应按合理的顺序进行。屋架的外形尺寸大，构件断面小，钢筋排列密，混凝土强度等级高，一般采用平卧法生产，浇筑时应从一端开始沿上、下弦包括腹杆齐头并进向另一端推进。当腹杆为独立的预制件时，浇筑可由屋架的上弦中间节点向两边推进，经两端点至下弦中间节点处汇合，也可沿反方向由下弦中间节点开始至上弦中间节点处汇合。当构件厚度大于 300 mm 时，应分层浇筑。柱的构造特点是长度较大，一般分为上柱和下柱，交接处有挑出的牛腿，钢筋密集，混凝土浇筑应一次浇完，不许留施工缝。浇筑时从一端向另一端推进，分层浇筑时的每层厚度不大于 300 mm。

6）现场预制混凝土构件一般采取自然养护的方法，混凝土浇完 12 h 后用草袋覆盖，同时浇水。采用普通硅酸盐水泥和矿渣硅酸盐水泥时，养护时间不应少于 7 天。拆除构件侧模和芯模时须保证构件不变形、棱角完整、无裂缝现象。底模拆除时间应视混凝土强度的增长情况而定：对跨度不大于 4 m 的构件，实际强度达到设计强度的 50% 时方可拆模；对跨度大于 4 m 的构件，实际强度需达到设计强度的 75% 时方可拆模。

二、普通混凝土预制构件施工

预制混凝土构件的成型工序主要有准备模板、安放钢筋及预埋件、浇筑混凝土、构件表面修饰、养护等。预制混凝土构件振捣工艺一般有振动法、挤压法、离心法、真空作业法等。

预制场地的布置既要有利于吊装，又要便于预制，易于管理，尽可能靠近安装地点。预制场地应平整结实，排水良好，浇筑预制构件应符合下列规定：浇筑前，应检

查钢筋、预埋件的数量和位置；每个构件应一次浇筑完成，不得间断，并宜采用机械振捣；构件的外露面应平整、光滑，不得有蜂窝麻面、掉角、扭曲或开裂等情况；重叠法制作构件时，其下层构件混凝土的强度应达到 5 MPa 后方可浇筑上层构件，并应有隔离措施；构件浇制完毕后，应标注型号、混凝土强度等级、制作日期和上下面。无吊环的构件应标明吊点位置。

1. 普通混凝土预制屋架的施工

普通混凝土屋架预制现场如图 4–12 所示，一般采用平卧或平卧重叠的浇捣方法，在施工现场预制，以便成品翻身扶正直接吊装。选用平卧式迭层生产时，迭层施工高度最大为四榀，每榀施工时刷隔离层。当屋架混凝土强度达到 20% 设计强度时，才能拆模；待下层屋架混凝土强度达到 C25 后，方可浇制上层屋架。混凝土强度达到 100% 设计强度时，才能进行吊装。

图 4–12　普通混凝土屋架预制现场

（1）施工工艺流程

放线→原土平整打夯、砖砌胎模→钢筋绑扎、预埋铁件→模板安装→混凝土浇筑→养护→扶正吊装。

（2）绘制屋架预制平面布置图，砖砌胎模

首先根据选用的材料、施工工艺、张拉扶直方案、吊装方案，确定屋架预制的位置和朝向，绘制预制平面布置图，然后现场放大样、平整场地，对基土进行夯实，达到最小干密度即可。胎模可用普通砖、水泥砂浆砌筑。首先在基土上按屋架大样砌筑两皮砖，砌筑宽度每边比屋架宽约 100 mm，作为支模板的基点，然后在其顶面弹出屋架的标准外形尺寸，根据弹线向上砌筑三皮砖，复核尺寸确定无误后，顶面用水准仪在灰饼上抄平，用水泥砂浆抹光面。

（3）绑扎钢筋、支模板

胎模达到足够强度后，涂刷隔离剂，绑扎钢筋。屋架钢筋骨架可在隔离剂已干燥的砖胎膜上绑扎成型，也可预制后入模拼装绑扎。屋架外形尺寸大，构件截面小，端

节点钢筋密，预埋铁件多，钢筋骨架的绑扎是施工的关键工序。

屋架支设采用侧模。侧模一般采用木模板，内壁要平整光滑，模板转角要顺滑，便于脱模。模板拼装尺寸要准确无误，中部和下部螺栓应夹紧在地胎膜上，使之接合牢固，拼缝紧密，不漏浆。上部锁口木条应定位准确，斜撑要牢靠，以保证侧模直立，不倾斜，不松动。

（4）浇筑混凝土及养护

预制钢筋混凝土屋架外形尺寸大，杆件断面小，钢筋排列密，在节点与端头部分更密，混凝土多为高强度等级，为了保证安装质量，对铁件埋设位置要求准确，外形尺寸和杆件截面均应与设计尺寸相符，各杆件的中轴线须保持在同一水平面内。如果为预应力屋架，预留孔道要准确。整榀屋架混凝土应一次浇成，不许留施工缝。

屋架支模分平卧式、平卧重叠式和立式三种方式，其中以平卧式在现场采用较广泛。

平卧式和平卧重叠式的浇筑程序基本相同，从屋架一端开始沿上下弦（包括腹杆）向屋架的另一端推进。当腹杆为预制杆件时，可由屋架上弦中间节点向两边推进，分别从上弦经端节点再沿屋架下弦，最后在下弦中间节点会合；亦可由屋架下弦中间节点向两边推进，经端节点分别沿上弦在中间节点会合。这种浇筑程序有利于掌握抽管时间。杆件厚度大于 30 cm 或预应力屋架设有上下两排芯管时，应分层浇筑，上下层前后连续距离宜保持在 3～4 m。

立式生产的第一步是浇筑下弦，第二步是浇筑全部斜杆与竖杆，使所有这些杆件同时一起到上弦的下皮，第三步是浇上弦。

屋架一般采用 3～4 榀平卧叠浇，当下层屋架达到足够强度后，即可涂刷隔离剂，浇筑上一榀屋架。屋架要注意洒水润湿，认真养护。

（5）屋架容易发生的质量问题

1）15 m 跨度以上的非预应力钢筋混凝土三角形屋架、非预应力钢筋混凝土拱形屋架等常见的疵病。

①下弦杆抗裂度偏低，出现横向裂缝（即垂直于杆件轴线的裂缝）。

②下弦杆顺主筋轴向有纵向裂缝。

③中间腹杆（拉杆）抗裂度不足，早期出现水平裂缝。

④个别杆件节点或豁口产生裂缝。

2）非预应力钢筋混凝土梯形屋架除具有上述某些疵病外，还表现出下述三个独特的疵病：

①由于上、下弦各节间应力相差较大，一定程度上导致耗钢量较多。为了节约钢材，采取分节间布筋法，忽视了伸入非计算区的握裹长度（一般以直径 35 mm 以上为宜），致使较大受力杆两端传力不佳，导致邻近杆件发生顺主筋方向的裂缝。

②下弦杆端部主筋锚固不良。非预应力大跨度屋架下弦受力较大，所以主筋两端均设有专用锚板，可是在施工时却被忽略，有的未焊接牢固，有的甚至漏焊。

③两端头的第二根腹杆抗裂性不佳，早期裂缝多。

2. 普通钢筋混凝土预制桩的施工

钢筋混凝土预制桩在预制构件厂或施工现场预制，用沉桩设备在设计位置上将其

沉入土中。其特点是坚固耐久，不受地下水或潮湿环境影响，能承受较大荷载，施工机械化程度高，进度快，能适应不同土层施工。

钢筋混凝土预制桩是我国目前广泛采用的一种桩型，分为方形实心断面桩和圆柱体空心断面桩。钢筋混凝土预制桩施工前，应根据施工图设计要求、桩的类型、成孔过程对土的挤压情况、地质探测和试桩等资料，制定施工方案，主要内容包括确定施工方法、选择打桩机械、确定打桩顺序、桩的预制和运输，以及确定沉桩过程中的技术和安全措施。

（1）预制桩的制作场地和制作方法

管桩及长度 10 m 以内的方桩在预制厂制作，较长的方桩在打桩现场制作。预制场地要平整夯实，不应产生浸水湿陷和不均匀沉降。

桩的预制方法有叠浇法、并列法、间隔法等。叠浇预制桩的层数不宜超过 4 层，上下之间、邻桩之间、桩与底模和模板之间应做好隔离层。

（2）预制桩的钢筋骨架制作

钢筋骨架的主筋连接宜采用对焊，主筋接头配置在同一截面内数量不超过总数的 50%，同一根钢筋两个接头的距离应大于 30 倍钢筋直径并不小于 500 mm。桩顶和桩尖直接受到冲击，易产生很高的局部应力，其钢筋配置（见图 4-13）应作特殊处理。预制桩钢筋骨架制作允许偏差应符合表 4-6 的规定。

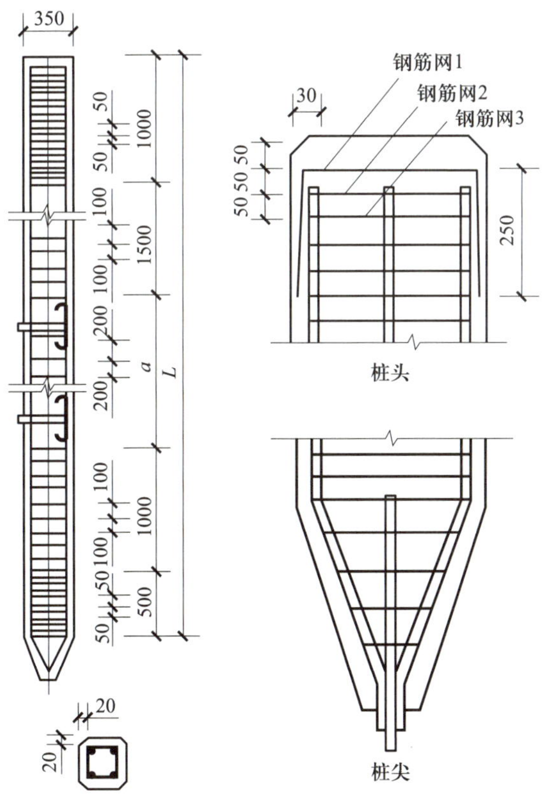

图 4-13　预制桩的钢筋配置

表 4–6 预制桩钢筋骨架制作允许偏差

检查项目		允许偏差或允许值（mm）	检查方法
主控项目	主筋距桩顶距离	± 5	用钢尺量
	多节桩锚固钢筋位置	± 5	
	多节桩预埋铁件位置	± 3	
	主筋保护层厚度	± 5	
一般项目	主筋间距	± 5	
	桩尖中心线位移	10	
	箍筋间距	± 20	
	桩顶钢筋网片位置	± 10	
	多节桩锚固钢筋长度	± 10	

（3）预制桩的混凝土浇筑

混凝土制作宜用机械搅拌、机械振捣。浇筑混凝土过程中应严格保证钢筋位置正确，桩尖应对准纵轴线，纵向钢筋顶部保护层不宜过厚，钢筋网片的距离应正确，以防锤击时桩顶破坏及桩身混凝土剥落破坏。采用叠层法生产时，上层桩和邻桩浇筑必须在下层桩和邻桩的混凝土强度达到设计强度的 30% 以后才能进行。浇筑完毕后，立即加强养护，防止混凝土收缩产生裂缝，养护时间不少于 7 天。钢筋混凝土预制桩制作的混凝土浇筑过程如图 4–14 所示。

图 4–14 钢筋混凝土预制桩制作的混凝土浇筑过程

3. 普通混凝土预制梁的施工

预制梁具有强度高、稳定性和耐久性好等优点，在工程中得到了广泛的应用。预制梁的制作需要经过多道工序，其中，施工工艺流程是非常重要的环节。

（1）材料准备

预制梁的制作需要用到水泥、砂子、石子、钢筋等材料，施工前要进行准备。首先要检查材料的质量，确保其符合国家标准；其次要按照设计要求计算所需材料的数量。在采购过程中，要注意材料的存储和保管，避免受潮、变形等情况。

（2）模板制作

模板的制作质量直接影响到预制梁的质量，制作模板时要严格按照设计要求。首先要选择合适的模板材料，如钢板、木板等；其次要按设计要求进行切割和拼接。拼接过程中要注意模板的平整度和垂直度，确保模板的精度和稳定性。

（3）钢筋加工

钢筋加工是预制梁施工的重要环节，加工质量直接影响预制梁的强度和稳定性。首先要选择合适的钢筋材料，如 HRB400、HRB500 等；其次要按照设计要求进行切割和弯曲。弯曲过程中要注意弯曲半径和弯曲角度，确保钢筋的强度和稳定性。

（4）混凝土搅拌

混凝土搅拌时，要选择合适的水泥、砂子、石子等材料，并按照一定比例进行搅拌。搅拌过程中要注意混凝土的均匀性和稠度，确保混凝土的质量。

（5）浇筑模板

浇筑模板时，首先要将模板放置在预制梁的位置上，并进行固定；其次要将钢筋放置在模板内，并进行加固处理；最后要将混凝土倒入模板内，并进行振捣，确保混凝土的均匀性和密实度。

（6）养护

养护过程中，首先要对预制梁进行覆盖，避免阳光直射和雨水浸泡；其次要进行湿润养护，保持预制梁表面的湿润度；最后要进行定期检查，确保预制梁的质量和稳定性。

预制梁施工工艺流程是一个复杂的过程，需要经过多道工序。在施工过程中，要严格按照设计要求进行施工，确保预制梁的质量和稳定性。同时要注意安全生产，避免发生意外事故。只有这样，才能保证预制梁的质量和安全性，为建筑工程的顺利进行提供保障。

4. 普通混凝土预制楼板的施工

随着现代建筑施工技术的不断发展，作为一种新型的施工材料，预制楼板广泛应用于建筑行业中。它具有快速施工、质量可控、节约材料等优点，大大提高了建筑施工的效率和质量。

（1）设计与准备工作

预制楼板施工之前，要完成相关的设计和准备工作。设计方案应符合建筑设计要求，包括楼板尺寸、强度要求、预埋件位置等。同时，要根据设计方案准备好模板、钢筋、混凝土等施工材料，并清理场地、搭设施工辅助设备。

（2）模板制作

首先根据设计要求确定模板的尺寸和形状，并在木板上进行标注；然后根据标注进行切割和拼接，确保模板的平整度和稳定性；最后对模板进行检查和修整，确保模板的质量。

（3）钢筋布置

根据设计方案预先制作好钢筋构件，并按照设计要求进行布置。在布置钢筋时，要注意保持钢筋的间距和位置，合理布置，提高楼板的承载能力和稳定性。

（4）混凝土浇筑

混凝土浇筑前，要进行充分的准备工作，包括将模板清洁干净、安装好模板支撑、设置好浇筑口等。混凝土浇筑过程中，要控制好混凝土的流动性和浇筑速度，确保混凝土充分填充模板和钢筋，避免产生空洞和缺陷。

（5）养护与拆模

混凝土浇筑完成后，需要进行养护和拆模。在养护阶段，需要对混凝土进行湿润保养，以促进硬化、提高强度。预制楼板完成后，要进行相关的后续工作，如表面修整、质量检查等，同时还需拆除模板，以便进一步操作和施工。拆模过程中要注意避免破坏混凝土，并确保安全拆除。

5. 施工要点与质量标准

（1）混凝土预制构件浇筑施工要点

1）浇筑前应检查模板尺寸是否准确，支撑是否牢靠，钢筋骨架有无歪斜、扭曲、结扎（点焊）松脱等现象，预埋件和预留孔洞的数量、规格、位置是否与设计图纸相符，有问题要及时处理改正。保护层垫块厚度要适当。做好隐蔽工程验收记录，并清除杂物。

2）混凝土搅拌后应尽快浇筑完毕，以免操作困难。浇筑过程中要经常注意保持钢筋、埋件、螺栓孔以及预留孔道等位置的准确，浇筑时应根据构件的厚度一次或分层连续施工，应注意将模板四周各个节点处以及锚固铁板与混凝土之间捣实。

3）对于桩牛腿部位钢筋密集处，原则上要慢浇、轻捣、多捣，并可用带刀片的振捣棒进行振实。对有芯模的四侧，也应注意对称下料振动，以防芯模因单侧压力过大而产生偏移。

4）预制腹杆的两端混凝土表面要凿毛，伸出的主筋应有足够的锚固长度，确保能够伸入现浇混凝土构件内，浇筑前预制构件接触混凝土的面要充分湿润。采用预制腹杆拼装时，注意保证各个节点中线对中并在同一平面内。

5）平卧重叠生产时，须待下一层预制构件的混凝土强度达到设计强度的 30% 以上时，方可涂刷隔离剂，进行上一层构件的支模、放置钢筋及浇筑混凝土，重叠层数一般为 3 ~ 4 层，并要防止下层已浇好的构件与上层侧模板之间的缝隙漏浆，避免拆除侧模后出现蜂窝、麻面等情况。

6）立式浇筑过程中要经常检查模板及支撑是否牢固，要特别仔细地进行各个节点的捣固工作。

7）浇筑完毕后，须用铁板将混凝土表面抹平压光。不足之处应用同样材料填补，不可用补砂浆的办法修正构件表面尺寸。所有预制构件与后浇混凝土接触的表面均须做成毛面，并在构件制作前尽可能考虑，否则在拆模后要及时凿毛处理。

8）梁端柱体预留孔洞宜用钢管（或圆钢）作芯模，混凝土初凝前后将芯模抽出较

为合适，抽出后再用钢丝刷将孔壁刷毛。混凝土浇筑后的初凝阶段内，芯模要经常转动，抽芯时应旋转向外抽为宜，确保不缩孔、不坍落，芯模也易于抽出。

（2）混凝土预制构件质量标准

1）主控项目

①预制构件应在明显部位标明生产单位、构件型号、生产日期和质量验收标志。构件上的预埋件、插筋和预留孔洞的规格、位置和数量应符合标准图或设计要求，并进行全数观察检查。

②预制构件的外观质量不应有严重缺陷。对已经出现的缺陷（见表 4–7），应按技术处理方案进行处理，并重新检查验收。

表 4–7 预制构件外观质量缺陷

名称	现象	严重缺陷	一般缺陷
露筋	构件内钢筋未被混凝土包裹而外露	纵向受力钢筋有露筋	其他钢筋有少量露筋
蜂窝	混凝土表面缺少水泥砂浆而形成石子外露	构件主要受力部位有蜂窝	其他部位有少量蜂窝
孔洞	混凝土中孔穴深度和长度均超过保护层厚度	构件主要受力部位有孔洞	其他部位有少量孔洞
夹渣	混凝土中夹有杂物且深度超过保护层厚度	构件主要受力部位有夹渣	其他部位有少量夹渣
疏松	混凝土局部不密实	构件主要受力部位有疏松	其他部位有少量疏松
裂缝	缝隙从混凝土表面延伸至混凝土内部	构件主要受力部位有影响结构性能或使用功能的裂缝	其他部位有少量不影响结构性能或使用功能的裂缝
连接部位缺陷	构件连接处混凝土缺陷及连接钢筋、连接件松动	连接部位有影响结构传力性能的缺陷	连接部位有基本不影响结构传力性能的缺陷
外形缺陷	缺棱掉角、棱角不直、翘曲不平、飞边凸肋等	清水混凝土构件有影响使用功能或装饰效果的外形缺陷	其他混凝土构件有不影响使用功能的外形缺陷
外表缺陷	构件表面麻面、掉皮、起砂、沾污等	具有重要装饰效果的清水混凝土构件有外表缺陷	其他混凝土土构件有不影响使用功能的外表缺陷

③预制构件不应有影响结构性能和安全、使用功能的尺寸偏差。对超过尺寸允许偏差且影响结构性能和安装、使用功能的部位，应按技术处理方案进行处理，并重新检查验收。

2）一般项目

①预制构件的外观质量不宜有一般缺陷。如果已经出现表 4–7 中的一般缺陷，应按技术处理方案进行处理，并重新检查验收。

②构件允许偏差项目 90% 以上应在范围内，其余 10% 不应超过允许偏差的 1.5 倍，可用保护层厚度测定仪、2 m 靠尺及塞尺检查。

第五节 预应力混凝土构件浇筑与振捣

一、预应力混凝土构件类型

1. 先张法预应力构件

采用先张法时，先张拉预应力筋，并临时固定在台座或钢模上，然后浇筑混凝土，待混凝土达到一定强度（一般为混凝土设计强度的 75%）后，放松预应力筋，借助混凝土与预应力筋的黏结力，使混凝土产生预压应力。先张法的主要工序为张拉预应力筋、支模、安放钢筋骨架及配件、浇筑混凝土、养护、放张、起模、堆放，一般用于生产中小型构件。

（1）先张法张拉预应力筋有液压张拉、机械张拉、电热张拉、自应力张拉等多种方法，其中以采用高压油泵、千斤顶和夹具的液压张拉使用最广。液压张拉所使用的千斤顶有穿心式、拉杆式、锥锚式、顶推式等，夹具有镦头夹具、锥销夹具、夹片式夹具等。张拉方式有单根张拉和成组张拉两种，视预应力筋数量和张拉设备能力大小选定。张拉方法有超张拉法和一次张拉法两种，一般多采用前者，其程序为 $0 \rightarrow 1.05\sigma_{con}$（持荷 2 min）$\rightarrow \sigma_{con}$ 锚固，或 $0 \rightarrow 1.03\sigma_{con}$ 锚固，其中 σ_{con} 为张拉控制应力，通常由设计确定。

（2）钢筋张拉、支模、配筋后即浇筑混凝土，每条生产线应一次浇筑完毕。为保证钢筋（丝）与混凝土有良好的黏结性，在浇筑过程中和混凝土未达到一定强度前，不允许碰撞或踩动钢筋（丝）。为减少混凝土因收缩徐变引起的预应力损失，混凝土制备时必须严格控制水和水泥的用量，浇筑时必须振捣密实。构件养护可采取自然养护和蒸汽养护，当台座生产的构件采取蒸汽养护时，应根据设计要求确定升温速度，以减少温差引起的应力损失。

（3）当构件混凝土强度符合设计要求，或无设计要求，其强度不低于混凝土标准强度的 75% 时，即可开始放张预应力筋。放张的常用方法有千斤顶放张、预热熔割放张和钢丝钳或氧炔焰切割放张。千斤顶放张利用千斤顶拉动外露钢筋，松开螺母，使钢筋回缩，达到放张的目的；预热熔割放张采用氧炔焰烘烤钢筋，使每根预应力筋轮换预热，同步升温，钢筋外形徐徐伸长，待出现缩颈时即可切断；当预应

力筋为钢丝或细钢筋时，可直接用钢丝钳或氧炔焰切断放张预应力筋。放张应按设计和规范的要求分阶段、对称、交错地进行，防止构件在放张过程中产生弯曲、裂缝和预应力筋断裂。

（4）预应力混凝土构件应在预应力放张前拆除侧模，在预应力放张后起模堆放。堆放场地应坚实平整，堆放的支点应在构件的吊环处，堆垛的高度应在设计规定范围内，以免构件受力不均或超载造成损坏。

2. 后张法预应力构件

采用后张法制作构件时，在放置预应力筋的部位留设孔道，待浇筑的混凝土达到设计规定强度后，将钢筋穿入孔道内并张拉到设计规定的控制应力，然后把预应力筋锚固在构件端部，在孔道内进行灌浆，使混凝土产生预加应力。后张法的主要工序为支模、安放钢筋骨架及配件、孔道成形、浇筑混凝土、养护、拆模、张拉预应力筋及锚固、孔道灌浆。此法多用于现场制作大型构件，或用作预制构件的现场拼装。

（1）预制场地的构件布置要考虑制作时抽出孔道芯管和穿筋、张拉所需的操作位置。制作中要注意保证端部预埋件和预埋芯管位置的准确性，防止张拉时构件受力不均引起翘曲，或构件拼装时孔道错位而使预应力筋无法穿入。

（2）利用埋管成孔的方法预留孔道。孔道尺寸由设计确定，其直径一般比螺钉端杆、钢丝束或钢绞线的直径大 10 ~ 15 mm。孔道有直线型和曲线型之分。成孔方法有钢管抽芯法、胶管抽芯法和预埋铁皮管法三种。预埋铁皮管法是将专门的薄铁皮波纹管埋设在混凝土构件内，与混凝土黏结形成孔道，不再抽出。其余两法是将光滑的钢管或充水、充气的胶管（夹布胶管、钢丝网橡皮管）预先埋入，在混凝土初凝后、终凝前的适当时间抽出，形成孔道。钢管抽芯法用于成形直线型孔道，胶管抽芯法可兼用于成形直线型和曲线型孔道。

（3）混凝土要一次浇筑完毕，不留施工缝。对于屋架，混凝土的浇筑一般先浇上弦和腹杆，然后再浇下弦，以利于抽管顺利进行。振捣混凝土时严禁将振捣器直接碰撞孔道芯管，以免管子偏位、变形、漏浆等现象发生。当采用蒸汽养护构件时，其最高温度不应大于 95 ℃。当混凝土强度达到能保证其表面、棱角不因拆模而受损坏，构件不因拆模而变形时，即可拆模。对设计允许移动拼装的构件，其底模可在混凝土达到设计强度标准值的 75% 时拆除；对于大型构件，其底模则需在建立预应力后方能拆除。

（4）张拉预应力筋之前，须对构件进行检查验收。对分块预制整体拼装的屋架，竖缝灌浆的强度须达到设计要求，锚具和端部埋设件接触处的焊渣和残存的混凝土要清理完毕。穿筋时将钢丝束或钢绞线束的一头打齐，顺序编号，以利锚具安装。预应力筋多采用液压张拉，分批对称加力，当达到设计要求的应力时，用专用锚具进行锚固。

（5）孔道灌浆应在预应力施加完毕、预应力筋锚固后随即进行，防止预应力筋锈蚀。灌浆前要用压力水冲洗孔道，增强混凝土与灌浆料的黏结。灌浆材料主要采用水灰比为 0.4 的水泥浆，掺加少量对预应力筋无腐蚀作用的外加剂。灌浆设备常用挤压式灌浆泵。灌浆应缓慢、均匀、不间断地进行，浆体由下向上，从孔道一端向另一端流动，孔道中的空气由排气孔排出。在灌满孔道并封闭排气孔后，继续加压0.5～0.6 MPa随即停泵，2～3 min后封闭灌浆口。两端的锚具须用混凝土包覆严密，或涂刷防锈漆进行防腐。

二、后张法预应力屋架的浇筑

预应力屋架制作与普通钢筋混凝土屋架制作的基本工艺相似，不同之处在于预应力屋架在制作成型过程中应预留孔道，以待屋架混凝土达到设计强度后，在孔道内穿预应力钢筋、张拉锚固、建立预应力，并在孔道内进行压力灌浆，用水泥浆包裹保护预应力钢筋。

1. 绘制屋架预制平面布置图，砖砌胎模

首先，根据选用的材料、施工工艺、张拉扶直方案、吊装方案，确定屋架预制的位置和朝向，绘制预制平面布置图。然后现场放大样、平整场地，对基土进行夯实，达到最小干密度即可。胎模可用普通砖、水泥砂浆砌筑。砌筑胎模时，首先在基土上按屋架大样砌筑两皮砖，砌筑宽度每边比屋架宽约100 mm，作为支模板的基点；然后在其顶面弹出屋架的标准外形尺寸，根据弹线向上砌筑三皮砖，复核尺寸确定无误后，顶面用水准仪在灰饼上抄平，用水泥砂浆抹光面。

2. 绑扎钢筋，预留孔道，穿预应力筋，支模板

胎模达到足够强度后，涂刷隔离剂，绑扎钢筋，留设预应力筋孔道。留设预应力孔道可用钢管抽芯法、胶管抽芯法和预埋铁皮管法等多种方法。屋架下弦预留直线孔道通常采用钢管抽芯法。屋架上弦杆与腹杆有弯折处施工优先选用预埋金属螺旋管（波纹管）法。波纹管具有质量轻、弯折方便、连接容易等优点，而且预埋后无须从混凝土中取出，永久留置在构件中。因此，与其他成孔方法相比，该方法施工不需要太多的经验和技能，操作简便。为了保证波纹管位置正确，防止浇筑混凝土时受到挤压而偏离移位，需要每隔0.5 m设置一个φ6钢筋焊接的井字架，把波纹管固定在钢筋井字架上。波纹管安装完后，应检查有无破损，接头是否严密，然后穿预应力筋，预应力筋宜在浇筑之前穿好，防止出现浇筑混凝土时管壁破损漏浆造成孔道阻塞，无法穿预应力筋的情况。预应力筋的下料长度满足张拉要求即可，然后预埋铁件、吊环、支模板，用相应直径钢管留设灌浆孔，钢管紧贴波纹管，另一端伸出模板，灌浆孔处波纹管管壁宜在浇筑混凝土后凿通，以免进入灰浆。

3. 浇筑混凝土及养护

浇筑混凝土时，注意不要使振捣棒贴近波纹管，以免造成其损坏或位置偏移，浇筑完后，在终凝前后的几小时内，每隔半小时来回抽动钢铰线，防止管内渗进的灰浆阻塞孔道，黏结预应力筋，使其张拉时无法自由伸张。屋架一般采用3～4榀平卧叠浇，当下层屋架达到足够强度后，即可涂刷隔离剂，浇筑上一榀屋架。屋架要注意洒水润湿，认真养护。

4. 预应力筋的张拉、锚固

预应力筋张拉前，必须提供混凝土试块的强度报告，施加预应力时的混凝土强度

应在图纸上标明，如设计无要求，不应低于设计强度等级的75%。张拉时，首先选用锚具。预应力筋的锚具品种繁多，其张锚体系已形成了夹片式、支撑式、锥塞式和浇铸式四大类，具体选用哪种，应根据预应力筋形式、施工条件确定。

预应力筋的张拉顺序应使混凝土不产生超应力，构件不扭转、不侧弯，因此，分批、分阶段、对称张拉是一项重要原则。屋架为平卧叠浇，应先上后下，逐层张拉，减少上层屋架自重产生的水平摩擦阻力，降低预应力损失。张拉完毕后应进行锚固，预应力筋外露长度不小于30 mm，超长部位用锯切断，切不可用电气焊烧割，以免造成锚具和预应力筋退火。

5. 孔道灌浆

张拉完毕后应立即灌浆，这样可减少20%～30%的预应力松弛损失。灌浆时，孔道两端冒出浓浆并封闭排气孔后，继续加压至0.5～0.6 MPa，稍后再封闭灌浆孔。

6. 注意事项

（1）张拉时，预应力筋两端不能站人，以免钢筋弹射伤人。

（2）压力表必须经过检测，保证准确、可靠，并有专人负责保管。

（3）施工时，每一道工序都要避免预应力筋孔道堵塞，造成预应力筋张拉时无法自由伸张。

三、施工要点与质量标准

1. 预应力构件施工要点

（1）预应力屋架下弦预留孔道常采用钢管抽芯法。芯管长度不宜超过15 m，两端应伸出构件50 cm左右，并留有耳环或小孔，以便插入钢筋后可转动和抽拔芯管。芯管位置必须摆正，一般沿芯管方向每隔1 m左右用钢筋网格加以固定，以防浇捣过程中芯管产生挠曲或位移。从浇筑混凝土开始直至抽拔芯管前，应每隔5～15 min转动一次芯管，以免芯管与混凝土粘住而影响抽管，抽管时间要恰当掌握，一般在混凝土初凝后、终凝前，用手指轻摁表面而没有痕迹时即可抽管。

芯管如果为双排，抽管时应先上后下。抽管时可用卷扬机，也可人工操作，应边转边抽，要求速度均匀，保持平直。

（2）采用胶管（胶囊）作芯管时，应根据孔道的数量和分布情况，配置相应形状的点焊钢筋网格，将胶管固定。钢筋网格的间距应根据胶管的性能和管壁的厚薄确定，但不应大于50 cm，曲线孔道宜加密，绑扎钢筋时钢丝头必须朝外，钢筋对焊接头的毛刺应磨平，以免刺破胶管。浇筑混凝土前，应对胶管进行充气（或充水）试压，检查管壁以及两端封闭接头处是否渗漏。使用胶管时，其表面要涂润滑油，放入模板后进行充气，压力宜为0.7～0.8 MPa，并应保持稳定。浇筑过程中，应密切注意防止胶管产生位移，或由于充气压力变化而引起管径收缩。待构件浇筑完毕，混凝土初凝后、终凝前，即可放气抽出。放气抽管时间一般为4 h左右，气温较低时可稍长一些。

2. 预应力构件质量标准

（1）主控项目

1）预应力筋用锚具、夹具和连接器应按设计要求采用，其性能应符合现行国家标准《预应力筋用锚具、夹具和连接器》（GB/T 14370—2015）的规定。

2）预应力筋安装时，其品种、级别、规格、数量必须符合设计要求。

3）预应力筋的张拉力、张拉或放张顺序及张拉工艺应符合设计及施工技术方案的要求。

4）当采用应力控制方法张拉时，应校核预应力筋的伸长值。实际伸长值与设计计算理论伸长值的允许偏差为 ±6%。

5）预应力筋张拉锚固后实际建立的预应力值与工程设计规定检验值的允许偏差为 ±5%。

6）张拉过程中应避免预应力筋断裂或滑脱，当发生断裂或滑脱时，断裂或滑脱的预应力筋数量严禁超过同一截面预应力筋总根数的 3%。

7）后张法有黏结预应力筋张拉后应尽早进行孔道灌浆，孔道内水泥浆应饱满、密实。

8）锚具的封闭保护应符合设计要求，当设计无要求时，应采取防止锚具腐蚀和遭受机械损伤的有效措施。凸出式锚固端锚具的保护层厚度不应小于 50 mm。外露预应力筋的保护层厚度应符合以下要求：处于正常环境时，不应小于 20 mm；处于易腐蚀环境时，不应小于 50 mm。

9）构件成型后应在明显部位标明厂名、型号、生产日期和质量验收标志。

（2）一般项目

1）预应力筋用锚具、夹具和连接器使用前应进行外观检查，其表面应无污物、锈蚀、机械损伤和裂纹。

2）后张法有黏结预应力筋预留孔道的规格、数量、位置和形状应符合设计要求，定位应牢固，浇筑混凝土时不应出现移位和变形。孔道应平顺，端部的预埋锚垫板应垂直于孔道中心线。

3）对于浇筑混凝土前穿入孔道的后张法预应力筋，宜采取防止锈蚀的措施。

4）锚固阶段张拉端预应力筋的内缩量应符合设计要求。

5）构件制作要求表面平整，几何尺寸准确无误，不应有蜂窝、孔洞、露筋、裂缝、缺棱掉角、麻面、飞边等质量缺陷。

6）尺寸允许偏差为：长度 −10 ~ 15 mm，宽度 ±5 mm，厚度 ±5 mm，侧向弯曲小于 L/1 000 且不大于 200 mm，预埋件中心位置小于 10 mm，预留孔中心线倾斜不大于 5 mm，预留洞中心线倾斜不大于 15 mm，主筋保护层厚度 −5 ~ 10 mm。

第六节 混凝土养护与拆模

一、普通混凝土养护的工艺要求

1. 普通混凝土的养护

混凝土浇筑捣实后，逐渐凝固硬化，这个过程主要通过水泥的水化作用实现，而水化作用必须在适当的温度和湿度条件下才能完成。因此，为了保证混凝土有适宜的

硬化条件，使其强度不断增长，必须对混凝土进行养护。

混凝土浇筑后，如果气候炎热、空气干燥，不及时进行养护，导致水分蒸发过快出现脱水现象，使已形成凝胶体的水泥颗粒不能充分水化，不能转化为稳定的结晶，缺乏足够的黏结力，从而会在混凝土表面出现片状或粉状剥落，影响混凝土的强度。此外，在混凝土尚未具备足够的强度时，水分过早地蒸发，还会使混凝土产生较大的变形，出现干缩裂缝，影响其整体性和耐久性。因此，混凝土养护绝不是一件可有可无的事，而是一个重要的环节，应按照要求，精心养护。

（1）混凝土浇筑完毕后，应在 12 h 以内加以覆盖，并浇水养护。

（2）掺用缓凝型外加剂或有抗渗要求的混凝土，浇水养护日期不得小于 14 天。在混凝土强度达到 1.2 MPa 之前，不得踩踏或施工振动。柱、墙带模养护 2 天以上，拆模后用棉布包住，浇水在棉布上养护，以确保立面结构表面保持湿润状态。每日浇水次数应能保持混凝土足够湿润。

2. 混凝土的养护方法

（1）自然养护

自然养护是指利用平均气温高于 5 ℃的自然条件，用保水材料或草帘等对混凝土加以覆盖后适当浇水，使混凝土在一定的时间内在湿润状态下硬化。当最高气温低于 25 ℃时，混凝土浇筑完后应在 12 h 以内加以覆盖和浇水；最高气温高于 25 ℃时，应在 6 h 以内开始养护。浇水养护时间的长短视水泥品种定：硅酸盐水泥、普通硅酸盐水泥和矿渣硅酸盐水泥拌制的混凝土，浇水养护时间不得少于 7 天；掺有缓凝型外加剂或有抗渗性要求的混凝土，浇水养护时间不得少于 14 天。养护初期，水泥的水化反应较快，需水也较多，所以要特别注意浇筑以后头几天的养护工作。此外，气温高、湿度低时，也应增加浇水的次数。混凝土必须养护至强度达 1.2 MPa 以后，方准在其上踩踏和安装模板及支架。也可在构件表面附着塑料薄膜进行养护，该方法适用于不宜洒水养护的高耸构筑物和大面积混凝土结构。该方法的原理是用喷枪将过氯乙烯树脂塑料溶液喷洒在混凝土表面，溶液挥发后在混凝土表面形成一层塑料薄膜，使混凝土与空气隔绝，阻止水分的蒸发，保证水化作用的正常进行。塑料薄膜在养护完成后能自行老化脱落。不能自行脱落的薄膜不宜喷洒在混凝土表面。夏季，薄膜成型后要防晒，否则易产生裂纹。

（2）蒸汽养护

混凝土的蒸汽养护可分静停、升温、恒温、降温四个阶段，并分别符合下列规定：

1）静停期间应保持环境温度不低于 5 ℃，浇筑结束 4 ~ 6 h 且混凝土终凝后方可升温。

2）升温速度不宜大于 10 ℃ /h。

3）恒温期间混凝土内部温度不宜超过 60 ℃，最大不得超过 65 ℃，恒温养护时间应根据构件脱模强度要求、混凝土配合比情况以及环境条件等通过试验确定。

4）降温速度不宜大于 10 ℃ /h。

二、特种混凝土养护的工艺要求

1. 耐酸混凝土养护

耐酸混凝土宜在 15～30 ℃的干燥环境中施工和养护，温度低于 10 ℃ 时应采用电热、热风、暖气等保温加热措施，温度要均匀，不要急冷急热或局部过热。养护期不能遇水，不能暴晒，也不能蒸汽养护，要防止冲击振动。当环境温度为 10～20 ℃时，养护时间不少于 12 天；环境温度为 21～30 ℃时，养护时间不少于 6 天；环境温度为 31～35 ℃时，养护时间不少于 3 天。

2. 耐碱混凝土养护

耐碱混凝土施工完毕后，应加强养护。根据施工经验，耐碱混凝土浇筑初期，养护不少于 7 天，以防止收缩开裂。在养护期内，对耐碱混凝土特别要强调保温，养护温度不低于 5 ℃。养护湿度保证符合要求（可加盖草帘或薄膜）。冬季施工既要保温又要保湿，严禁混凝土面层暴晒。如果养护不良，出现干缩裂缝或表面水化不充分导致的结构疏松，将会严重影响混凝土的耐碱性和力学性能。

3. 耐热混凝土养护

（1）水泥耐热混凝土浇筑后，宜在 15～25 ℃的潮湿环境中养护。其中，普通水泥耐热混凝土养护时间不少于 7 天，矿渣水泥耐热混凝土养护时间不少于 14 天，矾土水泥耐热混凝土一定要加强初期养护管理，养护时间不少于 3 天。

（2）水玻璃耐热混凝土宜在 15～30 ℃的干燥环境中养护 3 天，烘干加热，并须防止直接暴晒至快速脱水，产生龟裂，一般 10～15 天即可吊装。

（3）水泥耐热混凝土在低于 7 ℃的条件下施工时，水玻璃耐热混凝土在低于 10 ℃的条件下施工时，均应按冬季施工执行，并应遵守下列规定：

1）水泥耐热混凝土可采用蓄热法或加热法（电流加热、蒸汽加热等）进行加热，加热时，普通水泥耐热混凝土和矿渣水泥耐热混凝土的温度不得超过 60 ℃，矾土水泥耐热混凝土的温度不得超过 30 ℃。

2）水玻璃耐热混凝土的加热只允许采用干热法，不得采用蒸养法，加热时混凝土的温度不得超过 60 ℃。

3）耐热混凝土中不应掺用化学促凝剂。

4. 防水混凝土养护

常温（20～25 ℃）浇筑后 6～10 h 苫盖浇水养护，要保持混凝土表面湿润，养护不少于 14 天。如果是添加了外加剂的防水混凝土，则要更早养护。

冬季施工时，盖膜的温度不得低于 5 ℃，然后还要采取一些保温保湿的方法，如虚热法、暖棚法、掺抗渗剂法等，禁止使用电热法或蒸汽法进行保温。

5. 防辐射混凝土养护

防辐射混凝土的养护非常关键，要求也比较严格。墙板混凝土浇捣后，应带模养护不少于 7 天；拆模后挂两层麻袋严密覆盖继续保温，同时洒水养护至 14 天。顶板混凝土浇捣完成，待其终凝后 6 h 内严禁浇水养护，以免出现起皮、起灰现象；12 h 内（实际时间视终凝情况而定）用薄膜严密覆盖，面层加盖两层麻袋进行保温、养护，保

证混凝土处在足够湿润状态，之后视情况正常洒水养护至 14 天。

三、混凝土拆模的工艺要求

模板拆除日期取决于混凝土的强度、模板的用途、结构的性质及混凝土硬化时的气温。

在混凝土强度能保证其表面棱角不因拆除模板而受损坏时，不承重的侧模即可拆除。承重模板（如梁、板等底模）应待混凝土达到规定强度后（见表 4–8）方可拆除。结构的类型和跨度不同，拆模时的混凝土强度要求也不同。

表 4–8　　底模拆除时的混凝土强度要求

构件类型	构件跨度（m）	达到设计的混凝土立方体抗压强度标准值的百分比（%）
板	≤ 2	≥ 50
	>2 且≤ 8	≥ 75
	>8	≥ 100
梁、拱、壳	≤ 8	≥ 75
	>8	≥ 100
悬臂构件	—	≥ 100

说明：由于过早拆模、混凝土强度不足而造成混凝土结构构件沉降变形、缺棱掉角、开裂甚至塌陷的情况时有发生。为保证结构的安全和使用功能，本表提出了底模拆模时混凝土强度的要求。该强度通常反映为同条件养护混凝土试件的强度。悬臂构件更容易因混凝土强度不足而引发事故，拆模时的混凝土强度应从严要求。

拆除顺序一般应是先支的后拆、后支的先拆，先侧模、后底模；拆除跨度较大的梁下模板时，应先从跨中开始，分别向两端拆除；拆除重大复杂的模板时，事前应制定拆模方案。

拆除多层楼板模板的支柱，应按下列要求进行：上层楼板正在浇筑混凝土时，下一层楼板模板的支柱不得拆除，再下一层楼板模板的支柱，仅可拆除一部分，跨度 4 m 及 4 m 以上的梁下均应保留支柱，其间距不得大于 3 m。

拆除快速施工高层建筑的梁和楼板模板的底模及支柱时，应对所用混凝土的强度发展情况分层进行核算，确保下层楼板及梁能安全承载。

模板拆除后，应将表面黏结的混凝土块、砂浆清除干净，铁钉要拔除，然后将支撑、木方、模板等运至集中堆放点堆放整齐，搭好防护棚，并做好消防准备工作。

已拆除承重模板的结构，应在混凝土达到规定的强度等级后，才允许承受全部设计荷载。

拆模后，监理（建设）单位、施工单位应对混凝土的外观质量和尺寸偏差进行检查，并做好记录。如果发现缺陷，应进行修补。对面积小、数量不多的蜂窝或露石缺陷，先用钢丝刷或压力水洗刷基层，然后用 1∶2 ~ 1∶2.5 的水泥砂浆抹平；对较大面积的蜂窝、露石、露筋缺陷，应按其全部深度凿去薄弱的混凝土层，然后用钢丝刷或压力水冲刷，再用比原混凝土强度等级高一个级别的细骨料混凝土填塞，并仔细捣实；对影响结构性能的缺陷，应与设计单位研究处理。

第七节 混凝土季节施工

一、冬季混凝土施工方法与要点

1. 混凝土冬季施工特点

我国许多地方有较长的寒冷季节。由于受工期制约，许多工程必须在冬季进行混凝土施工。国内外对混凝土冬季施工理论和方法的探索研究认为，当环境温度降到 5 ℃时，只要采用适当的施工方法，避免新浇混凝土早期浸冻，使外露混凝土与冬季气温保持较小温差，也会取得较好的施工效果。

根据我国气象情况，当室外日平均气温连续 5 天稳定低于 5 ℃时，就应采取冬季施工的技术措施进行混凝土施工。

混凝土之所以能凝结、硬化并取得强度，是水泥和水进行水化作用的结果。水化作用的速度在一定湿度条件下主要取决于温度，温度越高，强度增长也越快，反之则越慢。当温度降至 0 ℃以下时，水化作用基本停止，温度再继续降至 −4 ~ −2 ℃，混凝土内的水开始结冰，水结冰后体积增大 8% ~ 9%，在混凝土内部产生冰晶应力，使强度很低的水泥石结构内部产生微裂纹，同时减弱了水泥与砂石和钢筋之间的黏结力，从而使混凝土后期强度降低。受冻的混凝土解冻后，其强度虽然能继续增长，但已不能再达到原设计的强度等级。试验证明，混凝土冻结的危害与遭冻时间、水灰比等有关，遭冻时间越早，水灰比越大，则强度损失越多，反之则损失越少。试验得知，混凝土经过预先养护达到一定强度后再遭冻结，其后期抗压强度损失就会减少。一般把遭冻结其后期抗压强度损失在 5% 以内的预养强度值定为混凝土受冻临界强度。对用普通硅酸盐水泥配制的混凝土，受冻临界强度为设计的混凝土强度标准值的 30%；对用矿渣硅酸盐水泥配制的混凝土，受冻临界强度为设计的混凝土强度标准值的 40%。

2. 混凝土冬季施工要求

（1）对材料的要求

1）冬季拌制混凝土时应优先采用加热水的方法，当加热水仍不能满足要求时，再对骨料进行加热，水及骨料的加热温度应根据热功计算确定，但不得超过表 4–9 中的规定。

表 4–9 拌和水及骨料最高温度 ℃

项目	拌和水	骨料
强度等级低于 52.5 的硅酸盐水泥、矿渣硅酸盐水泥	80	60
强度等级大于等于 52.5 的硅酸盐水泥、矿渣硅酸盐水泥	60	40

2）配制冬季施工的混凝土，应优先选择硅酸盐水泥或普通硅酸盐水泥，其强度等级不得低于 42.5，每立方米混凝土水泥用量不得少于 300 kg，水灰比不得大于 0.6。

3）骨料必须清洁，不得含有冰、雪等冻结物。冬季骨料所用储备场地应选择地势较高、不积水的地方。

4）钢筋调直冷拉温度不宜低于 –20 ℃，预应力钢筋张拉温度不宜低于 –15 ℃。钢筋的焊接宜在室内进行。如果必须在室外焊接，其最低气温不宜低于 –20 ℃，且应有防雪和防风措施。刚焊接的接头严禁立即碰到冰雪，避免造成冷脆现象。

5）当环境气温低于 –20 ℃时，不得对 HRB335、HRB400 级钢筋进行机械冷弯加工。

（2）混凝土的搅拌

混凝土不宜露天搅拌，应根据具体工程的规模及实地情况，搭设一次性固定暖棚，并优先选用大容量的搅拌机，减少混凝土的热量损失。混凝土搅拌前应用热水或蒸汽冲洗搅拌机，搅拌时间应较常温延长 50%，其拌制投料顺序为骨料、热水，然后再投入水泥、外加剂。应确保混凝土的出机温度不低于 15 ℃，入模温度不低于 5 ℃。

（3）混凝土的运输

混凝土运输过程是热损失的关键阶段，应采取必要的措施减少混凝土的热损失，同时应保证混凝土的和易性。因此，应尽量缩短混凝土的运距，使用大容量的运输工具并采取必要的保温措施，保证混凝土入模温度不低于 5 ℃。

（4）混凝土的浇筑

混凝土在浇筑前，应清除模板和钢筋上的冰雪及污垢，尽量加快混凝土的浇筑速度，防止热量散失过多。混凝土在运输、浇筑过程中的温度应与热工计算的要求相符合，若不符合，则应采取措施进行调整。当采用加热养护时，混凝土养护前的温度不得低于 2 ℃。

严格控制预拌混凝土的质量、外加剂及混凝土的水胶比，缩短混凝土到施工现场等候的时间，做到随到随浇筑。

冬季不得在强冻胀性的地基上浇筑混凝土；当在弱冻胀性地基上浇筑混凝土时，地基应进行保温，以免遭冻。对加热养护的现浇混凝土结构，混凝土的浇筑程序和施工缝的位置应能防止在加热养护时产生较大的温度应力。当分层浇筑厚大的整体结构时，已浇筑层的混凝土在被上一层混凝土覆盖前，温度不得低于 2 ℃。

（5）混凝土冬季施工中外加剂的应用

使用外加剂是混凝土冬季施工的一种有效方法。混凝土冬季施工中使用的外加剂有早强剂、防冻剂、减水剂和引气剂，可以起到早强、抗冻、促凝、减水和降低冰点的作用。当掺加外加剂后仍需加热保温时，这种混凝土冬季施工方法称为正温养护工艺；当掺加外加剂后不需加热保温时，这种混凝土冬季施工方法称为负温养护工艺。

1）防冻剂和早强剂。防冻剂的作用是降低混凝土液相的冰点，使混凝土早期不受冻，并使水泥的水化能继续进行；早强剂是指能提高混凝土早期强度，但对后期强度无显著影响的外加剂。常用的防冻剂有氯化钠、亚硝酸钠、乙酸钠等。常用的早强剂以无机盐类为主，如氯盐、硫酸盐、硅酸盐等。其中，氯盐使用历史悠久：氯化钙早强作用较好，常作为早强剂使用；氯化钠降低冰点作用较好，故常作为防冻剂使用。

有机类早强剂有三乙醇胺、甲醇、乙醇、尿素、乙酸钠等。氯盐的掺入效果随掺量而异，掺量过高，不但会降低混凝土的后期强度，而且将增大混凝土的收缩量。由于氯盐对钢筋有锈蚀作用，故相关标准对氯盐的使用及掺量有严格规定。在钢筋混凝土结构中，氯盐掺量（按无水状态计算）不得超过水泥用量的 1%。

2）减水剂。减水剂是在不影响混凝土和易性的条件下，具有减水及提高强度作用的外加剂。常用的减水剂有木质素磺酸盐类减水剂、萘系减水剂、树脂系减水剂、糖蜜系减水剂、腐殖酸减水剂、复合减水剂等。

3）引气剂。引气剂是指在混凝土中，经搅拌能引入大量分布均匀的微小气泡的外加剂。当具有一定强度的混凝土受冻时，空隙中部分水被压入气泡中，缓解了混凝土受冻时的体积膨胀，故可防止冻害。常用的引气剂有松香热聚物、松香皂、烷基苯磺酸盐等。

（6）混凝土的养护与拆模

1）混凝土开始养护时的温度应按施工方案通过热工计算确定，但不得低于 5 ℃，细薄截面结构不宜低于 10 ℃。

2）当室外最低温度高于 −15 ℃时，地下工程或表面系数（冷却面积和体积的比值）不大于 15 m^{-1} 的工程应优先采用蓄热法养护，并符合下列规定：

①所采用的保温措施应使混凝土的温度下降到 0 ℃以前达到规定的强度。

②混凝土浇筑成型后，应立即采取防寒保温措施。保温材料应按施工方案设置，并保持干燥。结构的边棱角应加强覆盖保温，迎风面应采取防风措施。

③位于基坑中的混凝土，当地下水位较高时，可待顶面混凝土初凝后，采用放水淹没的方法养护；但当基坑地下水位超出混凝土顶面的高度小于冰层厚度时，不得放水养护。

3）当混凝土掺用防冻剂时，其养护应符合下列规定：

①外露表面应覆盖，在负温条件下不得浇水。

②混凝土初期养护的温度不得低于防冻剂规定的温度，当达不到规定的温度时，应采取保温措施。

③当混凝土温度低于防冻剂的温度时，其强度不应小于 3.5 MPa。

4）拆除模板及保温层应符合下列规定：

①当混凝土已达到规范规定强度要求，并符合规范规定的抗冻强度规定后，方可拆除模板。

②混凝土与环境的温差不得大于 15 ℃。当温差在 10 ℃以上，但低于 15 ℃时，拆除模板后的混凝土表面宜采取临时覆盖措施。

③采用外部热源加热养护的混凝土，当养护完毕后的环境气温仍在 0 ℃以下时，应待混凝土冷却至 5 ℃以下后，方可拆除模板。

3. 混凝土冬季施工方法的选择

混凝土冬季施工中，主要解决三个问题：一是如何确定混凝土最短的养护龄期，二是如何防止混凝土早期冻害，三是如何保证混凝土后期强度和耐久性满足要求。在实际工程中，要根据施工时的气温情况、工程结构状况（工程量、结构厚大程度与外露情况）、工期紧迫程度、水泥的品种及价格、保温材料的性能及价格、热源的条件，以及早强剂、减水剂、抗冻剂的性能及价格选择合理的施工方法。一般来说，同一个工程可以有若干个不同的冬季施工方案。理想的施工方案应当用最短的工期、最低的施工费用获得满足设计要求的工程质量，也就是工期、费用、质量的优化。目前，混凝土冬季施工基本采用以下 4 种方法。

（1）调整配合比法

调整配合比法主要适用于 0 ℃左右的混凝土施工，具体做法如下：

1）选择适当品种的水泥是提高混凝土抗冻性的重要手段。试验结果表明，应使用早强硅酸盐水泥。该水泥水化热较大，且在早期形成强度最高，一般 3 天抗压强度大约相当于普通硅酸盐水泥 7 天抗压强度，效果较明显。

2）尽量降低水灰比，稍增水泥用量，从而增加水化热量，缩短达到龄期强度的时间。

3）掺用引气剂。在保持混凝土配合比不变的情况下，加入引气剂后生成的气泡可相应增加水泥浆的体积，提高混凝土拌合物的流动性，改善其黏聚性及保水性，缓冲混凝土内水结冰所产生的水压力，提高混凝土的抗冻性。

4）掺加早强外加剂，缩短混凝土的凝结时间，提高早期强度。应用较普遍的有硫酸钠（掺量为水泥用量的 2%）和 MS-F 复合早强减水剂（掺量为水泥用量的 5%）。

5）选择颗粒硬度高和缝隙少的骨料，使其热膨胀系数与周围砂浆膨胀系数相近。

（2）蓄热法

蓄热法主要用于 -10 ℃左右结构比较厚大的混凝土工程施工，具体做法是：对原材料（水、砂、石）进行加热，确保混凝土在搅拌、运输和浇筑以后，还储备有相当的热量，使水泥水化放热较快，并加强对混凝土的保温，保证在温度降到 0 ℃以前使新浇混凝土具有足够的抗冻能力。此法工艺简单，施工费用不高，但要注意内部保温，避免角部外露、表面受冻，且要延长养护时间。

（3）外部加热法

外部加热法主要用于 -10 ℃以上且构件并不厚大的混凝土工程施工。该方法通过加热混凝土构件周围的空气，将热量传给混凝土，或直接对混凝土加热，使混凝土处于正温条件下，能正常硬化。

1）火炉加热。此法比较简单，一般在较小的工地使用，但室内温度不高，比较干燥，且放出的二氧化碳会使新浇混凝土表面碳化，影响质量。

2）蒸汽加热。此法用蒸汽使混凝土在湿热条件下硬化，较易控制，加热温度均匀。此法的缺点是需专门的锅炉设备，费用较高，且热损失较大，劳动条件也不理想。

3）电加热。此法将钢筋作为电极，或将电热器贴在混凝土表面，使电能变为热能，提高混凝土的温度。此法简单方便，热损失较少，易控制，不足之处是电能消耗量大。

4）红外线加热。此法以高温电加热器或气体红外线发生器对混凝土进行密封辐射加热。

（4）抗冻外加剂法

抗冻外加剂法主要用于 -10 ℃以上的混凝土工程。具体做法是：对混凝土拌合物掺加一种能降低水的冰点的添加剂，使混凝土在负温下仍处于液相状态，水化作用能继续进行，从而使混凝土强度继续增长。目前常用有氧化钙、氯化钠等单抗冻剂及亚硝酸钠加氯化钠复合抗冻剂。

上述 4 种混凝土冬季施工方法各有利弊，其适用范围都受一定条件的制约，应根据工地现有条件，选择一种或几种施工方法结合作用。

4. 混凝土冬季施工质量检查

混凝土冬季施工质量应符合下列规定：

（1）检测水、外加剂及骨料加入搅拌机的温度，以及混凝土拌制、浇筑时环境的温度，每一工作班至少检测 4 次。

（2）掺用防冻剂的混凝土，在强度未达到 3.5 MPa 以前，每 2 h 检测一次，达到以后每 6 h 检测 1 次。

（3）当采用蒸汽加热或电加热时，在升、降温期间每 1 h 检测 1 次，在恒温期间每 2 h 检测 1 次。

（4）每昼夜定时、定点观测 4 次室外气温及工地环境温度。

5. 混凝土养护温度的检测

混凝土养护温度的检测方法应符合下列规定：

（1）在结构的隅角、突起、迎风和细薄部位应均匀留置测温孔，孔深可根据养护方法及结构尺寸确定。测温孔应编号并绘图。

（2）当采用蓄热法养护时，测温孔应设在易于散热的部位；当采用外部加热法养护时，应在离热源不同的位置分别设置测温孔；对于大体积混凝土结构，应在表面及内部分别设置测温孔。

（3）检测混凝土温度时，测温计不应受外界气温的影响，并应在测温孔内至少留置 3 min。

（4）根据工地条件，也可采用热电偶法、热敏电阻法等预埋式温度检测方法。

冬季施工的混凝土，除应按相关标准规定制作标准试件外，还应根据养护、拆模和承受荷载的需要，增加与结构同条件养护的施工试件不少于 2 组。此种试件应在解冻后方可试压。

二、夏季混凝土施工方法与要点

1. 混凝土夏季施工特点

混凝土夏季施工最显著的特点是环境温度高、相对湿度小，这对新拌以及硬化后

的混凝土除有利的一面外，也产生许多不利影响：

在高温下拌和浇筑混凝土，水分蒸发快，诸多原因引起坍落度损失，难以保证所设计的坍落度，易降低混凝土的强度、抗渗性和耐久性。对于掺用减水剂的混凝土而言，温度高，气泡易挥发，降低其含气量，且变得不稳定，空气量难以控制，使混凝土坍落度的控制变得较为困难。

由于夏季温度高，水泥水化反应快，混凝土凝结较快，施工操作时间变短，容易因振捣不良造成蜂窝、麻面、冷缝等质量问题。

混凝土养护非常重要，如果脱模后不能及时浇水养护，混凝土脱水将影响水化的正常进行，不仅降低强度，而且加大混凝土收缩，易出现干缩裂缝。

2. 混凝土夏季施工温控措施

（1）混凝土拌制、运输和卸料过程中的措施

在混凝土拌制时应采取措施控制混凝土的温度，通过控制混凝土的温度来控制附加水量，降低坍落度损失速度，减少塑性收缩开裂。在这一阶段可以采取以下措施：

1）在浇筑条件允许的情况下增大骨料粒径。

2）如果混凝土拌合物运输需要较长距离，可用缓凝剂控制凝结时间。

3）如果需要较高的坍落度，应当使用高效减水剂。

4）向骨料堆中洒水以促进蒸发冷却，可以降低混凝土的温度。如果用冷水（如地下水或井水）湿润，则冷却效果会更好，在温度较高时尤其如此。

5）在温度高、湿度大的季节里，要长距离运输混凝土时，可考虑运输搅拌车的延迟搅拌，使之在到达工地时仍处于搅拌状态。

（2）混凝土浇筑和修整过程中的措施

1）准备好施工用的模板和各种设备，做好施工人员的组织安排，在浇筑刚开始时更应特别注意。

2）使用温度计监测运到工地上的混凝土的温度，必要时可要求预拌混凝土供应商进行调节。

3）应准备好备用振捣器，因为夏季混凝土施工时振捣设备易损坏。

4）与混凝土接触的各种工具、机具、设备和材料等（如溜槽、输送机、泵管、混凝土浇筑导管、钢筋和手推车等）不能直接受到阳光暴晒，可在使用之前进行适当的湿润冷却并加以遮盖。

5）浇筑混凝土地面时应先湿润基层，然后浇筑混凝土。

6）先用冷水湿润地面板的边模，然后再浇筑混凝土。

7）夏季浇筑混凝土应精心安排，连续、快速地浇筑，但在混凝土表面上仍有泌水时不要进行修整。

8）当发现混凝土有塑性收缩开裂的可能性时，应采取措施控制混凝土表面的水分蒸发，例如用喷雾器在新浇筑混凝土的表面喷洒一层薄膜养护液等。在干燥条件下，混凝土浇筑和整平后应及时覆盖。

9）可能时，应制订好计划，避免在全天气温最高时浇筑混凝土。在干燥的条件下，晚间浇筑的混凝土受风和温度的影响相对较小。同时，混凝土可在接近日出时终

凝，这时的相对湿度最高，早期干燥和开裂的可能性最小。

（3）夏季浇筑混凝土养护措施

养护不良可使混凝土强度降低，或使表面迅速出现塑性收缩裂缝等。

1）在修整作业完成后或混凝土初凝后立即进行养护。

2）优先采用水养护方法连续养护。在混凝土浇筑后的前一两天，应保证混凝土处于充分湿润的状态，并应严格遵守相关标准对混凝土养护龄期的规定。

3）对于大面积的平板类结构，用养护液养护是较为实用和方便的。白色养护液所形成的薄膜还能反射太阳光，减少热量吸收，抑制混凝土的温度升高，所以可在养护液中掺些白色颜料。

4）当达到规定的养护时间拆除模板时，最好为潮湿表面提供潮湿覆盖层。

三、雨季混凝土施工方法与要点

在运输和浇捣混凝土过程中，雨水会增大混凝土的持水量，改变水灰比，导致混凝土强度降低；刚浇筑好尚处于凝结或硬化阶段的混凝土强度较低，在雨水冲刷和冲击作用下，表面的水泥浆被冲走，产生露石现象，若遇暴雨，还会使砂粒和石子松动，造成混凝土表面破损，导致构件受压截面积减小，或受拉区钢筋保护层破坏，影响构件的承载能力。因此，雨季进行混凝土施工，无论是浇捣、运输过程中的混凝土拌合物，还是刚浇好之后的混凝土，都不允许受雨淋。在雨季进行混凝土施工，应做好下列工作：

1. 在多雨季节应密切关注天气情况，对已浇混凝土要尽早覆盖，以防混凝土在终凝前遭雨水冲淋。

2. 当混凝土浇筑过程中有小雨但尚不会直接影响混凝土质量时，则混凝土浇筑可连续不间断进行，但要立即对已浇混凝土进行覆盖，以免雨水直接冲淋混凝土，并将浇筑区所积雨水及时排走。

3. 当混凝土浇筑时突降中、大、暴雨但持续时间较短（2 h 左右），则应立即覆盖已入模的混凝土，并改为间断地用混凝土进行覆盖浇筑处理，混凝土浇筑间隔时间应小于混凝土的初凝时间，以避免该处出现施工缝。雨停后及时清除积水并重新恢复混凝土正常浇筑施工。

4. 当混凝土浇筑时突降中、大、暴雨且持续时间长，则应立即覆盖已入模的混凝土并改为间断进行混凝土浇筑，直至浇筑到符合规定的施工缝位置处停止浇筑。如果雨停后重新浇筑混凝土时已过初凝期，则该处应按施工缝进行处理，其处理方法如下：

（1）对于梁、板：施工缝位置应满足设计及国家标准《混凝土结构工程施工质量验收规范》（GB 50204—2015）的规定。当梁、板厚度小于 600 mm 时，将该处混凝土面做成垂直施工缝；当梁、板厚度大于等于 600 mm 时，则应将该处混凝土面留设成斜面施工缝。另采取加插垂直于施工缝的抗剪钢筋的办法对该处予以补强，插筋为大于等于 ϕ16 @ 500 × 500，插筋长度不小于 600 mm，插入 300 mm、外露 300 mm。

（2）对墙体形成的水平施工缝和浇筑形成的斜坡部分作凿毛处理。

（3）施工缝的留设及处理必须征得设计人员、监理人员及业主的同意，并出具工程变更通知。所有施工缝处的混凝土在进行二次重新浇筑施工前，均须办理隐蔽工程验收等手续。

技能训练 7 泵送混凝土的质量控制

一、训练目的

了解泵送混凝土原材料、配合比要求，掌握泵送混凝土质量控制措施。

二、训练任务

1. 进行混凝土的配料与计量。
2. 确定水灰比及水泥用量。
3. 进行混凝土人工搅拌。
4. 完成混凝土坍落度试验。
5. 完成泵送混凝土输送。

三、训练地点与基本要求

实训地点安排在有条件的实训基地，实训过程要听从专业教师指导，认真听取实训教师讲解，要胆大心细，注意安全。

四、组织管理

1. 专业教师实训前联系好实训教师，积极探讨实训内容与安排。
2. 一个教学班按 2 人一组分为若干小组，进行小组化教学，配合完成实训任务。
3. 实训教师实训前在教室介绍实训安排、观摩注意事项、分组情况，并安排学生学习相关知识。
4. 两名教师共同负责组织、指挥、指导和管理。

五、材料与设备

1. 人工拌制混凝土

（1）拌和板：1 m×2 m 的金属板，每小组 1 块。

（2）铁铲：每小组 2 把，手工拌和用。

（3）水桶：每小组大、小各一个，装水用。

（4）量筒：1 000 mL，每小组 1 个。

（5）台秤：称量范围为 50 kg，分度值为 0.5 kg，两台共用，称量水泥及各种骨料用。

（6）斗车：每小组 2 部。

（7）水泥：共 8 包（每包 50 kg）。

（8）中砂：共 5 斗车。

（9）碎石：共 10 斗车。

2. 坍落度试验

（1）坍落度筒：每小组 1 个。

（2）捣棒：钢质圆棒，每小组 1 根，直径 16 mm，长约 650 mm，并具有半球形端头。

（3）其他：铲刀、半圆铲、量尺和钢底板等每小组各一份。

3. 泵送混凝土施工

（1）混凝土泵：固定式混凝土泵，排量多为 30 ~ 90 m^3/h，水平运距为 200 ~ 500 m，垂直运距为 50 ~ 100 m。

（2）混凝土输送管：规格为 ϕ150 mm，并配有各种拐弯弯头和短管。

（3）振动器、通信设备。

六、训练内容与工艺流程

1. 训练内容

（1）严格按照规定要求选择粗骨料和细骨料。

（2）根据给定配合比，每组进行混凝土用量计算与计量活动。

（3）根据配合比，每小组进行混凝土搅拌。

（4）每小组利用拌制的混凝土完成一次混凝土坍落度测试，然后完成一篇坍落度试验报告。

（5）坍落度符合要求后，每小组协助进行泵送混凝土的输送。待泵送完成后，完成一篇泵送混凝土质量控制报告。

2. 工艺流程

原材料选择→混凝土配合比计算→混凝土材料称量→混凝土搅拌→现场进行混凝土坍落度试验→现场进行泵送混凝土输送。

为了防止混凝土泵送时堵塞，应优先选用天然连续级配的粗骨料，使混凝土有较好的可泵性，减少用水量及水泥用量，以达到降低水化热的目的。泵送的混凝土必须用机械搅拌，采用 42.5 水泥，水灰比为 0.4 ~ 0.52，砂率一般取 39%，粉煤灰掺量较大时，砂率适当降低。进行混凝土坍落度试验过程中，装料时要保证坍落度桶内混凝土的密实度，使用振捣棒振捣时以混凝土上部出现均匀的灰浆为准。泵送混凝土前，先把储料斗内清水从管道泵出，达到湿润和清洁管道的目的；开始泵送时，泵送速度宜放慢，油压变化应在允许值范围内，待泵送顺利时，才用正常速度进行泵送；泵送期间，料斗内的混凝土量应保持在缸筒口上 100 mm 到料斗口下 150 mm 之间为宜。

七、评价标准

泵送混凝土质量控制评价标准见表 4–10。

表 4-10　　泵送混凝土质量控制评价标准

内容及要求	分值	评分
一、机械拌制混凝土	20	
原材料的选择	10	
配合比是否合理	10	
二、坍落度试验	40	
材料、工具准备	5	
下料	10	
振捣	10	
提筒	10	
测量	5	
三、泵送混凝土	30	
润滑管道	10	
泵送、振捣	10	
养护	10	
四、总评	10	
备注	每一小组成员得分应相同	

技能训练 8　独立基础浇筑与振捣

现场进行独立基础混凝土的浇筑与振捣，并进行质量检查。

一、训练目的

混凝土独立基础构件的浇筑技能非常实用和重要。通过本技能训练，学生应能了解独立基础混凝土构件的浇筑工艺流程与浇筑要点，掌握独立基础的浇筑方法，熟悉独立基础浇筑时的质量要求。

二、训练任务

浇筑独立基础。

三、训练地点与基本要求

实训地点安排在有条件的实训基地，实训过程要听从专业教师指导，认真听取实训教师讲解，要胆大心细，注意安全，尤其要牢记大构件制作过程中的技术安全注意事项。

四、组织管理

1. 专业教师实训前联系好实训教师，积极探讨实训内容与安排。

2. 一个教学班按 4 ~ 5 人一组分成若干小组，进行小组化教学，配合完成实训任务。

3. 实训教师实训前在教室介绍实训安排、观摩注意事项、分组情况，并安排学生学习相关知识。

4. 两名教师共同负责组织、指挥、指导和管理。

五、材料与设备

1. 设备

扩音设备两部、强制式混凝土搅拌机一台。

2. 材料与工具

（1）铁铲：每小组 2 把，取材料用。

（2）带刻度水桶：每小组大、小各一个，取水用。

（3）台秤：称量范围为 50 kg，分度值为 0.5 kg，两台共用，称量水泥及各种骨料用。

（4）斗车：每小组 2 部。

（5）水泥：共 20 包（每包 50 kg）。

（6）中砂：共 10 斗车。

（7）碎石：共 20 斗车。

（8）内部振捣器一台。

（9）平板振捣器一台。

（10）模板若干。

另外，自来水管接至实训场地。

六、训练内容与工艺流程

1. 训练内容

根据混凝土独立基础的浇筑工艺与要点，现场进行独立基础混凝土的浇筑，以及基础浇筑的质量检查。

2. 工艺流程

（1）施工工艺流程

作业准备→混凝土搅拌→混凝土运输→混凝土浇筑与振捣→养护。

1）根据配合比确定的每盘（槽）各种材料用量及车辆质量，分别固定好水泥、砂、石子各个磅秤标准。在上料时车车过磅，并经常测定骨料含水率，及时调整配合比用水量，确保加水量准确。

2）装料顺序：一般先装石子，再装水泥，最后装砂，需加掺和料时，应与水泥一并加入。需掺外加剂（减水剂、早强剂等）时，粉状外加剂应根据每盘加入量预加工装入小包装袋内（塑料袋为宜），用时与粗细骨料同时加入；液体外加剂应按每盘用量与水同时加入搅拌机搅拌。

3）搅拌时间：混凝土搅拌的最短时间根据施工规范要求确定，可按表 4–11 执行。掺有外加剂时，搅拌时间应适当延长。

表 4–11 混凝土搅拌的最短时间 s

混凝土坍落度（cm）	搅拌机机型	搅拌机出料量（L）		
		< 250	250 ~ 500	> 500
≤ 3	自落式	90	120	150
	强制式	60	90	120
>3	自落式	90	90	120
	强制式	60	60	90

4）混凝土开始搅拌时，由组长对出盘混凝土的坍落度、和易性等进行鉴定，检查是否符合配合比通知单要求，如果不符合，应调整后再进行搅拌。

5）混凝土运输

①现场运输中，采用手推车运输混凝土。

②混凝土自搅拌机中卸出后，应及时运到浇筑地点，延续时间不能超过初凝时间。在运输过程中，要防止混凝土离析、水泥浆流失、坍落度变化以及产生初凝等现象。如果混凝土运到浇筑地点有离析现象，必须在浇筑前进行二次拌和。混凝土从搅拌机中卸出至浇筑完毕的时间应符合表 4–12 的规定。

③混凝土运输道路应平整顺畅，若有凹凸不平，应铺垫桥枋。在楼板施工时，更应铺设专用桥道，严禁手推车和人员踩踏钢筋。

表 4–12 混凝土从搅拌机卸出至浇筑完毕的时间 min

混凝土强度等级	气温	
	低于 25 ℃	高于 25 ℃
≤ C30	120	90
>C30	90	60

注：掺有外加剂或采用快硬水泥拌制混凝土时，混凝土从搅拌机卸出至浇筑完毕的时间应按试验确定。

（2）独立基础浇筑

1）工艺流程：混凝土运输→混凝土浇筑→混凝土养护。

2）基础混凝土浇筑施工工艺操作要点。混凝土搅拌完后，应及时用手推车运至浇筑地点。运送时应防止离析或水泥浆流失，如果有离析，应进行二次拌和。浇筑时如果高度超过 2 m，应使用串筒、溜槽下料，防止混凝土发生离析现象。

①浇筑台阶式基础，应按每一台阶高度内分层一次连续浇筑完成，每层先浇边角，后浇中间，摊铺均匀，振捣密实。每一台阶浇完，台阶部分表面应随即原浆抹平。

②浇筑现浇柱基础应保证柱插筋位置准确，防止位移和倾斜。浇筑时，先满铺一层 5～10 cm 厚的混凝土，并捣实，使柱插筋下端与钢筋网片的位置基本固定，然后再继续对称浇筑，避免碰撞钢筋。

③在厚大无筋基础混凝土中，经设计人员同意，可填充部分大卵石或块石，但其数量一般不超过混凝土体积的 25%，并均匀分布，间距不小于 10 cm，最上层应有厚度不小于 10 cm 的混凝土覆盖层。

④大体积钢筋混凝土底板浇筑应有审批的专项施工方案，并按方案规定要求进行浇筑、预留施工缝和测温。大体积混凝土结构在工业建筑中多为设备基础，在高层建筑中多为厚大的桩基承台或基础底板等，整体性要求高，往往不允许留施工缝，要求一次连续浇筑完毕。

七、评价标准

现浇混凝土独立基础的测定项目及评价标准见表 4–13。

表 4–13　　现浇混凝土独立基础的测定项目及评价标准

序号	测定项目	分项内容	评价标准	标准分	监测点					得分
					1	2	3	4	5	
1	轴线位移	正确	超过图示尺寸 10 mm 无分	20						
2	截面尺寸	合适无露筋	超过图示尺寸 10～15 mm 不得分，3 处超 5～7 mm 无分	20						
3	预埋管、预留孔中心线位移	密实，无孔洞、蜂窝	超过 3 mm 每处扣 1 分，超过 5 mm 以上无分	20						
4	密实度	位置正确	有小麻面每处扣 3 分，有孔洞、蜂窝无分	10						
5	工具用具使用维护	做好操作前工具用具准备，完成后对工具用具进行维护	施工前后两次检查，酌情扣分或不扣分	10						

续表

序号	测定项目	分项内容	评价标准	标准分	监测点					得分
					1	2	3	4	5	
6	安全文明施工	安全生产落手清	有事故不得分，完工场地不清不得分	10						
7	工效	定额时间	低于定额时间 90% 不得分，在 90%～100% 之间酌情扣分，超过定额时间者适当扣 1～3 分	10						

技能训练 9　现浇混凝土柱的浇筑

一、训练目的

现浇混凝土柱构件的浇筑技能非常实用和重要。通过本技能训练，学生应能了解现浇混凝土柱构件的浇筑工艺流程与浇筑要点，掌握现浇混凝土柱构件的浇筑方法，熟悉现浇混凝土柱构件浇筑时的质量要求。

二、训练任务

浇筑混凝土柱。

三、训练地点与基本要求

实训地点安排在有条件的实训基地，实训过程要听从专业教师指导，认真听取实训教师讲解，要胆大心细，注意安全，尤其要牢记大构件制作过程中的技术安全注意事项。

四、组织管理

1. 专业教师实训前联系好实训教师，积极探讨实训内容与安排。

2. 一个教学班按 4～5 人一组分为若干小组，进行小组化教学，配合完成实训任务。

3. 实训教师实训前在教室介绍实训安排、观摩注意事项、分组情况，并安排学生学习相关知识。

4. 两名教师共同负责组织、指挥、指导和管理。

五、材料与设备

1. 设备

扩音设备两部、强制式混凝土搅拌机一台。

2. 材料与工具

（1）铁铲：每小组 2 把，取材料用。

（2）带刻度水桶：每小组大、小各一个，取水用。

（3）台秤：称量范围为 50 kg，分度值为 0.5 kg，两台共用，称量水泥及各种骨料用。

（4）手推车：每小组 2 部。

（5）水泥：共 20 包（每包 50 kg）。

（6）中砂：共 10 斗车。

（7）碎石：共 20 斗车。

（8）内部振捣器一台。

（9）平板振捣器一台。

（10）模板若干。

另外，自来水管接至实训场地。

六、训练内容与工艺流程

1. 训练内容

根据柱的浇筑工艺与要点，现场进行柱混凝土的浇筑和柱构件浇筑的质量检查。混凝土柱的截面尺寸为 350 mm × 350 mm，高度为 3 m，如图 4-15 所示。

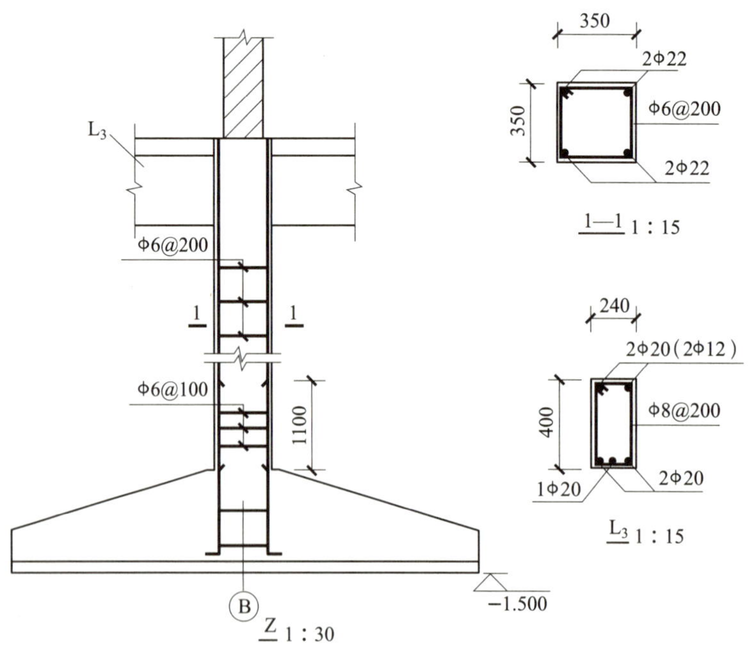

图 4-15　现浇混凝土柱浇筑

2. 工艺流程

(1) 施工工艺流程

作业准备→混凝土搅拌→混凝土运输→混凝土柱浇筑与振捣→养护。

1）根据配合比确定的每盘（槽）各种材料用量及车辆质量，分别固定好水泥、砂、石子各个磅秤标准。在上料时车车过磅，并经常测定骨料含水率，及时调整配合比用水量，确保加水量准确。

2）装料顺序：一般先装石子，再装水泥，最后装砂，需加掺和料时，应与水泥一并加入。需掺外加剂（减水剂、早强剂等）时，粉状外加剂应根据每盘加入量预加工并装入小包装袋内（塑料袋为宜），用时与粗、细骨料同时加入；液体外加剂应按每盘用量与水同时加入搅拌机搅拌。

3）搅拌时间：混凝土搅拌的最短时间根据施工规范要求确定，可按表 4–14 执行。掺有外加剂时，搅拌时间应适当延长。

表 4–14　混凝土搅拌的最短时间　s

混凝土坍落度（cm）	搅拌机机型	搅拌机出料量（L）		
		< 250	250 ~ 500	> 500
≤ 3	自落式	90	120	150
	强制式	60	90	120
>3	自落式	90	90	120
	强制式	60	60	90

4）混凝土开始搅拌时，由组长对出盘混凝土的坍落度、和易性等进行鉴定，检查是否符合配合比通知单要求，如果不符合，应调整后再进行搅拌。

5）混凝土运输

①现场运输混凝土一般采用手推车。

②混凝土自搅拌机中卸出后，应及时运到浇筑地点，延续时间不能超过初凝时间。运输过程中，要防止混凝土离析、水泥浆流失、坍落度变化以及产生初凝等现象。如果混凝土运到浇筑地点有离析现象，必须在浇筑前进行二次拌和。混凝土从搅拌机中卸出至浇筑完毕的时间应符合表 4–15 的规定。

表 4–15　混凝土从搅拌机中卸出至浇筑完毕的时间　min

混凝土强度等级	气温	
	低于 25 ℃	高于 25 ℃
≤ C30	120	90
>C30	90	60

注：掺有外加剂或采用快硬水泥拌制混凝土时，混凝土从搅拌机卸出至浇筑完毕的时间应按试验确定。

③混凝土运输道路应平整顺畅，若有凹凸不平，应铺垫桥枋。

（2）柱混凝土浇筑

1）柱浇筑前，应在底面上均匀浇筑 50 mm 厚与混凝土配合比相同的水泥砂浆，新浇混凝土与下层混凝土接合处也同此处理。砂浆应用铁铲铲入模内，不应用料斗直接倒入模内。

2）柱混凝土应分层浇筑振捣，每层浇筑厚度控制在 500 mm 左右。混凝土下料点应分散布置，浇筑过程应循环推进、连续进行。振捣棒不得触动钢筋和预埋件。除上面振捣外，下面要有人随时敲打模板。

3）柱高在 3 m 之内时，可在柱顶直接下灰浇筑；柱高超过 3 m 时，应采取措施（用串筒），或在模板侧面开门子洞安装斜溜槽分段浇筑。每段高度不得超过 2 m，每段混凝土浇筑后，将门子洞模板封闭严密，并用箍箍牢。

4）柱混凝土应一次浇筑完毕，如需留施工缝，应留在主梁下面。无梁楼板的施工缝应留在柱帽下面。梁板整体浇筑时，应在柱浇筑完毕后停歇 1 ~ 1.5 h，使其获得初步沉实，再继续浇筑。

5）浇筑完毕后，应随时将伸出的搭接钢筋整理到位。

6）构造柱混凝土应分层浇筑，每层厚度不得超过 300 mm。

七、评价标准

民用建筑柱浇筑的测定项目及评价标准见表 4–16。

表 4–16　　民用建筑柱浇筑的测定项目及评价标准

序号	测定项目	分项内容	评价标准	标准分	监测点					得分
					1	2	3	4	5	
1	截面尺寸	正确	超过图示尺寸 ±5 mm 扣 3 分，±8 mm 无分，3 处 5 mm 以上无分	20						
2	保护层	合适无露筋	超过规范或图纸规定 2 mm 扣 2 分，3 处 2 mm 以上或 1 处 5 mm 以上无分	20						
3	密实度	密实，无孔洞、蜂窝	有小麻面每处扣 3 分，有孔洞、蜂窝无分	20						
4	预埋管件	位置正确	超过 3 mm 每处扣 1 分，5 mm 以上无分	10						
5	工具用具使用维护	做好操作前工具用具准备，完成后对工具用具进行维护	施工前后两次检查，酌情扣分或不扣分	10						

续表

序号	测定项目	分项内容	评价标准	标准分	监测点					得分
					1	2	3	4	5	
6	安全文明施工	安全生产落手清	有事故不得分，完工场地不清不得分	10						
7	工效	定额时间	低于定额时间90%不得分，在90%～100%之间酌情扣分，超过定额时间者适当扣1～3分	10						

技能训练10　混凝土预制桩的浇筑

一、训练目的

钢筋混凝土预制桩坚固耐久，不受地下水或潮湿环境影响，能承受较大荷载，施工机械化程度高，进度快，能适应不同土层施工，是我国目前广泛采用的一种桩型。通过本技能训练，学生应了解混凝土预制桩构件的浇筑工艺流程与浇筑要点，掌握混凝土预制桩构件的浇筑方法，熟悉混凝土预制桩构件浇筑时的质量要求。

二、训练任务

现场观摩并协助浇筑混凝土预制桩，完成实训日志。

三、训练地点与基本要求

实训地点安排在有条件的实训基地，实训过程要听从专业教师指导，认真听取实训教师讲解，要胆大心细，注意安全，尤其要牢记大构件制作过程中的技术安全注意事项。

四、组织管理

1. 专业教师实训前联系好实训教师，积极探讨实训内容与安排。
2. 一个教学班按4～5人一组分成若干小组，进行小组化教学，配合完成实训任务。
3. 实训教师实训前在教室介绍实训安排、观摩注意事项、分组情况，并安排学生学习相关知识。
4. 两名教师共同负责组织、指挥、指导和管理。

五、材料与设备

1. 设备

扩音设备两部、强制式混凝土搅拌机一台。

2. 材料与工具

（1）铁铲：每小组 2 把，取材料用。

（2）带刻度水桶：每小组大、小各一个，取水用。

（3）台秤：称量范围为 50 kg，分度值为 0.5 kg，两台共用，称量水泥及各种骨料用。

（4）手推车：每小组 2 部。

（5）水泥：共 20 包（每包 50 kg）。

（6）中砂：共 10 斗车。

（7）碎石：共 20 斗车。

（8）内部振捣器一台。

（9）平板振捣器一台。

（10）模板若干。

另外，自来水管接至实训场地。

六、训练内容与工艺流程

1. 训练内容

根据混凝土预制桩的浇筑工艺与要点，现场观摩并协助进行混凝土预制桩浇筑，进行混凝土预制桩构件浇筑质量检查。

2. 工艺流程

（1）施工工艺流程

作业准备→混凝土搅拌→混凝土运输→预制桩混凝土浇筑与振捣→养护。

1）根据配合比确定的每盘（槽）各种材料用量及车辆质量，分别固定好水泥、砂、石子各个磅秤标准。在上料时车车过磅，并经常测定骨料含水率，及时调整配合比用水量，确保加水量准确。

2）装料顺序：一般先装石子，再装水泥，最后装砂，需加掺和料时，应与水泥一并加入。需掺外加剂（减水剂、早强剂等）时，粉状外加剂应根据每盘加入量预加工并装入小包装袋内（塑料袋为宜），用时与粗、细骨料同时加入；液体外加剂应按每盘用量与水同时加入搅拌机搅拌。

3）搅拌时间：混凝土搅拌的最短时间根据施工规范要求确定，可按表 4–17 执行。掺有外加剂时，搅拌时间应适当延长。

4）混凝土开始搅拌时，由组长对出盘混凝土的坍落度、和易性等进行鉴定，检查是否符合配合比通知单要求，如果不符合，应调整后再进行搅拌。

5）混凝土运输

①现场运输混凝土应采用手推车。

②混凝土自搅拌机中卸出后，应及时运到浇筑地点，延续时间不能超过初凝时间。在运输过程中，要防止混凝土离析、水泥浆流失、坍落度变化以及产生初凝等现象。如果混凝土运到浇筑地点有离析现象，必须在浇筑前进行二次拌和。混凝土从搅拌机中卸出至浇筑完毕的时间应符合表 4–15 的规定。

③混凝土运输道路应平整顺畅，若有凹凸不平，应铺垫桥枋。

（2）预制桩混凝土浇筑

1）浇筑前应检查模板尺寸、支撑、钢筋骨架有无歪斜、扭曲、结扎（点焊）松脱等现象，检查预埋件和预留孔洞的数量、规格、位置是否与设计图纸相符，如有问题，要及时处理改正。保护层垫块厚度要适当。做好隐蔽工程验收记录，并清除杂物。

2）混凝土搅拌后应尽快浇筑完毕，以免操作困难。浇筑过程中要经常注意保持钢筋、预埋件、螺栓孔以及预留孔道等位置准确，应根据构件的厚度一次或分层连续施工，应注意将模板四周各个节点处以及锚固铁板与混凝土之间捣实。

3）对于柱牛腿部位钢筋密集处，原则上要慢浇、轻捣、多捣，并可用带刀片的振捣棒振实；对有芯模的四侧，也应注意对称下料振动，以防芯模因单侧压力过大而产生偏移。

4）预制腹杆的两端混凝土表面要凿毛，伸出的主筋应有足够的锚固长度，确保能够伸入现浇混凝土构件内，浇筑前预制构件接触混凝土的面要充分湿润。

5）平卧重叠生产，须待下一层预制构件的混凝土强度达到设计强度的 30% 以上时，方可涂刷隔离剂，进行上一层构件的支模、绑扎钢筋及浇筑混凝土操作。重叠高度一般为 3 ~ 4 层，并要防止下层已浇好的构件与上层侧模板之间的缝隙漏浆，避免拆除侧模后出现蜂窝、麻面等情况。

6）立式浇筑过程中要经常检查模板及支撑是否牢固，各个节点的捣固工作要特别仔细。

7）浇筑完毕后，须用铁板将混凝土表面抹平压光。不足之处应用同样材料填补，不可用补砂浆的办法修正构件表面尺寸。所有预制构件与后浇混凝土接触的表面均须做成毛面，在构件制作前尽可能考虑，否则在拆模后要及时凿毛处理。

8）桩体预留孔洞宜用钢管（或圆钢）作芯模，混凝土初凝前后将芯模拔出较为合适，抽出后再用钢丝刷将孔壁刷毛。混凝土浇筑后的初凝阶段内，芯模要经常转动，抽芯时以旋转向外抽为宜，以保证不缩孔、不坍落，芯模也易于抽出。

七、评价标准

混凝土预制桩浇筑的测定项目及评价标准见表 4–17。

表 4–17　　混凝土预制桩浇筑的测定项目及评价标准

序号	测定项目	评价标准	标准分	监测点					得分
				1	2	3	4	5	
1	表面整洁密实	空隙、不洁处每处扣 2 分，有明显不密实无分	15						
2	截面尺寸	超过 2 mm 每处扣 2 分，超过 5 mm 不得分	15						
3	截面中心位移	超过规定偏差每处扣 2 分	10						

续表

序号	测定项目	评价标准	标准分	监测点					得分
				1	2	3	4	5	
4	保护层厚度	超过 2 mm 每处扣 2 分，超过 5 mm 不得分	15						
5	表面平整度	8 mm 以上每处扣 1 分，5 处以上不得分	15						
6	工完场清工具用具清	清洁场地，维护工具用具	5						
7	安全	无安全事故	10						
8	工效	低于定额时间 90% 不得分，在 90%～100% 之间酌情扣分，超过定额时间者适当扣 1～3 分	15						

技能训练 11　混凝土梁、板的拆模

一、训练目的

模板分为承重模板和非承重模板，模板拆除日期取决于混凝土强度、模板用途、结构性质及混凝土硬化温度。通过本技能训练，学生应能了解混凝土梁、板构件的拆模工艺流程与浇筑要点，掌握混凝土梁、板构件的拆模方法，熟悉混凝土梁、板构件拆模时的质量要求。

二、训练任务

现场观摩并协助进行混凝土梁、板构件的拆模。

三、训练地点与基本要求

实训地点安排在有条件的实训基地，实训过程要听从专业教师指导，认真听取实训教师讲解，要胆大心细，注意安全。

四、组织管理

1. 专业教师实训前联系好实训教师，积极探讨实训内容与安排。
2. 一个教学班按 4～5 人一组分为若干小组，进行小组化教学，配合完成实训任务。

3. 实训教师实训前在教室介绍实训安排、观摩注意事项、分组情况，并安排学生学习相关知识。

4. 两名教师共同负责组织、指挥、指导和管理。

五、材料与设备

1. 设备

扩音设备两部。

2. 材料与工具

（1）钳子：每小组 2 把，取模板钉子用。

（2）脚手板：脚手架下部均需搭设。

（3）铲刀：每小组 2 把，清理模板杂物用。

（4）湿布：每小组 2 条，清理模板杂物用。

（5）长撬棍：每小组 2 根，撬模板用。

（6）扳手：每小组 2 把，松动模板连接部位用。

（7）脱模剂：每小组 1 瓶，刷模板用。

另外，自来水管接至实训场地。

六、训练内容与工艺流程

1. 训练内容

根据混凝土梁、板模板的拆除工艺与要点，现场观摩并协助进行混凝土梁、板模板的拆除，进行混凝土梁、板模板拆除的质量检查。

2. 工艺流程

梁、板模板应先拆梁侧模，再拆板底模，最后拆除梁底模。顺序如下：拆除部分水平拉杆、剪刀撑→拆除梁连接件及侧模→松动支架柱头调节螺栓，使模板下降 2～3 cm→分段、分片拆除楼板模板及支撑件→拆除梁底模板和支撑件→清理。

（1）拆除碗口件部分水平拉杆，以便作业，而后拆除梁侧模板上的水平钢管及斜支撑，轻撬梁侧模板，使之与混凝土表面脱离。

（2）下调支柱上的油托螺杆后，轻撬模板下的龙骨，使龙骨与模板分离，拆下第一块，然后逐块逐段拆除，切不可用钢棍或铁锤猛击乱撬。每块模板拆除后或用人托扶放在地上，或下调油托到一定高度后托住模板，严禁自由落地。

（3）拆除梁底模板的方法与拆除楼板大致相同。但拆除跨度较大的梁底模板时，应从跨中开始下调支柱油托螺杆，然后向两端逐根下调，拆除梁底模板支柱时，宜从跨中向两端作业。

（4）拆下模板等配件要有人接应传递，严禁抛掷，并堆放于指定地点。

（5）模板拆除运至存放地点时，应保持平放，然后用铲刀、湿布进行清理。模板如有损坏，应及时进行修理，以保证使用质量。

（6）模板拆除后要及时、认真清除残灰，再刷脱模剂。脱模剂要涂刷均匀，不能漏刷，也不能刷得过多，脱模剂干后再支设模板。木模板应选用水性脱模剂。

七、评价标准

梁、板模板拆除的测定项目及评价标准见表 4–18。

表 4–18　　梁、板模板拆除的测定项目及评价标准

序号	测定项目	分项内容	评价标准	标准分	监测点					得分
					1	2	3	4	5	
1	拆模顺序	先拆梁侧模，再拆板底模，最后拆除梁底模。	顺序错误一次扣 5 分	15						
2	模板表面	表面清理干净	有 1 处混凝土残渣扣 2 分，3 处以上无分	15						
3	支撑堆放	堆放整齐	杂乱扣 3 分	20						
4	钉子	拔出干净	每处扣 1 分，5 处以上无分	10						
5	工具用具使用维护	做好操作前工具用具准备和完成后工具用具维护	施工前后两次检查，酌情扣分或不扣分	10						
6	安全文明施工	安全生产落手清	有事故不得分，完工场地不清不得分	15						
7	工效	定额时间	低于定额时间 90% 不得分，在 90%～100% 之间酌情扣分，超过定额时间者适当扣 1～3 分	15						

思考练习题

1. 简述孔道灌浆应在预应力施加完毕、预应力筋锚固后随即进行的原因。
2. 简述预应力屋架制作与普通钢筋混凝土屋架制作的区别。
3. 孔道留设的方法有哪些？哪些方法比较常用？
4. 为了保证波纹管位置正确，防止浇筑混凝土时受到挤压而偏离移位，应采取什么措施？
5. 简述预应力屋架的施工过程。
6. 简述混凝土冬季施工对材料的要求。
7. 简述混凝土冬季施工的方法类型。
8. 简述混凝土夏季施工的温控措施。
9. 简述混凝土雨季施工应采取的措施。

第五章 特殊混凝土施工

随着建筑施工技术的快速发展和业主对建筑物性能要求的不断上升，各种功能型建筑物的需求量越来越大。我国地域广阔，地理条件非常复杂，区域环境条件完全不同，施工条件也大不相同，如果统一按照普通混凝土施工的工艺流程和要点施工，会降低建筑物的使用寿命，也会降低使用满意度。因此，不同功能的建筑物需要用不同的特种混凝土施工，地基比较薄弱的区域应采用轻质混凝土，有防水、轻质、高强、隔热需求的区域应采用泡沫混凝土，有其他特殊功能需求的区域应采用耐久性混凝土。与普通常见混凝土结构构筑物的施工相比，特殊混凝土结构构筑物的施工较为复杂，通常需要采用特殊的施工工艺。因此，本章针对一些工业、超高层建筑施工用到的结构施工方法展开讲述，介绍特殊混凝土结构施工技术。

第一节 轻质混凝土和泡沫混凝土施工

一、轻质混凝土的组成材料与特性

由轻质粗骨料、细骨料配制而成的干表观密度不大于 1 950 kg/m^3 的混凝土，称为轻质混凝土，也叫轻骨料混凝土。若粗、细骨料全是轻质材料，称为全轻骨料混凝土。若粗骨料为轻质材料，细骨料部分或全部采用普通砂，则称为砂质混凝土。

1. 轻质混凝土组成

（1）水泥

一般采用硅酸盐水泥、普通硅酸盐水泥、矿渣硅酸盐水泥、火山灰质硅酸盐水泥及粉煤灰硅酸盐水泥，必要时也可以采用其他品种的水泥。

（2）轻骨料

轻骨料包括轻粗骨料和轻细骨料。轻粗骨料粒径在 5 mm 以上，堆积密度小于 1 000 kg/m^3，常用的有膨胀珍珠岩、页岩陶粒、黏土陶粒等，如图 5–1 所示。轻细骨料粒径不大于 5 mm，堆积密度小于 1 200 kg/m^3，常用的有粉煤灰陶砂、页岩陶砂、黏土陶砂等。

图 5–1　轻粗骨料

（3）水

要求同普通混凝土。

2. 轻质混凝土特性

（1）自重轻

一般普通混凝土的容重为 2 500 kg/m^3，而轻质混凝土的容重一般为 1 600～1 900 kg/m^3。

（2）保温隔热性能好

一般普通混凝土在干燥情况下的导热系数为 1.22～1.55 W/（m·K），而在潮湿情况下可达 1.62～1.75 W/（m·K），轻质混凝土的导热系数是普通混凝土的 1/2～2/3，所以其保温隔热性能优于普通混凝土。

（3）抗火性能好

轻质混凝土的导热系数低、耐热性能好，前者可延缓结构的温升，后者可使升温后的混凝土强度降低幅度减小。

（4）隔音性能好

轻骨料混凝土孔隙率较大，所以其隔音效果优于普通混凝土。

（5）强度高

轻骨料混凝土的强度等级是按《轻骨料混凝土应用技术标准》（JGJ/T 12—2019）的有关规定进行划分的。制作边长为 15 cm×15 cm×15 cm 的立方体试件，在标准养护条件下（温度 17～23 ℃，相对湿度大于 90%）养护 28 天后测得混凝土平均极限抗压强度，据此将轻骨料混凝土强度等级划分为 C20、C30、C50 等。

二、轻质混凝土施工工艺与操作要点

1. 施工准备

（1）轻骨料

浮石：最大粒径不宜大于 20 mm，不允许含有超过最大粒径两倍的颗粒。级配要求为通过 5 mm 筛孔不大于 90%，通过 10 mm 筛孔为 30%～70%，通过 200 mm 筛孔不大于 10%。空隙率不大于 50%，1 h 吸水率不大于 25%，含泥量不大于 2%，松散密度、筒压强度符合设计要求。

陶粒：与上述要求相同，并不得混夹杂物或黏土块。

砂：中砂或粗砂，当混凝土强度等级为 C20～C30 时，含泥量不大于 5%，当混凝土强度等级大于 C30 时，含泥量不大于 3%。

（2）水泥

应选用 32.5、42.5 矿渣硅酸盐水泥或普通硅酸盐水泥。

（3）外加剂

产品经质量认证，掺量必须通过试验确定，技术性能符合有关标准的规定。

（4）主要机具

搅拌机、吊斗、手推车、磅秤、插入式振捣器、铁锹、铁盘、木抹子、小平锹、小勺、水桶、胶管、外加剂计量容器等。

（5）轻骨料的堆放和运输要求

1）轻骨料应按不同品种分批运输和堆放，不得混杂。

2）轻骨料运输和堆放应保持颗粒混合均匀，减少离析。采用自然级配时，堆放高度不宜超过 2 m，并应防止树叶、泥土和其他有害物质混入。

3）轻砂在堆放和运输时，宜采取防雨措施，并防止风刮飞扬。

2. 作业条件

（1）原材料（包括水泥、轻骨料、外加剂等）进场时检查出厂合格证，其各项技术性能指标必须符合要求，并应复验轻骨料，每 200 m^3 为一批（不足 200 m^3 按一批计），检验松散密度、颗粒级配、筒压强度、1 h 吸水率。天然轻骨料应检验含泥量，复验不合格，应查明原因，并采取措施。

（2）试验室进行试配，确定配合比及坍落度。轻骨料混凝土的强度、密度均应符合设计要求。

（3）轻骨料堆放场地应有排水措施，使用时尽量保持颗粒混合均匀，避免大小颗粒分离，按自然级配堆放时，其高度不宜超过 2 m，并应防止树叶、泥土或其他有害物质混入。

（4）模板拼缝应严密，采用木模时必须浇水湿润。外墙大模板外模下口圈梁部位应有防止漏浆的措施。

（5）施工前熟悉图纸的设计要求，进行技术交底。

3. 操作工艺

（1）工艺流程

检验水泥、砂子、外加剂质量→配合比试验→技术交底→准备机具设备→基底清理→找标高→搅拌、浇筑→找平、压光→养护→检查验收。

（2）材料计量

骨料、水泥、水和外加剂均按质量计，骨料计量允许偏差应小于 ±3%，水泥、水和外加剂计量允许偏差应小于 ±2%，轻骨料宜在搅拌前预湿。因此，根据配合比确定用水量时，还应计算骨料的含水量（搅拌前应测定骨料含水率）并做相应调整，在搅拌过程中应经常抽测，雨天或坍落度异常应及时测定含水率，调整用水量。水灰比可用总水灰比表示，总用水量应包括配合比有效用水量和轻骨料 1 h 吸水量两部分。

（3）预湿处理

在气温高于或等于 5 ℃的季节施工时，根据工程需要，预湿时间可按外界气温和来料的自然含水状态确定，应提前半天或一天对轻骨料进行淋水或泡水预湿，然后滤干水分进行投料。在气温低于 5 ℃时，不宜进行预湿处理。

（4）搅拌

搅拌前应对轻骨料的含水率及其堆积密度进行测定。测定原则宜为：在批量拌制轻骨料混凝土前进行测定，在批量生产过程中抽查测定，雨天施工或发现混凝土拌合物稠度反常时进行测定。对预湿处理的轻骨料，可不测其含水率，但应测定其湿堆积密度。

轻质混凝土拌合物一般采用强制式搅拌机搅拌，也可采用自落式搅拌机搅拌。采用强制式搅拌机时，先加细骨料、水泥和粗骨料搅拌约 1 min，再加水继续搅拌不少于 2 min。采用自落式搅拌机时，先加 1/2 的用水量，然后加入粗细骨料和水泥搅拌约 1 min，再加剩余的水量，继续搅拌不少于 2 min。

在不采用搅拌运输车运送混凝土拌合物时，砂质混凝土全部加料完毕后的搅拌时间不宜少于 3 min，全轻骨料混凝土全部加料完毕后的搅拌时间宜为 3 ~ 4 min。对强度低而易破碎的轻骨料，应严格控制混凝土的搅拌时间。

由于轻质混凝土在拌制过程中吸收水分，故施工中宜用坍落度值控制混凝土的用水量，并控制水胶比，这样更切合实际，便于掌握。

（5）运输

轻骨料的初期吸水能力很强，所以在施工中应尽量缩短混凝土由搅拌机出口至作业面浇筑这一过程的时间，一般不能超过 45 min。运输时，宜用吊斗直接由搅拌机出料口吊至作业面浇筑，避免或减少中途倒运，若混凝土拌合物浇筑前和易性变差、坍落度变小，宜人工二次搅拌。当用搅拌运输车运送轻质混凝土拌合物，因运距过远或交通问题造成坍落度损失较大时，可采取在卸料前掺入适量减水剂进行搅拌的措施，以满足施工所需和易性要求。

（6）浇筑

浇筑时，应连续施工，不留或少留施工缝。浇筑混凝土应分层进行，对大模板工程，每层浇筑高度第一层不应超过 50 cm，以后每次不超过 1 m。若留施工缝，应垂直留在内外墙交接处及流水段分界处，设铁丝网或堵头模板，继续施工前，必须将接合处清理干净，浇水湿润，然后再浇筑混凝土。

轻骨料混凝土拌合物浇筑倾落的自由高度不应超过 1.5 m。大于 1.5 m 时，应加串筒、斜槽或溜管等辅助工具。

（7）振捣

轻骨料密度小，故容易造成砂浆下沉，轻骨料上浮。插入式振捣器要快插慢拔，振点要适当加密，分布均匀，其振捣间距应小于普通混凝土间距，不应大于振捣作用半径的 1 倍，插入深度不应超过浇筑高度。振捣时间不宜过长，防止分层离析。振捣后，用工具将混凝土表面外露轻骨料压入砂浆中，然后用木抹子将表面抹平。

对流动性大、能满足强度要求的塑性拌合物以及结构保温类和保温类轻骨料混凝土拌合物，可采用插捣成型。干硬性轻骨料混凝土拌合物浇筑构件，应采用振动台或表面加压成型。现场浇筑的大模板或滑模施工的墙体等竖向结构物，应分层浇筑，每层浇筑厚度宜控制在 300 ~ 350 mm。浇筑上表面积较大的构件，当厚度小于或等于 200 mm 时，宜采用表面振动成型；当厚度大于 200 mm 时，宜先用插入式振捣器振捣密实后，再表面振捣。用插入式振捣器振捣时，插入间距不应大于作用半径的一倍。连续多层浇筑时，插入式振捣器应插入下层混凝土拌合物约 50 mm。振捣延续时间应以混凝土拌合物捣实和避免轻骨料上浮为原则。振捣时间应根据混凝土拌合物稠度和振捣部位确定，宜为 10 ~ 30 s。

浇筑成型后，宜采用拍板、刮板、辊子或振动抹子等工具，及时将浮在表层的轻骨料颗粒压入混凝土内。若颗粒上浮面积较大，可采用表面振捣器复振，使砂浆返上，再作抹面。

（8）养护

轻质混凝土浇筑成型后应及时覆盖和喷水养护。常温下，轻质混凝土拆模强度应大于 1 MPa。拆模后及时喷水养护或覆盖薄膜湿润养护，防止失水出现干缩裂纹。

采用自然养护时，用普通硅酸盐水泥、硅酸盐水泥、矿渣硅酸盐水泥拌制的轻骨料混凝土，湿养护时间不应少于 7 天；用粉煤灰硅酸盐水泥、火山灰质硅酸盐水泥拌制的轻质混凝土及在施工中掺缓凝型外加剂的混凝土，湿养护时间不应少于 14 天。轻质混凝土构件用塑料薄膜覆盖养护时，应覆盖严密，保持膜内有凝结水。

轻质混凝土构件采用蒸汽养护时，成型后静停时间不宜少于 2 h，并应控制升温和降温速度。

保温和结构保温类轻质混凝土构件及构筑物的表面缺陷，宜采用原配合比的砂浆修补。结构轻质混凝土构件及构筑物的表面缺陷可采用水泥砂浆修补。

4. 施工注意事项

由于轻骨料堆积密度小和多孔结构易吸水的特性，在施工中需注意以下方面，才能保证工程质量：

（1）轻骨料的储存或运输应保证颗粒混合均匀，避免大小分离。工程实践证明，对轻骨料进行预湿处理是比较适宜的，尤其是对于吸水率大于 10% 的轻骨料或搅拌至浇筑时间间隔较长的场合。

（2）搅拌轻质混凝土时，加水方式分一次加水和二次加水：轻骨料吸水较快或使用预湿骨料时，采用一次加水；使用干燥骨料或吸水较慢的骨料时，采用二次加水。

（3）轻质混凝土由于堆积密度小，不宜采用自落式搅拌，应选用强制式搅拌方式，且总搅拌时间一般不得小于 3 min，从搅拌机卸出后至浇筑成型的时间不宜超过 45 min。

（4）运输轻质混凝土拌合物时，由于组成材料的颗粒堆积密度较大，所以应当注意防止离析。浇筑时，混凝土拌合物竖向自由降落的高度不应大于 1.5 m。

（5）轻质混凝土拌合物的堆积密度小，所以上层混凝土施加于下层混凝土上的附加荷载也较小，而且内部的衰减较大，浇筑工作量较普通混凝土大。

5. 质量标准

（1）保证项目

轻质混凝土使用的水泥、骨料、外加剂、配合比，以及计量、搅拌、养护及施工缝处理方法，必须符合施工规范及有关标准的要求，并检查出厂合格证、试验报告。轻质混凝土强度应符合设计及验评标准的要求，密度应符合设计要求。

（2）基本项目

轻质混凝土应振捣密实，表面无蜂窝、麻面，不露筋，无孔洞及缝隙夹渣层。

（3）允许偏差项目

轻质混凝土浇筑允许偏差项目见表 5-1。

表 5-1　轻质混凝土浇筑允许偏差项目　mm

序号	项目		允许偏差		检查方法
			多层	高层	
1	轴线位移		8	5	尺量检查
	垂直度	层高	± 10	± 10	
		全高	± 30	± 30	

续表

序号	项目		允许偏差		检查方法
			多层	高层	
2	截面尺寸		−2～5	−2～5	尺量检查
	标高	每层	5	5	用 2 m 托线板检查
		全高	1‰ 且≤ 20	1‰ 且≤ 30	用经纬仪或吊线和尺量检查
3	表面平整		4	4	用 2 m 靠尺和楔形塞尺检查
4	预埋钢板中心线偏移		10	10	
5	预埋管、预留孔、预埋螺栓中心线偏移		5	5	
6	预留洞中心线偏移		15	15	

6. 应注意的质量问题

（1）坍落度不稳定

轻质混凝土坍落度不稳定的原因包括用水量掌握不准、轻骨料的含水率有变化、未及时测定和调整用水量等。

（2）和易性差

轻质混凝土和易性差的原因主要是搅拌时间不足、出料过快。

（3）表面轻骨料外露

轻质混凝土振捣收头时，表面未加振捣，也未进行拍压、抹平，易导致表面轻骨料外露。

（4）强度偏低

轻质混凝土强度偏低的主要原因是计量不准确、振捣不密实、养护不好。

（5）接槎不密实

接槎不密实易导致漏浆，应注意振捣密实。

三、泡沫混凝土的组成材料与特性

泡沫混凝土又名发泡混凝土，是通过发泡系统发泡，并将泡沫与水泥浆均匀混合，然后经过泵送系统进行现浇施工或模具成型，经自然养护所形成的一种含有大量封闭气孔的新型轻质保温材料。它属于气泡状绝热材料，突出特点是在混凝土内部形成蜂窝形紧密、均匀排列的气孔，使混凝土轻质化，隔热保温性能提升五倍，耐火性能好，吸水量低，比其他保温材料更具优势。

泡沫混凝土干体积密度为 400～700 kg/m^3，相当于普通水泥混凝土的 1/6～1/3，可减轻建筑物整体自重，降低基建成本，极大地节约建筑费用。

1. 泡沫混凝土组成

泡沫混凝土主要组分包括水泥、泡沫剂、骨料、粉煤灰、外加剂和水，必要时可根据使用要求增加其他组分，如短纤维、有机高分子聚合物。

（1）水泥

水泥是泡沫混凝土强度的主要来源，也是首要影响因素。为达到强度最大化，泡

沫混凝土有一个最佳水泥用量。原材料体系不同，水泥用量对泡沫混凝土强度的影响规律并不一致。在非净浆体系中，泡沫混凝土强度先随水泥用量增加而提高，当超过最佳水泥用量后，强度则随水泥用量继续增加而降低。在净浆体系中，水泥用量则相对固定，只有水泥强度等级仍对泡沫混凝土强度产生影响。

硅酸盐系列水泥来源广泛、质量稳定、经济性和耐久性好，因而被泡沫混凝土行业广泛使用。硫（铁）铝酸盐第三系列水泥在泡沫混凝土浆体形成、结构稳定性、早期强度发展等方面具有特色，应用逐年增加，在一些特殊重点工程中的应用相继取得成功。

（2）泡沫剂

能产生泡沫的物质很多，但并非所有能产生泡沫的物质都能作为泡沫剂使用。只有产生的泡沫在与砂（净）浆混合时不破裂，具有足够稳定性，且不影响胶凝材料凝结和硬化的物质才能用于制备泡沫剂。通过改变泡沫添加量，可制成不同浆体密度和绝对干密度的泡沫混凝土，泡沫混凝土强度也将因泡沫引入量不同而不同。优选泡沫剂品种和确定最佳掺量是制备高性能泡沫混凝土的必要条件。

（3）骨料

制备泡沫混凝土的骨料通常分为普通骨料、轻骨料和超轻骨料三类。应根据泡沫混凝土的密度和强度要求，决定是否采用骨料和采用哪类骨料。骨料品种和表观密度对泡沫混凝土强度影响明显。为保证泡沫混凝土密度，用轻骨料比用普通骨料可使水泥浆体形成的结构更致密。泡沫混凝土抗压强度通常较低，抗压破坏通常发生在含有大量气孔的水泥基体中。与普通混凝土相比，使用密度较低的骨料将明显提高泡沫混凝土的抗压强度。

（4）粉煤灰

粉煤灰来源广泛、价格低廉，并具有一定活性，成为泡沫混凝土的首选掺和料。粉煤灰能显著提高泡沫混凝土的后期强度，改善成型效果。

（5）外加剂

泡沫混凝土常用外加剂包括分散剂、早强剂、速凝剂、防水剂、憎水剂。早强剂和速凝剂可加速泡沫混凝土结构形成过程和强度发展过程，提高浆体结构稳定性。

2. 泡沫混凝土特性

（1）隔音性

泡沫混凝土中含有大量的独立气泡，且分布均匀，吸音能力是普通混凝土的 5 倍，能有效隔音。

（2）耐水性

现浇泡沫混凝土吸水性较小，相对独立的封闭气泡及良好的整体性，使其具有一定的防水性能，最大吸水率小于 12.5%。

（3）耐火性

泡沫混凝土耐火时间为 4 h，是普通混凝土的 2 倍。

（4）抗压性

泡沫混凝土较传统加气混凝土抗压强度高，抗压强度为 0.6 ~ 5.5 MPa。

（5）整体性

泡沫混凝土可现场浇筑施工，与主体工程接合紧密，不需留界隔缝和透气管。

（6）经济性

泡沫混凝土综合造价低，可全方位节约工程总成本。

（7）环保性。

泡沫混凝土所需原料为水泥和发泡剂，发泡剂为中性，不含苯、甲醛等有害物质，避免了环境污染和消防隐患。

（8）耐久性

泡沫混凝土耐久性好，与主体工程寿命相同。

（9）低弹减震性

泡沫混凝土的多孔性使其具有较低的弹性模量，从而使其对冲击载荷具有良好的吸收和分散作用。

（10）生产加工性

泡沫混凝土不但能在厂内生产成各种各样的制品，而且还能现场施工，直接现浇成屋面、地面和墙体，并可进行锯、刨、钉、钻孔等加工。

四、泡沫混凝土施工工艺与操作要点

泡沫混凝土以其良好的特性，广泛应用于节能墙体材料中，在其他方面也获得了应用。目前，泡沫混凝土在我国的应用主要是屋面泡沫混凝土保温层现浇、泡沫混凝土面块、泡沫混凝土轻质墙板、泡沫混凝土补偿地基。充分利用泡沫混凝土的良好特性，可以将它在建筑工程中的应用领域不断扩大，加快工程进度，提高工程质量。

1. 施工准备

（1）技术准备

管道已按设计要求铺设完毕，并验收合格。铺设前应根据设计要求通过试验确定配合比。

（2）材料要求

1）水泥。宜采用硅酸盐水泥、普通硅酸盐水泥或矿渣硅酸盐水泥，其强度等级应在 32.5 以上。

2）砂。应选用水洗粗砂，含泥量不大于 3%。

3）WSD 发泡剂。应有出厂合格证及质量检验证明书，并经复试合格。

（3）主要机具准备

根据施工条件，应合理选用适当的机具设备和辅助用具，以能达到设计要求为基本原则，兼顾进度、经济要求。常用机具设备有混凝土搅拌机、混凝土输送泵、平板振捣器、手推车、计量器、木抹子、铁抹子等。

（4）作业条件

配合比试验已确定；基层清理干净，浇捣混凝土前应洒水湿润；施工前，应做好水平标志，控制铺设的高度和厚度，可采用竖尺、拉线、弹线等方法。对所有作业人员进行技术交底，特殊工种必须持证上岗。作业时的环境（如天气、湿度、温度等）

状况应满足施工要求。

2. 施工工艺

泡沫混凝土施工工艺流程：检验水泥、砂、WSD 发泡剂质量→配合比试验→技术交底→准备机具设备→基底清理→找标高→搅拌、浇筑混凝土→找平、压光→养护→检查验收。

（1）清理基底垃圾。

（2）根据水平标准线和设计厚度，在四周墙、柱上弹出面层的水平标高控制线。

（3）混凝土的配合比应根据设计要求通过试验确定。投料必须严格过磅，精确控制配合比，每盘投料顺序为水泥、砂、WSD 发泡剂、水。

（4）按规定留设试块。

（5）铺设前应将基底湿润，并在基底上刷一道素水泥浆或界面接合剂，将混凝土搅拌均匀后，从房间内退着往外铺设，振捣或滚压时，低洼处应用混凝土补平。

（6）当面层灰面吸水后，用木抹子用力搓打、抹平。第一遍抹压：用铁抹子轻轻抹压一遍直到出浆为止。第二遍抹压：当面层砂浆初凝后，用铁抹子把凹坑、砂眼填实抹平，注意不得漏压。第三遍抹压：当面层砂浆终凝前，用铁抹子用力抹压，把所有抹纹压平压光，使面层表面密实光洁。

（7）施工完成后 24 h 左右应覆盖和洒水养护，每天不少于 2 次，养护期不得少于 7 天。

3. 安全环保措施

（1）运输、堆放、施工过程中应注意避免扬尘、遗洒、沾带等现象，应采取遮盖、封闭、洒水、冲洗等必要措施。

（2）运输、施工所用车辆、机械的废气、噪声等应符合环保要求。

（3）垂直运输管道要安装固定牢固，防止滑落伤人。

第二节　特种功能混凝土性能及施工

一、耐酸混凝土性能及施工

1. 耐酸混凝土性能

混凝土的腐蚀多数为酸性介质腐蚀。在酸性介质作用下具有抗腐蚀能力的混凝土，称为耐酸混凝土。耐酸混凝土广泛用于化学工业的防酸槽、电镀槽等。

2. 耐酸混凝土施工

（1）原材料

拌制耐酸混凝土的各种原材料除必须满足物理力学性能的各项技术要求外，还必须具有受酸性介质侵蚀的化学稳定性。耐酸混凝土的主要原材料有水玻璃、氟硅酸钠、掺和料、细骨料和粗骨料。

1）水玻璃。在耐酸混凝土中，水玻璃模数为 2.6 ~ 2.8，比重以 1.38 ~ 1.4 为宜。水玻璃的比重过大或过小都会影响混凝土的强度、耐酸性、抗渗性和收缩性。当比重过小时，可加热脱水调整；当比重过大时，可在常温下加温水调整。允许采用可溶性硅酸钠做成的水玻璃。

水玻璃模数过小，会延缓混凝土的硬化时间，耐酸性也差；模数过大，会使混凝土硬化过快，特别是气温较高时更加显著，这样会造成施工操作困难。水玻璃模数过高时，可加入清水在常温下混合，并不断搅拌至均匀为止。

2）氟硅酸钠。耐酸混凝土常用工业氟硅酸钠作固化剂，其质量要求如下：纯度不应低于 95%，含水率不得大于 1%，颗粒通过 0.125 mm 筛孔的筛余量不应大于 10%，不能受潮结块。

3）掺和料（耐酸粉料）。掺和料常用石英粉、辉绿岩粉（又叫铸石粉）、瓷料等，其中以辉绿岩粉为最好，粉料的耐酸率不小于 94%，含水率不应大于 1%，并不得含有泥土及有机杂质，1 600 孔 /cm^2 筛余率不大于 5%，4 900 孔 /cm^2 筛余率为 10% ~ 30%。

4）细骨料。耐酸混凝土用石英砂的耐酸率不应小于 94%，含水率不应小于 1%，不得含有泥土，有机杂质含量必须符合混凝土用砂的技术要求。

5）粗骨料。耐酸混凝土的粗骨料是用石英岩、玄武岩、花岗岩等制成的碎石，耐酸率不应小于 94%，浸酸安定性合格，含水率不应大于 1%，并不得含有泥土。使用符合要求的天然石子时，必须严格筛洗。

（2）配合比

耐酸混凝土配合比中的水玻璃用量须根据坍落度要求确定，一般为 250 ~ 300 kg/m^3。氟硅酸钠用量宜为水玻璃用量的 15%；掺和料的用量一般为 450 ~ 550 kg/m^3。用振动法使粗细骨料和掺和料的混合物密实至体积不变时，其空隙率不得超过 22%。

（3）施工要求

耐酸混凝土的凝结和硬化原理与普通混凝土不同，它的硬化主要是通过水玻璃与固化剂氟硅酸钠作用，产生具有胶结能力的“硅胶”，对骨料产生胶结作用，形成具有一定强度的人造石。“硅胶”的凝结和硬化需要在适宜的温度（15 ~ 30 ℃）和干燥的空气中进行，不得受潮，更不得浇水养护，具有气硬性，这是与水泥混凝土的水硬性完全不同的。耐酸混凝土不得受太阳暴晒，以免急剧脱水而龟裂，也不得在低于 10 ℃的低温环境下施工。耐酸混凝土的初凝时间约为 30 min，终凝时间约为 8 h，所有混凝土拌合物必须在 30 min 内用完，否则将会硬化变质。

拌制耐酸混凝土时，无论机械搅拌或人工搅拌，必须先将干料（氟硅酸钠、掺和粉料、粗细骨料等）拌匀，这样才能搅拌均匀。

耐酸混凝土的浇筑要分层进行，当采用振捣棒振捣时，每层厚度不大于 200 mm，振捣棒插点间距不应大于 500 mm；当采用平板振捣器时，每层厚度不应大于 100 mm。振捣要密实，并在 5 ~ 7 min 内完成，当表面泛浆后再抹平压光，抹平压光工作应在初凝前完成。

（4）养护和酸化处理

水玻璃类材料宜在 15 ~ 30 ℃的干燥环境中施工和养护，温度低于 10 ℃ 时应采用

电热、热风、暖气等保温加热措施，温度要均匀，不要急冷急热或局部过热。养护期不能遇水，不能暴晒，也不能蒸汽养护，要防止冲击振动。温度为 10 ~ 20 ℃时，养护时间不少于 12 天；温度为 21 ~ 30 ℃时，养护时间不少于 6 天；温度为 31 ~ 35 ℃时，养护时间不少于 3 天。

为增强耐酸混凝土对酸性介质的适应性和提高抗渗性能，待耐酸混凝土完成硬化过程后，尚应进行表面酸化处理。所谓酸化处理，就是用硫酸、盐酸、硝酸（任选一种）涂刷混凝土表面，一般用浓度为 40% ~ 60% 的硫酸、20% 的盐酸或 40% 的硝酸每隔 8 h 涂刷一次，并清除白色析出物，一直到表面不再析出结晶物为止，一般约涂刷 4 次。

（5）施工质量要求与安全技术

1）施工质量要求

①混凝土表面密实，无气孔、脱皮、起砂或固化现象，用 2 m 直尺检查，空隙不大于 4 mm。

②混凝土不得有蜂窝、麻面、裂缝等缺陷。

2）安全技术

①操作人员应穿工作服，戴口罩、护目镜等，注意防毒。

②酸化处理时，应穿戴防护用具，如防酸手套、防酸靴、防酸裙等。

③准备一些碱溶液，供中和时使用。

④稀释浓硫酸时，只准将浓硫酸少量徐徐地倒入水中，严禁将水倒入浓硫酸中。

二、耐碱混凝土性能及施工

1. 耐碱混凝土性能

耐碱混凝土指在碱性介质作用下具有抗腐蚀能力的混凝土，在冶金、化学等工业防腐蚀工程结构中用于地坪面层及贮碱池槽等。

2. 耐碱混凝土施工

（1）原材料

1）胶结材料。耐碱混凝土所采用的水泥应为 32.5 以上的普通水泥（水泥熟料中的铝酸三钙含量不应大于 9%），或采用碳酸盐水泥（由水泥熟料和破碎石灰石粉按 1∶1 混合而成）。每立方米耐碱混凝土中，水泥用量一般不得少于 300 kg，水灰比不得大于 0.60。

2）骨料。骨料的耐碱性取决于骨料的化学组成和致密性。粗细骨料和粉料应采用耐碱、密实的石灰岩类（如石灰岩、白云石、大理石等）、火成岩类（如辉绿岩、花岩石等）碎石，也可采用石英质的普通砂作细骨料，粗细骨料和粉料的碱溶率不大于 1 g/L。

3）掺和料。在耐碱混凝土中掺加一些具有耐碱性的掺和料，可以提高混凝土的致密性。常用掺和料是磨细石灰石粉，要求碱溶率不大于 1.0 g/L，掺量一般为水泥质量的 15% ~ 20%。

4）外加剂。在配制碱性混凝土时掺加一些减水剂和早强剂，可以进一步降低混凝土的空隙率，提高混凝土的强度。减水剂一般选用非引气型，早强剂一般选用三乙醇胺和硫酸钠的混合物。

5）拌和水和养护水。耐碱混凝土成型时应加强养护，其拌和水和养护水不得呈酸性，要求 $pH > 6$。因此，用于拌制耐碱混凝土的自来水、井水或海水须经过化验，确认符合要求时才能使用。

（2）性能及配合比

在普通混凝土中掺入氧化亚铁或氢氧化铁，对提高其耐碱性能也有良好的效果。在 50 ℃以下时，耐碱混凝土可耐浓度为 25% 的氢氧化钠溶液的腐蚀，也可耐任何浓度的氨水、碳酸钠溶液的腐蚀，以及碱性气体和粉尘等的腐蚀。

由于同时考虑强度、抗渗性和耐碱性，目前碱性混凝土还没有标准的配合比设计参数，一般根据工程的技术要求和经验进行配合比设计，并注意以下几点：

1）应严格按原料组成和技术要求选择原料。

2）混凝土的水胶比越高，密实度越高，抗渗性越差，耐碱性也越差。在设计配合比时，如果不考虑颗粒减水剂的减水效果，水灰比一般在 0.45 ~ 0.55 之间选择，坍落度不宜大于 5 cm。

3）砂率可在 0.38 ~ 0.42 之间选择。

4）1 m^3 混凝土中的水泥用量不少于 300 kg。

（3）施工工艺

1）成型工艺

①搅拌。耐碱混凝土宜采用机械搅拌，搅拌时间不少于 2 min。投料顺序如下：石子→水泥→石灰石粉→砂子（干拌 1 ~ 2 min）→水（减水剂，湿拌 2 ~ 3 min）→出料。

②浇筑与振捣。耐碱混凝土要求一次浇筑，不宜留施工缝，浇筑时必须用振捣器振捣密实，以获得最大的密实度。楼地面应采用一次找坡抹平、压实、压光。压光工作应在砂浆终凝前完成，禁止铺撒干水泥，确保混凝土具有良好的抗渗性、抗裂性。

2）养护工艺。耐碱混凝土施工完毕后，应加强养护，这一点特别重要。

①养护时间。根据施工经验，耐碱混凝土浇筑初期养护不少于 7 天，防止收缩开裂。

②温度。在养护期内，对耐碱混凝土特别要强调保温，养护温度不低于 5 ℃。

③湿度。养护湿度保证符合要求（可加盖草帘或薄膜）。

需要注意的是：耐碱混凝土冬季施工既要保温又要保湿，混凝土面层严禁暴晒。耐碱混凝土如果养护不良，出现干缩裂缝或表面水化不充分导致的结构疏松，将会严重影响耐碱性能和力学性能。

三、耐热混凝土性能及施工

1. 耐热混凝土性能

耐热混凝土又称耐火混凝土，是一种能长期承受高温作用（200 ℃以上），并在高

温下保持所需物理性能的特种混凝土。耐热混凝土常用于热工设备和受高温作用的结构物，如冶金工业用的高炉、转炉、焦炉等基础工程和烟囱的内衬等。

建筑工程使用的耐热混凝土主要有水泥耐热混凝土和水玻璃耐热混凝土等。

2. 耐热混凝土分类

（1）水泥耐热混凝土

水泥耐热混凝土的胶结料用 42.5 级以上普通硅酸盐水泥和矿渣硅酸盐水泥加入适量的耐热掺和料，如高炉水淬矿渣、黏土熟料、黏土砖粉、粉煤灰等。掺入量为水泥质量的 30%～40%。用矾土水泥拌制的耐热混凝土和使用极限温度在 350 ℃以下的普通硅酸盐水泥、矿渣硅酸盐水泥拌制的耐热混凝土可不加掺和料。粗细骨料一般可采用高炉重矿渣、玄武岩、黏土砖等。普通水泥耐热混凝土和矿渣水泥耐热混凝土适用于温度变化不剧烈、无酸碱侵蚀的结构中，矾土水泥耐热混凝土宜用于厚度小于 400 mm、无酸碱侵蚀的结构中。

（2）水玻璃耐热混凝土

水玻璃耐热混凝土主要成分是水玻璃、氟硅酸钠、掺和料和粗细骨料。水玻璃的比重以 1.38～1.48 为宜，也可采用可溶性硅酸钠做成的水玻璃。氟硅酸钠的纯度按质量计不少于 95%，其含水率不大于 1%，其质量占水玻璃质量的 12%～15%。掺和料可采用黏土熟料、黏土砖粉等，粗细骨料可采用玄武岩、黏土砖等。水玻璃耐热混凝土适用于受酸（氢氟酸除外）作用的结构，不得用于经常有水蒸气及水作用的结构。

3. 耐热混凝土施工

水泥耐热混凝土宜采用机械搅拌，拌制时先将水泥、掺和料、粗骨料和 90% 的水加入搅拌筒内搅拌 2 min，然后边搅边倒入细骨料和剩余 10% 的水，再拌 3～5 min 至颜色均匀为止。水玻璃耐热混凝土宜用强制式搅拌机拌制，搅拌顺序是先将氟硅酸钠、掺和料、粗细骨料倒入搅拌筒内搅拌 2 min，再按配合比加入水玻璃，然后拌制 2～3 min，到搅拌均匀为止。混凝土的坍落度在机械捣固时不应大于 2 cm，人工捣固时不大于 4 cm，浇筑时应分层，每层厚度宜为 25～30 cm。

水泥耐热混凝土的养护宜在 15～25 ℃的潮湿环境中进行。普通水泥耐热混凝土养护不少于 6 天；矿渣水泥耐热混凝土养护不少于 14 天；矾土水泥耐热混凝土要加强初期养护，时间不少于 3 天；水玻璃耐热混凝土宜在 15～30 ℃的干燥环境中养护 10～15 天，并要防止暴晒，避免脱水过快而龟裂。

水泥耐热混凝土在温度低于 7 ℃的条件下施工时，水玻璃耐热混凝土在温度低于 10 ℃的条件下施工时，应按冬季施工处理。

四、防水混凝土性能及施工

1. 防水混凝土性能

防水混凝土是一种不需附加其他措施，靠混凝土自身的密实性就可以抵抗一定压力液体渗透的混凝土。防水混凝土应满足抗渗及强度要求，根据工程的具体情况还应满足抗冻及其他特殊要求。

2. 防水混凝土施工

（1）施工准备

1）材料及主要机具

①水泥。一般情况下，防水混凝土采用42.5硅酸盐水泥、普通硅酸盐水泥或矿渣硅酸盐水泥，严禁使用过期、受潮、变质的水泥。

②砂。宜用中砂，含泥量不得大于3%。

③石。宜用卵石，最大粒径不宜大于40 mm，含泥量不大于1%，吸水率不大于1.5%。

④水。宜用饮用水或天然洁净水。

⑤外加剂。外加剂性能应符合行业标准，掺量应符合设计要求及有关规定。

⑥主要机具。混凝土搅拌机、翻斗车、手推车、振捣器、溜槽、串筒、铁板、铁锹、吊斗、计算器、磅秤等。

2）作业条件

①钢筋、模板上道工序完成，办理隐检、预检手续。注意检查固定模板的铁丝、螺栓是否穿过混凝土墙，如果必须穿过，应采取止水措施。特别要检查管道或预埋件穿过处是否已做好防水处理。木模板应提前浇水湿润，并将落在模板内的杂物清理干净。

②根据施工方案，做好技术交底。

③材料需经检验，由试验室试配提出混凝土配合比，试配的抗渗等级应按设计要求提高0.2 MPa。

④如果地下水位高，地下防水工程施工期间应继续做好降水排水。

（2）操作工艺

操作工艺流程为：搅拌→运输→浇筑→振捣→养护。

1）搅拌。搅拌投料顺序为石子、砂、水泥、外加剂、水。

投料后，先干拌0.5 ~ 1 min再加水。水分三次加入，加水后搅拌1 ~ 2 min（比普通混凝土搅拌时间延长0.5 min）。混凝土搅拌前必须严格按试验室配合比通知单操作，不得擅自修改。散装水泥、砂、石子车车过磅，在雨季，必须每天测定砂的含水率，调整用水量。现场搅拌坍落度控制在6 ~ 8 cm，泵送预拌混凝土坍落度控制在14 ~ 16 cm。

2）运输。防水混凝土运输应保持连续均衡，间隔不应超过1.5 h，夏季或运距较远时，可适当掺入缓凝剂，一般掺入2.5‰ ~ 3‰的木钙。运输后如果出现离析，浇筑前须进行二次拌和。

3）浇筑。浇筑时应连续浇筑，不留或少留施工缝。

①底板一般按设计要求不留施工缝或留在后浇带上。

②墙体水平施工缝留在高出底板表面不少于200 mm的墙体上，墙体如有孔洞，施工缝距孔洞边缘不宜少于300 mm。施工缝形式宜用凸缝（墙厚大于30 cm）或阶梯缝、平直缝加金属止水片（墙厚小于30 cm），施工缝宜做企口缝并用BW止水条处理，垂直施工缝宜与后浇带、变形缝相接。

③在施工缝上浇筑混凝土前，应将混凝土表面凿毛，清除杂物，冲净并湿润，再铺一层 2 ~ 3 cm 厚水泥砂浆（即原配合比去掉石子）或同一配合比的减石子混凝土，第一层浇筑 40 cm，以后每层浇筑 50 ~ 60 cm，严格按施工方案规定的顺序浇筑。混凝土自高处自由倾落不应大于 2 m，如果高度超过 2 m，要用串筒、溜槽下落。

4）振捣。防水混凝土应用机械振捣，以保证密实，振捣时间一般以 10 s 为宜，不应漏振或过振，振捣应延续到使混凝土表面浮浆、无气泡、不下沉为止。铺灰和振捣应选择对称位置开始，防止模板走动。结构断面较小、钢筋密集的部位应严格按分层浇筑、分层振捣的要求操作。浇筑到最上层表面时，必须用木抹找平，使表面密实平整。

5）养护。常温（20 ~ 25 ℃）浇筑后 6 ~ 10 h 苫盖浇水养护，要保持混凝土表面湿润，养护不少于 14 天。

（3）质量标准

1）保证项目

①防水混凝土的原材料、外加剂及预埋件必须符合设计要求和施工规范、有关标准的规定，并应检查出厂合格证、试验报告。

②防水混凝土的抗渗等级和强度必须符合设计要求，并应检查配合比及试块试验报告。抗渗试块 500 m^3 以下留两组，一组标养，一组同条件养护，养护期 28 天，每增 500 m^3 增留两组。

③施工缝、变形缝、止水片、穿墙管、支模铁件设置与构造须符合设计要求和施工规范的规定，严禁有渗漏。

2）基本项目。混凝土表面应平整，无露筋、蜂窝等缺陷，预埋件位置正确。

3）允许偏差项目。防水混凝土浇筑允许偏差项目见表 5–2。

表 5–2 防水混凝土浇筑允许偏差项目 mm

项次	项目		允许偏差		检验方法
			高层框架	高层大模	
1	轴线位移		5		尺量检查
2	楼层标高		±5	±10	用水准仪或尺量检查
3	截面尺寸		+5	+5	尺量检查
4	墙垂直度	每层	5		用 2 m 托线板检查
		全高（H）	H/1 000		用经纬仪或吊线和尺量检查
5	表面平整		8	4	用 2 m 靠尺和楔形塞尺检查
6	预埋铜板中心线位置偏移		10		尺量检查
7	预埋管螺栓中心线位置偏移		5		
8	井筒全高垂直度		H/1 000		用吊线和尺量检查

（4）成品保护

1）为保护钢筋、模板尺寸位置正确，不得踩踏钢筋，并不得碰撞、改动模板、钢筋。

2）在拆模或吊运其他物件时，不得碰坏施工缝处企口及止水带。

3）保护好穿墙管、电线管、电门盒及预埋件等，振捣时勿挤偏或使预埋件挤入混凝土内。

（5）注意事项

1）严格控制水胶比，严禁在混凝土内任意加水，水胶比过大将影响补偿收缩混凝土的膨胀率，直接影响补偿收缩及减少收缩裂缝的效果。

2）细部构造处理是防水的薄弱环节，施工前应审核图纸，特殊部位（如变形缝、施工缝、穿墙管、预埋件等细部）要精心处理。

3）地下室防水工程必须由防水专业人员施工，其技术负责人及班组长必须持有上岗证书。施工完毕，及时整理施工技术资料，交总包归档。地下室防水工程保修期三年，出现渗漏要负责返修。

4）穿墙管外预埋带有止水环的套管，应在浇筑混凝土前预埋固定，止水环周围混凝土要仔细振捣密实，防止漏振，主管与套管按设计要求用防水密封膏封严。

5）结构变形缝应严格按设计要求进行处理，止水带位置要固定准确，周围混凝土要仔细浇筑振捣，保证密实，止水带不得偏移，变形缝内填沥青木丝板或聚乙烯泡沫棒，缝内 20 mm 处填防水密封膏，在迎水面上加铺一层防水卷材，并抹 20 mm 防水砂浆保护。

6）后浇缝一般待混凝土浇筑六周后，以原设计混凝土等级提高一级的补偿收缩混凝土浇筑，浇筑前接槎处要清理干净，养护 28 天。

五、防辐射混凝土性能及施工

1. 防辐射混凝土性能

防辐射混凝土又称屏蔽混凝土、重混凝土或核反应堆混凝土，能有效地屏蔽原子核辐射和中子辐射，是粒子加速器及其他含有放射源装置常用的防护材料。按照所用水泥品种不同，防辐射混凝土可以分为普通硅酸盐水泥防辐射混凝土和特种水泥防辐射混凝土；按抵抗射线不同，防辐射混凝土可分为抵抗 X 射线混凝土、抵抗 γ 射线混凝土和抵抗中子射线混凝土。

防辐射混凝土常融合大量水泥作为胶凝材料，如膨胀水泥、钡水泥、锶水泥、石膏矾土水泥等，采用含有较高结晶水的骨料，如铁矿石、重晶石、蛇纹石等。

防辐射混凝土采用普通水泥或密度很大、水化后结合水很多的水泥与特重的骨料或含结合水很多的重骨料制成，表观密度可达 2 700 ~ 7 000 kg/m³，防护效果好，但价格比普通混凝土高出很多。

防辐射混凝土不同于普通水泥混凝土，不但表观密度大，含结合水多，而且要求导热系数较高（使局部的温度升高最小）、热膨胀系数低（使由于温升而产生的应变最小）、干燥收缩率小（使温差应变最小），还要具有良好的均质性、一定的结构强度

和耐火性，不允许有空洞、裂缝等缺陷。

2. 防辐射混凝土施工

（1）施工准备

1）水泥。选用 42.5 级普通硅酸盐水泥。

2）骨料。砂选用粗、中砂，含泥量小于 3%；碎石选用最大粒径为 31.5 mm 连续级配的优等品，含泥量小于 1%。

3）外加剂。选用缓凝高效减水剂，这种外加剂对新拌混凝土具有较好的保坍性，减水率达 20% 以上，不泌水，可明显提高混凝土的和易性、泵送性和耐久性，28 天强度可提高 25% 以上，延迟水泥水化放热时间，在其他条件相同的前提下可节约水泥 10% ~ 20%。

（2）配合比设计

防辐射混凝土的密度越大，屏蔽效果越好，故进行配合比设计时应优先考虑混凝土的表观密度和密实程度，再考虑强度和施工工艺。防辐射混凝土的配合比必须满足下列要求：

1）选用骨料密度要大。

2）混凝土的水泥用量不宜过多，水泥用量过多时，其容重会下降。

3）水胶比控制在 0.4 ~ 0.5。

4）防辐射混凝土骨料的密度较大，混凝土易分层，为避免骨料离析，坍落度不能太大，混凝土坍落度应控制在（180 ± 20）mm。

（3）施工缝留设

防辐射混凝土施工过程中，施工缝的设置是重要的一环。可采用一定厚度的铅板对施工缝处进行加强处理，确保对结构防辐射性能的影响可减小到最低限度。若不设施工缝，施工难度相当大，会增加技术措施费用，影响结构的防辐射性能。底板、顶板和墙体混凝土须一次性连续浇筑，不得留设水平施工缝。

（4）施工要点

1）重晶石防辐射混凝土的单方容重大，生产时考虑设备的荷载能力，每盘材料用量按普通混凝土的 60% ~ 70% 计量，即每盘搅拌 0.6 ~ 0.7 m^3 重晶石防辐射混凝土。

2）重晶石的强度较低，混凝土搅拌时间不宜过长，以 40 ~ 50 s 为宜，否则将大大增加石粉的含量，影响混凝土的工作性能。

3）重晶石防辐射混凝土堆积密度较大，泵送距离一般不超过 50 m，以免堵塞管道。混凝土泵管上应覆盖草包，并经常喷水保持湿润，以降低混凝土拌合物因运输而造成的温升。

4）混凝土泵车输送导管距浇筑面的高度不大于 2 m，防止混凝土产生离析。为保证混凝土振捣密实，要分层下料和振捣。混凝土每层浇筑厚度应控制在 300 mm 左右，上层混凝土浇筑必须在下层混凝土初凝前进行。

5）浇筑方法采用斜面分层法，实施二次振捣，控制混凝土泵布料厚度，且振捣上层混凝土时振动棒插入下层混凝土表面 50 mm 以上，以利于散热和保持混凝土的整体性；排除混凝土表面的泌水，当混凝土浇筑接近端部时，改由端部向中间浇筑，以形成坡度，使混凝土表面的泌水和浮浆汇聚，经模板预留孔流出。

6）混凝土振捣要安排有经验的人员操作，振捣棒应快插慢抽，插入点采用梅花点布置，间距 500 mm 插入一点，振捣时间控制在 15 ~ 20 s，以表面出浆为宜，不宜振捣过度，以避免粗骨料下沉分层，影响混凝土的防辐射性能。

7）混凝土浇筑完毕，待其收水后，在顶板的表面覆盖塑料薄膜和两层湿草帘，浇水养护不少于 14 天，墙板采用湿布覆盖，经常洒水湿润，并将加速机房的门洞封堵，以防散热过快，7 天内保证混凝土养护温度不低于 10 ℃，相对湿度大于 90%。养护条件的好坏对后期混凝土的结合水含量有很大影响，从而对防止中子射线效果有较大影响。资料显示，若养护条件好，一年龄期混凝土结合水含量能增加 5% 。

第三节 特种材料混凝土施工

一、补偿收缩性混凝土施工

补偿收缩性混凝土是用膨胀水泥或在普通混凝土中掺入适量膨胀剂配制而成的一种微膨胀混凝土。它可以针对普通混凝土收缩变形大、易产生裂缝的弊病，起到补偿的效果。膨胀剂可以使混凝土的孔结构堵塞或改变，提高抗裂性和抗渗性，可用于水池、水塔、洞库等工程。补偿收缩性混凝土可用于防水工程中的施工缝、后浇缝以及加固、修补、堵漏工程。尤其可贵的是该混凝土能起到自防水的作用，从而在保证质量的前提下，具有一定的经济性。

1. 补偿收缩性混凝土的配制

配制补偿收缩性混凝土有两种方法：一是用膨胀水泥配制，已在工程中应用的有明矾石膨胀水泥、硅酸盐膨胀水泥、石膏矾土膨胀水泥，也有的利用矾土水泥掺入一定量的无水石膏制成，或是在普通水泥中掺入一定量的无水石膏，并按一定比例共同磨制而成。因膨胀水泥用量较大，生产量小，又要解决水泥的运输问题，这种方法在使用上受到一定的限制。二是采用膨胀剂，它与普通的粉状外加剂类似，也可以与其他外加剂配合使用。膨胀剂用量仅为水泥用量的 8% ~ 15%，避免了大规模的运输，从而受到施工单位的欢迎。

目前，补偿收缩性混凝土多采用 U 型混凝土膨胀剂（简称 UEA）配制，经过工程实践，取得了抗裂、抗渗等预期效果。

UEA 是特制硫酸铝酸盐熟料或硫酸铝熟料与明矾石、石膏、外加剂共同粉磨而成的，比表面积为 3 000 ~ 3 500 cm^2/g，呈灰白色，保质期 2 年。

补偿收缩性混凝土的配合比设计原则上与普通混凝土相同，但应根据混凝土的强度等级、膨胀率（应在 1.5×10^{-4} 以上）和收缩率（应在 4.5×10^{-4} 以下），以及施工所要求的坍落度进行试配。

补偿收缩性混凝土的参考配合比见表 5–3。

表 5-3 补偿收缩性混凝土的参考配合比

<table>
<tr><th rowspan="2">水泥强度等级</th><th rowspan="2">混凝土强度等级</th><th colspan="5">材料用量（kg/m³）</th><th rowspan="2">坍落度（cm）</th><th rowspan="2">备注</th></tr>
<tr><th>水泥</th><th>UEA</th><th>砂</th><th>石子</th><th>水</th></tr>
<tr><td rowspan="3">32.5</td><td>C20</td><td>304</td><td>42</td><td>735</td><td>1 200</td><td>170</td><td rowspan="3">6～8</td><td rowspan="5">配合比应根据不同的现场条件调整</td></tr>
<tr><td>C25</td><td>358</td><td>49</td><td>655</td><td>1 165</td><td>187</td></tr>
<tr><td>C30</td><td>378</td><td>52</td><td>669</td><td>1 091</td><td>208</td></tr>
<tr><td rowspan="2">42.5</td><td>C25</td><td>317</td><td>43</td><td>693</td><td>1 237</td><td>167</td><td rowspan="2">6～8</td></tr>
<tr><td>C30</td><td>352</td><td>42</td><td>660</td><td>1 239</td><td>171</td></tr>
<tr><td rowspan="2">32.5</td><td>C20</td><td>348</td><td>48</td><td>700</td><td>1 141</td><td>181</td><td rowspan="2">12～16</td><td rowspan="4">泵送混凝土外掺减水剂</td></tr>
<tr><td>C25</td><td>368</td><td>50</td><td>655</td><td>1 155</td><td>187</td></tr>
<tr><td rowspan="2">42.5</td><td>C20</td><td>231</td><td>48</td><td>700</td><td>1 228</td><td>180</td><td rowspan="2">12～16</td></tr>
<tr><td>C25</td><td>352</td><td>49</td><td>690</td><td>1 231</td><td>138</td></tr>
</table>

2. 补偿收缩性混凝土性能

（1）随着时间的延长，混凝土拌合物会产生明显的坍落度损失，这是因为水泥水化物时间的延长，消耗了拌合物中一定量的水分子，水泥颗粒之间相对滑移减少，所以坍落度损失较普通混凝土稍大，应掺入一定量的减水剂或流化剂，尤其是泵送混凝土，更应注意。

（2）补偿收缩性混凝土的强度分为自由膨胀强度和限制膨胀强度两种。自由膨胀强度通常随着膨胀值的增加而下降 5%～10%，而限制膨胀强度则与其不同，在限制条件下，一定的膨胀能使混凝土更加密实，从而使强度提高 10%～20%。在实际工程中，补偿收缩性混凝土多处于各种不同的限制状态。

（3）UEA 可掺入一般水泥中使用，但更宜加到 32.5 级以上的普通硅酸盐水泥和矿渣硅酸盐水泥中使用。

（4）在一般情况下，在水泥中掺 10%～14% 的 UEA 可获得良好的膨胀性能，对强度影响不大，适用于补偿收缩；掺量为 8%～10% 时，膨胀率偏小，强度有所提高，适用于防水砂浆；掺量在 14%～16% 时，膨胀率提高，而强度有所下降，适用于受限制的填充混凝土；掺量达 25%～30% 时，适用于自应力混凝土，在这种场合下，混凝土强度不会下降，反而有所提高。

3. 补偿收缩混凝土施工工艺

在施工浇筑方面，补偿收缩混凝土除应遵照普通混凝土的施工规程以外，还应特别注意下述几方面：

（1）浇筑补偿收缩混凝土之前，应将所有与混凝土接触的物件充分加以湿润。

（2）补偿收缩混凝土拌合物黏稠，无离析和泌水现象，泵送性能很好，宜于泵送施工。由于不泌水，补偿收缩混凝土容易产生早期塑性收缩裂缝，必须注意早期养护。拌合之后，如果运输和停放时间较长，坍落度损失将引起施工困难，此时不允许再添加拌合水，以免大大降低强度和膨胀率。补偿收缩混凝土的浇筑温度不宜超过 35 ℃。

（3）补偿收缩混凝土浇筑后的保湿养护十分重要。浇筑后应立即开始养护，养护时间不少于 7 天，以充分供应膨胀过程中需要的水分。养护方法最好是蓄水，亦可洒水和用塑料薄膜覆盖。

（4）由于补偿收缩混凝土不泌水，凝结时间较短，所以，抹面和修整的时间可以提早，不宜过晚。此外，在施工过程中，补偿收缩混凝土会产生少量的膨胀，这对模板不会产生危害，无须对模板进行特别设计和处理。

二、聚合物混凝土施工

聚合物混凝土亦称树脂混凝土，是以合成树脂为胶结材料，以砂石为骨料的混凝土。为了减少合成树脂的用量，这种混凝土中还加有填料粉砂等。

1. 聚合物混凝土的性能

聚合物混凝土与普通混凝土相比，强度高，耐化学腐蚀，耐磨性、耐水性和抗冻性好，易于黏结，电绝缘性好。聚合物混凝土也可掺加增强材料，经增强后，其抗裂性能比普通混凝土高很多倍。

2. 聚合物混凝土的原材料

（1）胶结料

聚合物混凝土常用的胶结料有环氧树脂、聚酯树脂、呋喃树脂、酚醛树脂、不饱和聚酯和聚氨基甲酸酯、苯乙烯等。

聚合物混凝土常用的固化剂有多胺类化合物、聚酰胺等。

（2）骨料

聚合物混凝土使用的骨料与普通混凝土相同，最大粒径在 2.0 mm 以下，为了减少树脂的用量，骨料的密实度要大。为了使骨料能与树脂牢固黏结，骨料必须干燥，含水率应在 1% 以下，且不允许含有阻碍树脂固化反应的杂质。

（3）填料

为了减少树脂的用量和改善聚合物混凝土的工作性能，宜加入粒径为 1 ~ 30 μm 的惰性填料，如石英砂、粉砂、碳酸钙粉、粉煤灰、火山灰等。

3. 聚合物混凝土加强材料——纤维网

（1）功能

纤维网使得混凝土能够发挥它的整体性功能，使混凝土建筑质量无懈可击，抑制 90% ~ 100% 的塑性龟裂，减少渗水，成倍增强抗撞力，提高抗破碎和抗磨损能力，防止主筋遭受腐蚀侵害，成倍延长混凝土结构寿命。

（2）优点

无磁、防锈、耐酸碱，对混凝土最小覆盖量没有限制，符合规范的要求，安全、易操作，在工作场地可替代金属网结构。

在类似的技术要求下，采用纤维网比金属网结构或其他纤维类加强材料可减少三分之二的成本。

4. 聚合物混凝土的施工配合比

聚合物混凝土的施工配合比参考表 5–4。

表 5–4　聚合物混凝土的施工配合比

原材料		聚酯混凝土		环氧混凝土	酚醛混凝土	聚氨基甲酸酯混凝土
胶结料		不饱和聚酯树脂（10%）	不饱和聚酯树脂（11.25%）	环氧树脂（含固化剂，10%）	酚醛树脂（10%）	聚氨基甲酸酯（含固化剂、填料，20%）
填料		碳酸钙（10%）	碳酸钙（11.25%）	碳酸钙（10%）	碳酸钙（10%）	—
骨料（mm）	细砂	（0.1 ~ 0.8，20%）	（<1.2，38.8%）	（<1.2，20%）	（<1.2，20%）	（<1.2，20%）
	粗砂	（0.8 ~ 4.8，25%）	（1.2 ~ 5，9.6%）	（1.2 ~ 5，15%）	（1.2 ~ 5，15%）	（1.2 ~ 5，15%）
	石子	（4.5 ~ 20，33%）	（5 ~ 20，29.1%）	（5 ~ 20，45%）	（5 ~ 20，45%）	（5 ~ 20，45%）
其他材料		短玻璃纤维（12.7 mm）、过氧化物促凝剂	过氧化甲基乙基甲酮	邻苯二甲酸二丁酯	—	—

5. 聚合物混凝土的施工工艺

聚合物混凝土的施工工艺过程与普通混凝土类似。

（1）准确计算。

（2）采用聚合物混凝土搅拌机搅拌，搅拌前先将树脂和固化剂充分混合，然后再与混合过的骨料和填料进行强制搅拌。

（3）聚合物混凝土的搅拌时间比普通混凝土长，需 3 ~ 4 min。

（4）可以用分段制造法生产聚合物混凝土，即先将树脂与细砂进行拌和，制成胶结料，然后再与粗砂、碎石进行拌和。

（5）为使构件表面光滑，尽量采用玻璃钢模板。在混凝土浇筑之前，可根据树脂的种类，选用合适的脱模剂。

（6）构件可用振动法、离心法、压轧法、挤压法等工艺成型。由于聚合物混凝土的黏度大，如果用振动法成型，宜用高频振动成型。

（7）聚合物混凝土的发热快而且发热量大。为避免过大的热量产生不良影响，聚合物混凝土的浇筑厚度一般在 10 cm 以下。

（8）聚合物混凝土构件的养护包括自然养护和加热养护。加热养护不受环境条件的影响，质量容易控制，而且可以批量生产。

三、流态混凝土施工

坍落度值大于 20 cm 的混凝土称为流态混凝土。

一般采用适量的流化剂（高效减水剂或普通减水剂）作为外加剂，加到坍落度为

5 ~ 10 cm 的混凝土混合物中使其流动性大幅度提高，可以得到流态混凝土，达到便于浇灌、减轻甚至免去振捣成型工序的目的。流化剂除了能减少用水量外，还有一定的早强性能。流态混凝土无须提高水灰比与单位用水量，故其强度比普通混凝土有所提高，其他物理力学性能与普通混凝土相近。

流态混凝土适用于泵送、管道输送、漏斗浇灌及快速施工等场合。

1. 流态混凝土配合比设计原则

（1）具有良好的工作度，不产生离析，能密实浇筑成型。

（2）具有所要求的强度和耐久性。

（3）符合特殊性要求。

2. 流态混凝土的施工工艺

（1）流态混凝土的制备

流态混凝土制备过程的重点是流化剂的加入。流化剂的加入方式有两种：一是工厂加入方式，在工厂搅拌出原状混凝土后，把流化剂加入工厂的混凝土料斗中，或在工厂卸料时加入搅拌车中，运到施工现场再高速搅拌一定时间后卸料浇灌；二是现场加入方式，将已拌好的原状混凝土由搅拌车运到现场并加入所需数量的流化剂，经高速搅拌后卸料浇灌。现场加入方式的优点是有可能根据原状混凝土的坍落度变化和运输中的质量变化调整流化剂的加入量，目前比较常用。

流化剂加入后的搅拌时间和搅拌方法对流化效果影响很大。搅拌时间必须依据搅拌车的装载量和原状混凝土坍落度而变化，但一般施工现场采用的搅拌时间是高速搅拌 1 ~ 2 min，中速搅拌 3 min 以上。

（2）流态混凝土的浇筑施工

流态混凝土的质量管理和施工管理比普通混凝土更严格，施工人员应充分认识流态混凝土的性质，要加强对原状混凝土的验收和流化剂加入量的管理。

流态混凝土经流化后，坍落度随时间的变化较大。因此以流化后 20 ~ 30 min 浇筑完毕为好。

施工现场对流态混凝土进行振捣时，多采用普通塑性混凝土的振捣方法，但应十分注意振捣设备的选择。另外，浇筑量、浇筑时间、浇筑区段、接茬时间间隔及搅拌运输车的配备等都必须与流态混凝土相适应。

流态混凝土析水量少，有可能缩短表面修饰时间和提高修饰精度，但修饰时间短，必须综合考虑抹压时间、修饰面积和粉面抹压人数。

3. 流态混凝土施工注意事项

（1）流化剂添加量为水泥质量的 0.5% ~ 0.7%。

（2）基体混凝土搅拌之后 60 ~ 90 min 以内添加流化剂。流化剂分为标准型和缓凝型两类。

（3）普通混凝土的含气量为 4%。轻骨料混凝土的含气量为 5%。

（4）普通混凝土坍落度一般为 8 ~ 12 cm，流态混凝土坍落度一般为 18 ~ 22 cm。

（5）普通混凝土水胶比一般为 0.65 ~ 0.7，轻骨料混凝土水胶比一般为 0.6 ~ 0.65。

（6）普通混凝土最小水泥用量为 280 kg/m^3，轻骨料混凝土最小水泥用量为

300 kg/m^3。

（7）砂的细度模数为 2.8，最大粗骨料粒径为 20 mm（碎石）或 25 mm（卵石）。

（8）基体混凝土的外加剂一般采用 AE 剂或 AE 减水剂。AE 减水剂又分为标准型、缓凝型和促凝型三类。流化剂分标准型和缓凝型两类。

四、纤维混凝土施工

纤维混凝土是在考虑如何改善混凝土的脆性，提高抗拉、抗弯、抗冲击和抗爆等性能的基础上发展起来的。它是将短而细的分散性纤维均匀地撒布在混凝土基体中形成的一种新型建筑材料。

从目前发展情况来看，纤维混凝土（特别是钢纤维混凝土）在大体积混凝土工程中的应用最为成功，如桥面的罩面和结构，公路、地面、街道和飞机跑道，坦克停车场的铺面和结构，采矿和隧道工程，耐火工程，以及大体积混凝土工程的维护与保养等。此外，纤维混凝土在预制构件方面也有不少应用。除了钢纤维混凝土，玻璃纤维混凝土和聚丙烯纤维混凝土的应用也取得了一定的经验。纤维混凝土预制构件主要有管道、楼板、墙板、桩、楼梯、梁、浮码头、船壳、机架、机座和电线杆等。

1. 纤维混凝土的特点

（1）与普通混凝土相比，纤维混凝土的抗拉强度、抗弯强度、抗剪强度均有提高，尤其是对于高弹模纤维混凝土或高含量纤维混凝土，提高的幅度更大。

（2）纤维在基体中可明显降低早期收缩裂缝，并可降低温度裂缝和长期收缩裂缝，阻止水泥基体原有缺陷（微裂缝）的扩展，并有效延缓新裂缝的出现。

（3）纤维混凝土的收缩变形和徐变变形较普通混凝土有一定程度的降低。

（4）纤维混凝土的抗压疲劳性能、抗弯疲劳性能，以及抗冲击性能和抗爆裂性能显著提高。

（5）高弹模纤维增强混凝土用于钢筋混凝土和预应力混凝土构件，可显著提高构件的抗剪强度、抗冲击强度、局部受压强度和抗扭强度，并延缓裂缝出现，降低裂缝宽度，保持构件的裂后刚度和延性。

（6）由于纤维可降低混凝土微裂缝宽度和阻止宏观裂缝扩展，故可使其耐磨性、耐空蚀性、耐冲刷性、抗冻融性和抗渗性有不同程度的提高，还可降低侵蚀介质侵入基体的速率，有利于钢筋混凝土构件中钢筋的防腐。

（7）某些特殊纤维配制的混凝土，其热学性能、电学性能、耐久性能较普通混凝土也有变化。例如，碳纤维混凝土导电性能显著提高，并具有一定的“压阻效应”；在火灾环境下，低熔点合成纤维配制的纤维混凝土的细微纤维熔化，可降低混凝土爆裂的概率。

2. 纤维混凝土的性能

（1）聚丙烯纤维混凝土的性能

在混凝土里掺加一定量的聚丙烯纤维后，聚丙烯纤维在混凝土内形成了一种加强系统，大大地改善了普通混凝土的性能：

1）提高了混凝土的抗裂性。塑性状态的混凝土强度极低，而刚浇筑后的混凝土，常常表面失水较多，易发生塑性收缩而出现裂缝。硬化的混凝土由于存在干燥收缩、温度收缩和碳化收缩，内部会产生各种收缩拉应力，当混凝土结构内产生的拉应力超过混凝土的抗拉强度时，就会产生大量裂缝。聚丙烯纤维加入混凝土中后，由于大量的单丝纤维均匀地分布于混凝土中，并在混凝土内部构成了均匀的三维密布支撑体系，从而使收缩变形过程遇到纤维的阻挡，微裂缝就难以进一步发展。

2）提高了混凝土的抗渗性。掺入聚丙烯纤维可以大幅度提高水泥基材的抗渗性。掺加大量纤维可有效抑制早期干缩裂纹及连通裂缝的产生，减少了收缩裂缝；均匀分布且彼此粘连的大量纤维同时起到了骨料的作用，阻断了混凝土中的毛细管，使水迁移困难，大大提高了混凝土的抗渗透能力。

3）提高了混凝土的均质性。混凝土在浇筑后，常常会发生离析现象，即密度较大的骨料下沉，与水泥砂浆分离，同时混凝土表面出现析水，并因此降低了混凝土的均质性，使混凝土上、下部位的性能出现差异，严重时还会使混凝土出现裂缝。在混凝土中掺加适量聚丙烯纤维后，可阻止上述离析现象的发生，从而保证了混凝土的均质性。

4）提高了混凝土的抗冲击性。聚丙烯纤维的弹性模量较低，其断裂伸长率大于混凝土的断裂伸长率，故纤维的掺入提高了混凝土的延性，改善了混凝土的变形性能。而且，聚丙烯纤维增强了混凝土介质的连续性，减小了冲击波被阻断引起的局部应力集中现象。从而改善了混凝土的整体性能，使混凝土的抗冲击性能有很大增强。

5）提高了混凝土的耐磨性。聚丙烯纤维混凝土的组成材料中，除了水泥浆体和粗细骨料对耐磨性的贡献外，纤维的阻裂效应使得混凝土在磨损过程中始终保持其整体性。纤维的连续作用又使骨料之间不致破损，保证了聚丙烯纤维混凝土内部结构的连续性，而材料的整体性直接增强了其抵抗微切削磨损破坏的能力。

（2）钢纤维混凝土的性能

钢纤维混凝土的主要性能包括抗拉强度与黏结强度。试验表明，由于普通钢纤维混凝土主要是因钢纤维拔出而破坏，并不是因钢纤维拉断而破坏，因此钢纤维的抗拉强度一般能满足使用要求，即其与混凝土基体界面的黏结强度是影响钢纤维混凝土性能的主要问题。黏结强度除与基体的性能有关外，就钢纤维本身而言，与钢纤维的外形和截面形状有关。

国内外对钢纤维的作用机理和钢纤维混凝土的基本性能做了大量的研究并作归纳，具体的研究内容如下：

1）强度与质量的比值增大。这是钢纤维混凝土具有优越经济性的重要指标，也是它具有广阔应用前景的重要保证。

2）抗拉、抗剪、抗弯、抗扭强度明显提高。当纤维掺量在1%~2%范围内，抗拉强度提高25%~50%，抗弯强度提高30%~80%，用直接双面试验所测定的抗弯强度提高50%~100%。抗压强度提高幅度较小，一般在0%~25%。

3）变形性能明显改善。钢纤维对混凝土抗压弹性模量影响不显著，受拉弹性模量随纤维掺量的增加约提高20%。钢纤维混凝土的韧性比素混凝土大大提高。在通常的纤维掺量下，抗压韧性可提高2~7倍，抗弯韧性可提高几倍到几十倍，弯曲冲击韧性可提高2~4倍，板式试验落锤法击碎试验所测得的冲击韧性可提高几倍到几十倍。

4）抗收缩和徐变性能有所提高。钢纤维混凝土的收缩值随着钢纤维掺量的增加而有所降低。例如，掺量为 1.5%（长径比为 50）的钢纤维混凝土较普通混凝土的收缩值降低 7% ~ 9%。持续荷载下钢纤维混凝土的受压徐变比相同条件的普通混凝土有所降低。

5）抗裂和抗疲劳性能有较大改善。由于钢纤维对混凝土的阻裂作用，钢纤维混凝土比素混凝土具有更好的抗裂性能和抗疲劳性能。

6）具有较好的物理耐久性和化学耐久性。钢纤维混凝土在各种物理因素作用下的耐久性一般来说都比普通混凝土有不同程度的提高，其中耐久性、耐热性和抗蚀性有显著提高，抗渗性能与普通混凝土相比没有明显提高。掺量为 1.5% 的钢纤维混凝土经 150 次冻融循环，其抗压和抗弯强度下降约 20%，而其他条件相同的普通混凝土却下降 60% 以上，经过 200 次冻融循环，钢纤维混凝土试件仍保持完好。掺量为 1%、强度等级为 CF35 的钢纤维混凝土耐磨损失比普通混凝土降低 30%。掺有 2% 钢纤维的高强混凝土，其抗气蚀能力较其他条件相同的高强混凝土提高 1.4 倍。

钢纤维混凝土在空气、污水和海水中都呈现良好的耐腐蚀性，暴露在污水和海水中 5 年后的试件碳化深度小于 5 mm，只有表层的钢纤维产生锈斑，内部钢纤维未锈蚀，不像普通钢筋混凝土中钢筋锈蚀后，锈蚀层体积膨胀而将混凝土胀裂。

3. 钢纤维混凝土施工要点

（1）先将纤维和骨料进行干拌，使纤维均匀地撒在骨料内，然后加入水泥进行干拌，最后加水湿拌；或者先将纤维、砂、石子、水泥一起干拌，然后加水湿拌。两种方法均可采用。

（2）钢纤维混凝土的搅拌强度要比普通混凝土大，故搅拌时间比普通混凝土长，一般采用机械搅拌，搅拌机选用强制式或自落式皆可，但一般倾向于用强制式搅拌机，搅拌时间不得超过 30 min。浇筑层的厚度控制在 20 ~ 30 cm 为宜。混凝土由人工用铁铲铲入模，随浇随用，用高频插入式振捣器捣实，表面压光。采用普通振捣台和表面振捣器振捣的效果也较好。

（3）根据结构构件的受力特点，在捣实钢纤维混凝土时可以人为地使纤维定向，如磁力定向、振动定向及挤压定向等。

（4）钢纤维混凝土浇筑成型后，应浇水养护，养护期不得少于 14 天。

五、无砂大孔径混凝土施工

无砂大孔径混凝土与普通混凝土的最大区别在于其无细骨料。制作无砂大孔径混凝土时，颗粒均匀的粗骨料被水泥浆包裹，水泥浆不起填充作用，仅将粗骨料胶结在一起，成为一种多孔性材料。无砂大孔径混凝土在施工中主要用于制作建筑物的排水暗管或平衡水压力的透水体，一般没有强度要求。无砂大孔径混凝土的制作是否合格将直接影响到建筑物的稳定。

1. 无砂大孔径混凝土的制作

（1）骨料的选择

选择粒径为 15 ~ 20 mm 的粗骨料，要求粒径均匀，表面干净。

（2）清洗骨料

用干净饮用水清洗骨料，主要目的是使骨料清洁并充分湿润。

（3）拌和

取铁板一张，把骨料平置其上，按质量比 1∶20 ~ 1∶25 加入水泥，均匀拌和，直到水泥浆均匀包裹于骨料表面为止。注意，此时不能有流浆产生，骨料表面覆浆厚度以 1 ~ 2 mm 为宜。

（4）浇筑

用废机油刷模，人工浇筑入模之后，用木抹子平整表面即可，然后用草袋覆其表面。

（5）拆模、养护

待浇筑后 16 ~ 20 h 拆模，拆模过早或过晚均效果不好。拆模后注意养护。

2. 无砂大孔径混凝土的施工要点

无砂大孔径混凝土的施工方法主要有两种：一种是用报纸或塑料包裹排水体的四周和上部后，直接置于施工界面之上浇筑混凝土；另一种是在混凝土施工结束时，即用人工埋设已包裹好四周的无砂大孔径混凝土排水体。采取上述两种方法施工时，一定要注意排水体下部反滤层的施工，尤其是要铺设土工布（土工织物）。

（1）混凝土的搅拌

无砂大孔径混凝土的搅拌一般采用与搅拌普通混凝土相同的机械，搅拌方法也大致相同。由于水泥浆的稠度较大，且数量较少，为了保证水泥浆能够均匀地包裹在骨料上，宜采用强制式搅拌。

（2）模板选用

无砂大孔径混凝土的混凝土侧压力较小，一般为普通混凝土的 1/3，因此可以使用各种轻型模板，如木模、胶合板模、钢丝网模等。

（3）混凝土的浇筑

由于无砂大孔径混凝土中的水泥量有限，只能包裹骨料颗粒，因此在浇筑过程中不宜强烈振捣，否则将会使水泥浆沉积，破坏混凝土结构的均匀性。无砂大孔径混凝土的密实应当使用最小分量的密实工具，施工中一般在模板外侧用木工锤具略加敲击即可。

（4）混凝土的养护

无砂大孔径混凝土由于存在孔隙，干燥很快，所以养护非常重要，以免混凝土水分大量蒸发。遇到烈日与大风天气时，应覆盖、淋水或用氯化钙促凝，使其提前凝结。

六、山砂混凝土施工

1. 山砂混凝土的性能

山砂的中间级配少且表面粗糙，粒度较均匀。基于其基本物理特性，山砂可以和水泥形成良好的黏结，提高混凝土的强度，但因其流动性较差，降低了混凝土的可泵性。山砂中的含粉量相对较高，石粉的比表面积小于水泥，与水泥表面间相互填充，起着“微骨料”的作用，可以提高混凝土的强度，但颗粒间的空隙减少，孔隙水量降

低，增加了混凝土的需水量。

山砂混凝土主要不足如下：一是流动性差而黏聚性好，容易造成堵管现象；二是含泥量低，混凝土成型后容易产生塑性收缩裂缝；三是凝结硬化时间较短，容易造成施工冷缝；四是坍落度损失过快，经试验测定达到 50 ~ 70 mm/h，施工困难；五是入模混凝土难于振捣，容易产生蜂窝、麻面等质量缺陷；六是一般砂率较大，容易产生起砂现象。

2. 山砂混凝土的原材料

（1）水泥

水泥作为一种胶凝材料，品种、质量和掺量都对混凝土的品质有重大的影响。越细的混凝土的早期强度越高；但是如果水泥过细，或者掺入的水泥过多，反而会使水化热过大，这也是混凝土内部产生裂缝的主要原因，最终使得混凝土的强度和耐久性都降低了。水泥的标准稠度用水量少，能降低混凝土的水胶比，提高混凝土的强度。水泥的细度、标准稠度用水量、比表面积、安定性、凝结时间等应满足国家标准《通用硅酸盐水泥》（GB 175—2023）要求。高强混凝土宜优先选用旋窑生产的强度等级为 42.5 或 52.5 的硅酸盐水泥或普通硅酸盐水泥。

（2）掺和料

在山砂混凝土中优先掺入 I 级粉煤灰，粉煤灰可以弥补山砂级配差的问题。试验表明，粉煤灰掺量在 30% 以内，可以充分发挥粉煤灰的“形态效应”“活性效应”和“微骨料效应”，提升混凝土的流动性和可泵性，降低水胶比，提高强度。

（3）砂

山砂的细度模数宜为 2.3 ~ 3.0，选用中砂。试验表明，山砂的石粉含量控制在 5% ~ 10%，可以提高混凝土的强度，减少混凝土的离析、泌水。选用中砂可以适当降低砂率，减少混凝土的塑性收缩，从根源上避免起砂现象。

（4）外加剂

减水剂是山砂混凝土最常用的一种外加剂，高效减水剂的适量掺入能够带来多重益处，除了降低单位用水量和水胶比，还能大大增强混凝土拌合物的流动性，使水泥的用量得以减少，最终同步提升山砂混凝土的强度和耐久性。需要注意的是，外加剂的掺入比例不可过大，否则会使混凝土的耐久性受到极大的影响。

（5）水

凡是可饮用的洁净的自来水和天然水，均可拌制山砂混凝土。

3. 山砂混凝土的配合比

（1）胶凝材料用量

由于山砂质量不如河砂，配制相同强度等级的混凝土时，山砂混凝土胶凝材料总量宜大于河砂混凝土胶凝材料总量。一般 C50 山砂混凝土胶凝材料用量为 460 ~ 540 kg/m^3，粉煤灰掺量占比为 15% ~ 20%。

（2）水胶比

水胶比应根据混凝土强度和耐久性要求合理确定。在砂率相同的情况下，随着水胶比的增大，山砂混凝土流动性增大，但强度降低且单位用水量过大，混凝土易离析、泌水。要满足强度高、耐久性好的要求，需采用较低水胶比，但难以获得大的流动性，故需掺入粉煤灰和高效减水剂，改善混凝土的流动性，提高其强度。一般情况下，C50 混凝土水胶比可选 0.30 ~ 0.36。水胶比的确定要依照混凝土强度和耐久性的相关要求。假设砂率相同，山砂混凝土的流动性会随着水胶比的增大而增大，但是强度却呈现持续下降趋势。过高的单位用水量也会导致山砂混凝土出现离析及泌水问题。

（3）砂率

选择砂率应综合考虑水胶比、碎石最大粒径和山砂混凝土的坍落度。山砂中石粉含量大，使得砂率小时，骨料的空隙率大，砂浆量小，新拌混凝土流动性小；砂率增大，骨料的总表面积和空隙率增大，包裹砂子的水泥浆变薄，砂粒间的摩阻力大，且粉体含量高，混凝土黏性大，流动性低，故需通过试验确定最佳砂率。试验研究表明，在原材料技术要求相同的条件下，山砂混凝土比普通混凝土砂率大 3% ~ 4%。对于 C50 山砂混凝土，坍落度为 75 ~ 90 mm 时，砂率宜取 0.31% ~ 0.35%；坍落度为 180 ~ 200 mm 时，砂率宜取 0.39% ~ 0.42 %。

4. 山砂混凝土的施工要点

（1）可泵性的控制措施

实践中可以采用二次搅拌工艺措施提高山砂混凝土的可泵性。二次搅拌即先高速搅拌水泥浆或砂浆，促进水泥颗粒分散和水化，再低速搅拌混凝土混合料，使过渡区浆体的水胶比按一定规律变化，从而提高混凝土的各项性能。二次搅拌可以降低外加剂的掺量和混凝土的黏度，同时提高混凝土的流动性，有效降低坍落度的经时损失。在泵送混凝土中，主要通过降低混凝土的黏度、提高混凝土的流动性实现混凝土的可泵性。山砂混凝土需具备流动性好、阻力小、不离析、不泌水等特性，降低堵管率。混凝土管道的布置应少设弯头，避免向下输送混凝土，避免烈日暴晒，在不可避免的情况下应对混凝土管道采取遮阳措施，避免因温度过高导致水泥浆凝结堵管。

（2）成型质量控制措施

1）在浇筑混凝土前，为保证施工质量，应采用同配比的水泥砂浆进行润管。

2）在振捣混凝土时应做到快插慢拔，保证山砂混凝土表面呈现浮浆并不再沉落，避免振捣时间过长而出现离析现象。对振捣棒不能达到的钢筋密集区，应在离该区域较近的梁侧区域加强振捣，保证山砂混凝土的密实性。

3）因山砂混凝土凝结硬化快，为避免出现施工冷缝，宜采用“由远及近，由低到高，由短跨向长跨”的方式进行浇筑。

4）山砂混凝土的塑性收缩大，为避免出现塑性收缩裂缝和龟裂现象，应在混凝土初凝后、终凝前进行二次抹面工作。

（3）养护措施

山砂混凝土养护的前 8 天以控制温差为主，温差应控制在 25 ℃以内，8 天后以控制降温速度为主。养护应根据混凝土温度测量的情况进行，并根据实际情况及时调整。内外温差小于 15 ℃时，可以减小表面覆盖层的厚度，加速散热；内外部温差大于 25 ℃

时，就要及时增加一层或数层麻袋保温。

（4）运输措施

1）合理选择运输路线，确保运输山砂混凝土路线顺畅，保证材料的连续供应。

2）合理安排施工人员和车辆，避免混凝土车在施工现场搁置或等待时间过长，影响施工质量。

3）确保山砂混凝土的坍落度满足施工需求，且不离析、不泌水。

4）清洗混凝土罐车后，将车内的积水排尽，保证后续施工的混凝土水胶比不受影响。

5）运输过程中，保持混凝土罐匀速转动，转速为 2 ~ 4 r/min。

6）禁止对混凝土拌合物加水，禁止使用不满足施工要求的混凝土。

第四节　特殊构件混凝土的施工

一、筒仓混凝土施工工艺与要点

1. 结构特点

现浇钢筋混凝土筒仓结构的直径一般为 10 ~ 20 m，地面以上 5 ~ 10 m 为带护壁柱的筒壁，筒壁厚度为 250 ~ 350 mm，再上为漏斗平台及仓筒。漏斗平台以下为带护壁柱的筒壁，采用支模方案浇筑混凝土施工，漏斗平台以上筒壁采用滑升模板施工。

2. 结构施工工艺

（1）主体工程（库壁）施工工艺

1）准备定型脚手板和普通脚手板，加工混凝土套管和对拉螺栓，制作三步倒模脚手架，检查各个零部件是否齐全。

2）绑扎第一步钢筋，安装筒壁埋件。

3）抹平筒壁内外根部找平层，宽度不小于 60 mm，水平平整度在一周内误差不大于 2 mm。

4）组合第一步模板，安装预制混凝土套管，安装对拉螺栓。

5）安装组合三脚架和内外围圈。

6）安装支拉调节杆和上下连杆。

7）安装中心找正器，以中心找正器和三脚架的支拉斜杆进行模板找正。

8）铺定型脚手板，使筒壁内外侧形成环形通道。

9）浇筑混凝土。

10）绑扎第二步钢筋，支设第二步模板，即重复 2）~ 9）条施工步骤。

11）第三步施工。

12）第三步混凝土浇筑完成后，绑扎第四步筒壁钢筋，然后利用吊架人工将第一步模板及三脚架拆除，并吊至第四步进行支设。如此循环，直至结顶。

（2）混凝土漏斗施工工艺

在施工筒壁环梁时先预留出漏斗的插筋，筒壁施工完后进行混凝土漏斗施工。工艺流程：搭设漏斗支撑平台→铺设漏斗底模板→绑扎斜壁纵筋→纵筋与钢底托（漏斗下口预埋件）焊接定位→绑扎斜壁外层横向钢筋→绑扎内层钢筋→分段支设顶模→安装对拉螺栓→浇筑混凝土→养护→拆模。

3. 结构施工要点

（1）主体工程（库壁）施工要点

1）选用同品种、同强度的普通硅酸盐水泥或矿渣硅酸盐水泥。

2）最大水泥用量不应超过 450 kg/m^3，水灰比不大于 0.5。

3）石子粒径不应超过筒壁厚度的 1/5 和钢筋净间距的 3/4，且最大粒径不应超过 60 mm。

4）混凝土应沿筒壁周围均匀地分层浇筑，每层厚度 250 mm，并用振捣器振捣密实，振捣器插入深度不超过前一层混凝土厚度的 1/5。

5）上下步混凝土的浇筑方向相反，防止产生累积扭曲。

6）筒壁施工时不宜留设施工缝，必须留设时，应设置在筒壁环梁处。施工缝处浇筑混凝土时，应先清除原有混凝土接合面处的松动石子，冲洗干净再铺 20 ~ 30 mm 厚的石子同配比水泥砂浆，再浇筑混凝土。

7）拆模后，用手提磨光机仔细打磨内外壁模板接通处，使内外壁光滑。

8）混凝土应覆盖草帘进行浇水养护，保持湿润，养护时间不小于 7 天。

（2）混凝土工程施工要点

混凝土漏斗由下至上分段施工，每段以 1.5 m 为宜，故顶模也分段支设。每段的混凝土强度达到 75% 时方可拆模，进行下段施工。混凝土振捣时应特别注意不能接触钢筋及螺栓，振捣器应快插慢拔，振捣应均匀、密实。在设计、监理、建设单位允许的条件下，施工缝处适当增加纵横向钢筋，以防出现裂缝。混凝土的水灰比和坍落度应随浇筑高度的上升而适当递减。

二、烟囱混凝土施工工艺与要点

1. 结构特点

烟囱由基础、筒座、筒身、筒首及一些相应附属设施（如爬梯信号平台，避雷装置）组成。

2. 结构施工工艺

（1）烟道施工方法

烟道地基处理完后，即铺混凝土垫层，垫层做好相应的坡度，再在垫层上弹出烟道中心线。确定烟道温度缝及各弓形膨胀缝的位置，并在垫层上弹好线。烟道底板与烟道混凝土壁分两次浇筑，施工缝设在底板上 300 mm 处，留企口缝。因烟道的沉降量与烟囱的沉降量不一致，故与烟囱基础相接处应设置沉降缝，烟道的钢筋不能伸入烟囱基础内，沉降缝按设计及规范施工。待混凝土烟道全部施工完后，再内砌红砖和黏土质耐火砖，填充耐火材料，要求横平竖直、灰浆饱满。

（2）烟囱基础施工

烟囱基础的基坑挖好后，应由施工单位会同建设单位、设计单位、监理单位等检查基坑中心的坐标、基底的尺寸和标高等是否符合设计要求，地基土质是否符合设计所采用的勘探资料等，经检查验收后方可进行下道工序的施工。

基底表面应平整，严禁用填土的方法找平基坑底面，个别稍低于设计标高的低洼处可在作灰土时找平。

基坑验收后，应立即进行 3∶7 灰土施工。如果基坑表面被水浸泡、扰动，则必须将被浸泡、扰动的土除尽，并采取加厚垫层的方法，使其达到设计标高。

插入基础杯壁内的筒壁纵向钢筋，应按设计要求的位置、分组及插入深度等，准确地与基础钢筋绑扎或焊接牢固，并有防止钢筋移位的措施。

基础混凝土浇筑时需搭设满堂脚手架，采用混凝土泵送车配合入模。混凝土浇筑顺序由两边向中间合拢，混凝土浇捣按 300 ~ 500 mm 分层进行，并在混凝土初凝前完成下一个浇筑层。混凝土浇筑完后，清理现场，做好防雷接地和土方回填夯实工作。

基础施工缝的留设位置应符合下列要求：

1）基础底板混凝土应连续一次浇筑完毕，施工缝留在距离底板 300 ~ 500 mm 高的地方，留企口缝。

2）基础完成后，应立即进行基础验收和基坑回填。回填土应分层仔细夯实，每层厚度不宜大于 200 mm。回填土宜稍高于地面，以利排水。回填土夯实后，再做排水护坡，坡度不应小于 2%。

（3）烟囱混凝土施工

选用同品种、同强度等级的普通硅酸盐水泥或矿渣硅酸盐水泥。每立方米混凝土的最大水泥用量不应超过 450 kg，水灰比不大于 0.5，混凝土应掺用减水剂。混凝土中石子的粒径不应超过筒壁厚度的 1/5 和钢筋净距的 3/4，且最大粒径不应超过 30 mm。

混凝土用卷扬机上料，每次施工时浇筑起始点要错位，浇筑时要从两边向中心对称布料。每层混凝土浇筑高度为 250 ~ 300 mm，混凝土顶面始终低于模板上口 100 mm 左右。振捣不得扰动下层混凝土和触动模板，并应经常变换方向。

筒壁施工时应尽量减少施工缝。在浇筑施工缝混凝土前，应先清除原有混凝土接合面处的松动石子，冲洗干净，再铺 20 ~ 30 mm 厚的水泥砂浆（水泥砂浆所用的材料与灰砂比应与混凝土的材料和灰砂比相同），然后方可继续浇筑上部混凝土。烟囱施工时按每 10 m 为一个施工段。

浇筑混凝土时，每 5 m 高度应取一组混凝土试块，检验其 28 天龄期的强度。当材料或配合比变更时，则应另取混凝土试块。

当混凝土脱模后，应及时对其表面进行修理，并浇水养护，保持经常湿润，延续时间不应少于 7 天。

混凝土表面干燥（20 mm 深度内的含水率不大于 6%），且表面的浮灰和油污等清除干净后，方可在筒壁内外表面涂刷防腐涂料或航空标志。

3. 结构施工要点

烟囱基础和烟囱筒壁尺寸的允许偏差见表 5–5 和表 5–6。

表 5–5　烟囱基础尺寸的允许偏差　mm

序号	名称	允许偏差值
1	基础中心点对设计坐标的位移	15
2	环壁或环梁上表面的标高	20
3	环壁的壁厚	20
4	壳体的壁厚	–10 ~ 20
5	环壁或壳体的内半径	内半径的 1%，且不超过 40
6	环壁或壳体内表面的局部凹凸不平（沿半径方向）	内半径的 1%，且不超过 40
7	底板或环板的外半径	外半径的 1%，且不超过 50
8	底板或环板的厚度	20

表 5–6　烟囱筒壁尺寸的允许偏差　mm

序号	名称	允许偏差值
1	筒壁的高度	筒壁全高的 0.15%
2	筒壁的厚度	20
3	筒壁任何截面上的半径	该截面筒壁半径的 1%，且不超过 30
4	筒壁内、外表面的局部凹凸不平（沿半径方向）	该截面筒壁半径的 1%，且不超过 30
5	烟道口的中心线	15
6	烟道口的标高	20
7	烟道口的高度和宽度	–20 ~ 30

三、水塔混凝土施工工艺与要点

1. 结构特点

水塔主要由钢筋混凝土基础、筒身和水箱三大部分组成，全部是钢筋混凝土浇筑。倒锥壳形水塔的造型美观，结构合理，施工时筒身采用滑模施工，水箱在水塔筒身下就地预制，液压提升安装，减少了高空作业，施工工艺比较先进，施工过程也比较安全。

2. 结构施工工艺

（1）基础施工工艺

测量放线→复查→开挖→绑扎钢筋→浇筑混凝土→养护→回填整实。

（2）筒身施工工艺

清理现场→搭设脚手架→支模→绑扎钢筋→检测垂直度→浇筑混凝土→养护。

（3）水箱施工工艺

脚手架搭设→复核支筒垂直→支模→绑扎钢筋→浇筑混凝土→养护。

3. 结构施工要点

（1）基础施工要点

基础开挖后，应随即铺设垫层和施工基础，基础和基坑不得泡水，基础施工完工后要及时回填。

（2）筒身施工要点

施工中应注意严格控制支筒垂直度。

（3）水箱施工要点

施工注意混凝土一次性连续浇筑，不得留施工缝，注意混凝土的密实度。

浇筑混凝土时应沿池壁四周均匀进行，每层高度为 20～25 cm（若浇筑高度超过 2 m，应设串筒、溜槽、溜管等，以保证混凝土下落不发生离析现象），并设专人检查拉紧螺钉，防止模板移动，应尽量减少施工次数。浇筑混凝土宜先低处后高处、先中部后两端连续进行，避免出现气缝。应确保足够的振动时间，使混凝土中多余的气体和水分排出，并应及时排干表面的积水。池底表面在混凝土初凝前应压实抹光，从而得到强度高、抗裂性好、内实外光的混凝土。

（4）混凝土养护

混凝土浇筑好后，应保持湿润环境 14 天，防止表面因水分散失而产生干缩裂缝和减少混凝土的收缩量。混凝土养护好后，应做好水箱灌水和试水验收准备，试水时间为 24 h。

技能训练 12　轻质混凝土墙体施工

一、训练目的

通过本技能训练，学生应了解轻质混凝土墙体施工的工艺流程与浇筑要点，掌握轻质混凝土墙体施工要求，熟悉轻质混凝土墙体施工的质量要求。

二、训练任务

轻质混凝土墙体施工。

三、训练地点与基本要求

实训地点安排在有条件的实训基地，实训过程要听从专业教师指导，认真听取实训教师讲解，要胆大心细，注意安全，尤其要牢记大构件制作过程中的技术安全注意事项。

四、组织管理

1. 专业教师实训前联系好实训教师，积极探讨实训内容与安排。

2. 一个教学班按 4～5 人一组分成若干小组，进行小组化教学，配合完成实训任务。

3. 实训教师实训前在教室介绍实训安排、注意事项、分组情况，并安排学生学习相关知识。

4. 两名教师共同负责组织、指挥、指导和管理。

五、材料与设备

1. 设备

扩音设备两部、强制式混凝土搅拌机一台。

2. 材料和工具

（1）铁铲：每小组 2 把，取材料用。

（2）带刻度水桶：每小组大、小各一个，取水用。

（3）台秤：称量范围为 50 kg，分度值为 0.5 kg，两台共用，称量水泥及各种骨料用。

（4）斗车：每小组 2 部。

（5）普通硅酸盐水泥：共 20 包（每包 50 kg）。

（6）浮石：共 20 斗车

（7）陶粒：共 10 斗车。

（8）中砂：共 10 斗车。

（9）内部振捣器一台。

（10）平板振捣器一台。

（11）模板若干。

另外，自来水管接至实训场地。

六、训练内容与工艺流程

1. 训练内容

根据轻质混凝土墙体施工工艺与要点，现场进行轻质混凝土墙体施工及质量检查。

2. 工艺流程

作业准备→混凝土搅拌→混凝土运输→轻质混凝土墙体浇筑与振捣→养护。

（1）骨料、水泥、水和外加剂均按质量计，骨料计量允许偏差应小于 ±3%，水泥、水和外加剂计量允许偏差应小于 ±2%，轻骨料宜在搅拌前预湿。

（2）在气温高于或等于 5 ℃的季节施工时，根据工程需要，预湿时间可按外界气温和来料的自然含水状态确定，应提前半天或一天对轻骨料进行淋水或泡水预湿，然

后滤干水分进行投料。气温低于 5 ℃时，不宜进行预湿处理。

（3）轻质混凝土拌合物宜采用强制式搅拌机搅拌。采用自落式搅拌机搅拌时，先加 1/2 的用水量，然后加入粗细骨料和水泥搅拌约 1 min，再加剩余的水量，继续搅拌不少于 2 min。采用强制式搅拌机搅拌时，先加细骨料、水泥和粗骨料搅拌约 1 min，再加水继续搅拌不少于 2 min。

（4）在初期，轻骨料吸水能力很强，所以施工中应尽量缩短混凝土由搅拌机出口至作业面浇筑这一过程的时间，一般不能超过 45 min。宜用吊斗直接由搅拌机出料口将混凝土吊至作业面浇筑，避免或减少中途倒运，若混凝土拌合物和易性变差、坍落度变小，宜在浇筑前人工进行二次搅拌。当用搅拌运输车运送轻骨料混凝土拌合物，因运距过远或交通问题造成坍落度损失较大时，可在卸料前掺入适量减水剂进行搅拌，满足施工所需和易性要求。

（5）应连续施工，不留或少留施工缝，浇筑混凝土应分层进行，对大模板工程，第一层浇筑高度不应超过 50 cm，以后每层不超过 1 m。若留施工缝，应垂直留在内外墙交接处及流水段分界处，设铁丝网或堵头模板。继续施工前，必须将接合处清理干净，浇水湿润，然后再浇筑混凝土。

（6）轻骨料密度小，插入式振捣器要快插慢拔，振点要适当加密，分布均匀，其振捣间距小于普通混凝土间距，不应大于振捣作用半径的 1 倍，插入深度不应超过浇筑高度。振捣时间不宜过长，防止分层离析。用工具将混凝土表面外露轻骨料压入砂浆中，然后用木抹子抹平。

（7）轻质混凝土浇筑成型后，应及时覆盖和喷水养护。采用自然养护时，对于用普通硅酸盐水泥、硅酸盐水泥、矿渣硅酸盐水泥拌制的轻骨料混凝土，湿养护时间不应少于 7 天；对于用粉煤灰硅酸盐水泥、火山灰质硅酸盐水泥拌制的轻骨料混凝土及在施工中掺缓凝型外加剂的混凝土，湿养护时间不应少于 14 天。轻骨料混凝土构件用塑料薄膜覆盖养护时，全部表面应覆盖严密，保持膜内有凝结水。

轻骨料混凝土构件采用蒸汽养护时，成型后静停时间不宜少于 2 h ，并应控制升温和降温速度。

七、评价标准

民用建筑轻质混凝土墙体浇筑的考核项目及评价标准见表 5–7。

表 5–7　　民用建筑轻质混凝土墙体浇筑的考核项目及评价标准

序号	测定项目	分项内容	评价标准	标准分	监测点					得分
					1	2	3	4	5	
1	墙面平整度	符合图纸规范	偏差超过 5 mm 扣 1 分，超过 8 mm 无分	10						
2	墙面垂直度（全高）	符合图纸规范	偏差超过 1 mm 扣 1 分，超过 20 mm 无分	10						

续表

序号	测定项目	分项内容	评价标准	标准分	监测点					得分
					1	2	3	4	5	
3	墙厚	符合图纸规范	偏差超过 10 mm 扣 1 分，超过 15 mm 无分	10						
4	门窗框垂直偏差	符合图纸规范	偏差超过 5 mm 无分	10						
5	预留洞及预埋件中心位置偏差	符合图纸规范	偏差超过 10 mm 无分	20						
6	轴线位移	符合图纸规范	偏差超过 8 mm 无分	15						
7	工具用具维护和使用	做好操作前工具用具准备和完成后工具用具维护	施工前后两次检查，酌情扣分或不扣分	5						
8	安全文明施工	安全生产落手清	有事故不得分，完工后场地不清不得分	10						
9	工效	定额时间	低于定额时间 90% 不得分，在定额时间 90%～100% 之间酌情扣分，超过定额时间者适当扣 1～3 分	10						

技能训练 13　特殊混凝土的选用

一、训练目的

特殊混凝土结构在工业工程中的应用很多，且对结构的性能要求很高。为了补充常见构件混凝土结构构件以外的实训内容，将特殊结构物的实训增加进来。通过本技能训练，学生可以了解特殊结构物混凝土性能特点与应用领域。

二、训练任务

不同环境条件、工程特点情况下特殊混凝土的选用。

三、组织管理

1. 专业教师实训前联系好实训教师，积极探讨实训内容与安排。
2. 一个教学班按 4～5 人一组分成若干小组，进行小组化教学，配合完成实训任务。

3. 实训教师实训前在教室介绍实训安排、注意事项、分组情况，并安排学生学习相关知识。

4. 两名教师共同负责组织、指挥、指导和管理。

四、训练基本要求

实训地点安排在有条件的实训基地，实训中要听从专业教师指导，认真听取实训教师讲解，要胆大心细，注意安全。

教师带领学生前往混凝土工厂，了解并记录混凝土外形特征、价格、性能特点，填写表 5-8，完成调研任务报告。

表 5-8　　混凝土调研统计表

序号	混凝土种类	外形特征	每袋价格	性能	适用范围	备注
1						
2						
3						
4						
5						

技能训练 14　无砂大孔径混凝土柱浇筑

一、训练目的

通过本技能训练，学生可以了解无砂大孔径混凝土柱的浇筑工艺流程与浇筑要点，掌握无砂大孔径混凝土柱的浇筑方法，熟悉无砂大孔径混凝土柱的浇筑质量要求。

二、训练任务

无砂大孔径混凝土柱浇筑如图 5-2 所示，柱截面尺寸为 240 mm × 240 mm，柱高为 2.7 m。

三、训练地点与基本要求

实训地点安排在有条件的实训基地，实训过程要听从专业教师指导，认真听取实训教师讲解，要胆大心细，注意安全，尤其要牢记大构件制作过程中的技术安全注意事项。

四、组织管理

1. 专业教师实训前联系好实训教师，积极探讨实训内容与安排。

2. 一个教学班按 4 ~ 5 人一组分成若干小组，进行小组化教学，配合完成实训任务。

3. 实训教师实训前在教室介绍实训安排、注意事项、分组情况，并安排学生学习相关知识。

4. 两名教师共同负责组织、指挥、指导和管理。

图 5-2　无砂大孔混凝土柱浇筑

五、材料与设备

1. 设备

扩音设备两部、强制式混凝土搅拌机一台。

2. 材料与工具

（1）铁铲：每小组 2 把，取材料用。

（2）带刻度水桶：每小组大、小各一个，取水用。

（3）台秤：称量范围为 50 kg，分度值为 0.5 kg，两台共用，称量水泥及各种骨料用。

（4）斗车：每小组 2 部。

（5）水泥：共 20 包（每包 50 kg）。

（6）碎石：共 20 斗车。

（7）内部振捣器一台。

（8）外部振捣器一台。

（9）模板若干。

另外，自来水管接至实训场地。

六、训练内容与工艺流程

1. 训练内容

根据无砂大孔径混凝土的浇筑工艺与要点，现场进行无砂大孔径混凝土柱的浇筑和质量检查。

2. 工艺流程

（1）混凝土的搅拌

无砂大孔径混凝土的搅拌机械和搅拌方法与普通混凝土大致相同。由于水泥浆的稠度较大，且数量较少，为了保证水泥浆能够均匀地包裹在骨料上，宜采用强制式搅拌。

（2）模板选择

无砂大孔径混凝土的混凝土侧压力较小，一般为普通混凝土的 1/3，因此可以使用各种轻型模板，如木模、胶合板模、钢丝网模等。

（3）混凝土的浇筑

由于无砂大孔径混凝土中的水泥量有限，只能包裹骨料颗粒，因此浇筑过程中不宜强烈振捣，否则将会使水泥浆沉积，破坏混凝土结构的均匀性。无砂大孔径混凝土的密实应当使用最小分量的密实工具，施工中一般在模板外侧用木工锤具略加敲击即可。

（4）混凝土的养护

无砂大孔径混凝土由于存在孔隙，干燥很快，所以养护非常重要，以免混凝土水分大量蒸发。遇到烈日与大风天气时，应加覆盖、淋水或用氯化钙促凝，使其提前凝结。

七、评价标准

无砂大孔径混凝土柱浇筑考核项目及评价标准见表 5–9。

表 5–9　　无砂大孔径混凝土柱浇筑考核项目及评价标准

序号	测定项目	分项内容	评价标准	标准分	监测点					得分
					1	2	3	4	5	
1	轴线位移	符合规范图纸	偏差超过 20 mm 无分	10						
2	平面标高	符合规范图纸	偏差超过 10 mm 每处扣 3 分，超过 20 mm 无分	10						
3	垂直度	符合规范图纸	偏差超过 10 mm 每处扣 1 分，超过 15 mm 无分	5						
4	凹凸尺寸	符合规范图纸	偏差超过 ±20 mm 无分	15						
5	预埋地脚螺栓	符合规范图纸	中心距超过 2 mm 无分	15						
6	密实、整洁、大小方正	密实，无孔洞、蜂窝	有少量麻面每处扣 1 分，有蜂窝每处扣 2 分，有孔洞无分	15						
7	工具用具维护和使用	做好操作前工具用具准备和完成后工具用具维护	施工前后两次检查，酌情扣分或不扣分	5						
8	安全文明施工	安全生产落手清	有事故不得分，完工后场地不清不得分	10						
9	工效	定额时间	低于定额时间 90% 不得分，在定额时间 90%～100% 之间酌情扣分，超过定额时间者适当扣 1～3 分	15						

技能训练 15　筒仓混凝土施工

一、训练目的

通过本技能训练，学生可以了解筒仓混凝土浇筑工艺流程与浇筑要点，掌握筒仓对混凝土施工的特殊质量要求。

二、训练任务

用滑模施工法浇筑筒仓混凝土。

三、训练地点与基本要求

实训地点安排在有条件的实训基地，实训过程要听从专业教师指导，认真听取实训教师讲解，要胆大心细，注意安全，尤其要牢记结构物施工过程中的安全注意事项。

四、组织管理

1. 专业教师实训前联系好实训教师，积极探讨实训内容与安排。

2. 一个教学班按 4 ~ 5 人一组分为若干小组，进行小组化教学，配合完成实训任务。

3. 实训教师实训前在教室介绍实训安排、观摩注意事项、分组情况，并安排学生学习相关知识。

4. 两名教师共同负责组织、指挥、指导和管理。

五、材料与设备

1. 设备

扩音设备两部、强制式混凝土搅拌机一台。

2. 材料与工具

（1）铁铲：每小组 2 把，取材料用。

（2）带刻度水桶：每小组大、小各一个，取水用。

（3）台秤：称量范围为 50 kg，分度值为 0.5 kg，两台共用，称量水泥及各种骨料用。

（4）斗车：每小组 2 部。

（5）水泥：共 20 包（每包 50 kg）。

（6）中砂：共 10 斗车。

（7）碎石：共 20 斗车。

（8）内部振捣器一台。

（9）外部振捣器一台。

（10）滑模系统设备一套。

另外，自来水管接至实训场地。

六、训练内容与工艺流程

1. 训练内容

某工程筒仓外径 3 m，壁厚 24 cm，筒仓高 3.2 m（基础底板顶面标高 –0.7 m，筒仓顶板面标高 2.5 m）。设计要求仓壁必须一次滑升，不得留水平施工缝，混凝土强度等级为 C30，锥斗混凝土强度等级为 C35。

（1）内外模板用 3 mm 厚钢板和 40 mm × 40 mm 角铁制作，内模长 1 250 mm，外模长 1 300 mm。

（2）内围圈用 12# 槽钢，中间加井字架加固，外围圈用 14 b 槽钢。

（3）布置 14 个提升架，提升架之间距离相等，均为 1 730 mm。

（4）共配置 21 个千斤顶，其中一半为双千斤顶布置。

（5）液压系统由液压控制台和液压油管组成。主油管用无缝钢管，支油管用高压橡胶软管。

（6）操作平台组装工作应注意的问题：组装前要平整好场地，做好基础上表面的抄平、放线，并定出中心控制线；模板和围圈必须连接牢固，松动部分要用木楔塞紧，但不得出现凹凸不平的情况；辐射梁和提升架的横梁必须保持水平，误差不大于 10 mm，提升架两支腿（立杆）要与横梁保持垂直；安装模板时，必须保证上小下大的锥度要求，绝不允许出现无锥度的情况。

（7）混凝土的浇筑程序：每次浇筑高度平均为 300 mm，浇筑到 2/3 模板高度后先行试滑。如果露出部分的混凝土达到 1 ~ 2.5 kg/cm^2，即可继续滑升，每浇筑 300 mm，可连续滑一次。

（8）滑模施工的同步提升是保证滑升正确的一项重要措施。具体措施为：每提升 300 mm 就要检查一次标高，误差一般控制在 ± 15 mm 以内，相邻两个千斤顶的升差不得超过 5 mm；利用开闭针形阀进行调整中心控制，在内钢圈上固定一个钢横梁，下面吊一个大线锤，每班检查不少于两次；通过调整钢平台进行找正，即中心向哪一边移位，就将哪一边的平台适当提高，逐步找正。

2. 工艺流程

（1）筒体结构模板高度宜为 1 200 ~ 1 500 mm，并采用小型组合钢模板；模板宽度宜为 100 ~ 500 mm，也可采用弧形带肋定型钢模板。

（2）围圈截面尺寸应根据计算确定，上下围圈的间距一般为 450 ~ 750 mm，上围圈距模板上口的距离不宜大于 250 mm。

（3）提升架间距大于 2.5 m 或操作平台的承重骨架直接支撑在围圈上，围圈宜设计成桁架式。

（4）采用 ϕ25 mm 支撑杆时，提升架横梁底部到模板上口的净高度宜为 400 ~ 500 mm。

（5）操作平台由桁架、三脚架及铺板等主要构件组成，与提升架或围圈连成整体。

当桁架跨度较大时，桁架间应设置水平和垂直支撑。外挑脚手架或操作平台的外挑宽度不宜大于 800 mm，并应在其外侧设安全防护栏杆和安全网。吊脚手架铺板宽度宜为 500 ~ 800 mm，钢吊筋的直径不应小于 16 mm。吊杆螺栓必须采用双螺母锁紧。

（6）同一批组装的千斤顶的行程差不应大于 1 mm。

（7）安装好的模板应上口大、下口小。模板上口以下 2/3 模板高度处的净间距应与设计截面等宽。

（8）液压系统组装完毕，应在插入支撑杆前进行试验和检查，并符合规定。

（9）钢筋绑扎时，应保证钢筋位置准确，并符合规定。

（10）支撑杆的直径、规格应与所用的千斤顶相适应，第一批插入千斤顶的支撑杆的长度种类不得少于 4 种，两相邻接头高差不应小于 1 m，同一高度上支撑杆接头数不应大于总量的 1/4。

（11）用于筒体结构施工的非工具式支撑杆通过千斤顶后，应与横向钢筋点焊连接，焊点间距不宜大于 500 mm，点焊时严禁损伤受力钢筋。

（12）当发生支撑杆局部失稳、被千斤顶带起或弯曲等情况时，应立即进行加固处理。当支撑杆穿过较高洞口或模板空滑时，应进行加固。

（13）混凝土用于滑模施工时，应事先做好配合比的试配工作，其性能除应满足设计规定的强度、抗渗性、耐久性以及季节性施工等要求外，尚应满足下列要求：

1）混凝土早期强度的增长速度必须满足模板滑升的速度要求。

2）混凝土宜用硅酸盐水泥或普通硅酸盐水泥配制。

3）混凝土入模时的坍落度应符合规定。

4）在混凝土中掺入的外加剂或掺和料，其品种和掺量应通过试验确定。

（14）正常滑升时，混凝土的浇筑应满足下列规定：

1）必须均匀对称浇筑；每一浇筑层混凝土表面应在一个水平面，并应有计划、均匀地变换浇筑方向。

2）每次浇筑的厚度不宜大于 200 mm。

3）上层混凝土覆盖下层混凝土的时间间隔不得大于混凝土的凝结时间，当间隔时间超过规定时，接茬处应按施工缝的要求处理。

4）预留洞口、门窗口等两侧的混凝土应对称均匀浇筑。

（15）混凝土振捣应满足下列要求：

1）振捣混凝土时，振捣器不得直接触及支撑杆、钢筋或模板。

2）振捣器应插入前一层混凝土内，但深度不应超过 50 mm。

（16）预留孔洞的胎模应有足够的刚度，其厚度应比模板上口尺寸小 5 ~ 10 mm，并与结构钢筋固定牢靠。胎模出模后，应及时校正位置，适时拆除胎模，预留孔洞中心线的偏差不应大于 15 mm。

（17）初滑时，宜将混凝土分层浇筑至 500 ~ 700 mm（或模板高度的 1/3 ~ 1/2）高度，待第一层混凝土强度达到 0.2 ~ 0.4 MPa 时，应进行 1 ~ 2 个千斤顶行程的提升，并对滑模装置和混凝土凝结状态进行全面检查，确定正常后，方可转为正常滑升。

（18）正常滑升过程中，相邻两次提升的时间间隔不宜超过 0.5 h。

（19）在正常滑升过程中，每滑升 200 ~ 400 mm，应对千斤顶进行一次调平，各千斤顶相对标高差不得大于 40 mm，相邻两个提升架上千斤顶升差不得大于 20 mm。

（20）在滑升过程中，应检查操作平台结构、支撑杆工作状态，发现异常应及时分析原因，并采取有效的处理措施。

（21）因施工需要或其他原因不能连续滑升时，应采取下列停滑措施：

1）混凝土应浇筑到同一标高。

2）模板应每隔一定时间提升 1 ~ 2 个千斤顶行程，直到模板与混凝土不再黏结为止。对空滑部位的支撑杆应采取适当的加固措施。

3）继续施工时，应对模板和液压系统进行检查。

（22）模板滑空时，应事先验算支撑杆在操作平台自重、施工荷载、风荷载等共同作用下的稳定性，稳定性不满足要求时，应对支撑杆采取可靠的加固措施。

七、评价标准

筒仓混凝土施工技能训练评价标准见表 5–10。

表 5–10　　筒仓混凝土施工技能训练评价标准

序号	测定项目	分项内容	评价标准	标准分	监测点					得分
					1	2	3	4	5	
1	轴线位移	符合规范图纸	偏差超过 20 mm 无分	10						
2	平面标高	符合规范图纸	偏差超过 10 mm 扣 3 分，超过 20 mm 无分	10						
3	仓壁壁厚	符合规范图纸	偏差超过 10 mm 扣 1 分，超过 15 mm 无分	5						
4	库底板板厚	符合规范图纸	偏差超过 10 mm 扣 1 分，超过 15 mm 无分	15						
5	仓顶板标高	符合规范图纸	偏差超过 10 mm 扣 3 分，超过 20 mm 无分	15						
6	密实整洁大小方正	密实，无孔洞、蜂窝	有少量麻面每处扣 1 分，有蜂窝每处扣 2 分，有孔洞无分	15						
7	工具用具维护和使用	做好操作前工具用具准备和完成后工具用具维护	施工前后两次检查，酌情扣分或不扣分	5						

续表

序号	测定项目	分项内容	评价标准	标准分	监测点					得分
					1	2	3	4	5	
8	安全文明施工	安全生产落手清	有事故不得分，完工场地不清不得分	10						
9	工效	定额时间	低于定额时间90%不得分，在定额时间90%～100%之间酌情扣分，超过定额时间者适当扣1～3分	15						

思考练习题

1. 简述轻骨料混凝土的特点。
2. 泡沫混凝土的应用范围有哪些？
3. 耐酸混凝土的原材料有哪些？
4. 简述流态混凝土配合比设计的原则。
5. 简述纤维混凝土的特点。

第六章 混凝土施工质量标准和验收

在现代建筑工程中，混凝土和钢筋混凝土承担着重要的角色。因此，混凝土的施工质量与安全在建筑工程中显得尤为重要。混凝土施工的工艺水平、施工队伍的素质、原材料的质量等因素给混凝土施工质量的控制带来一定困难。根据规范和标准编制安全施工管理技术方案，对混凝土工程的施工质量进行控制与验收，是保证工程项目安全生产、文明施工的必要手段。

第一节 混凝土常见质量缺陷及防治

一、混凝土质量缺陷

1. 麻面

通常所说的麻面是指混凝土结构构件局部缺浆，导致表面粗糙和出现许多小凹坑、麻点，但无钢筋和石子外露的现象，是现浇混凝土结构构件最常见的质量缺陷之一。

2. 蜂窝

蜂窝是指混凝土构件局部出现疏松、砂浆少、石子多，骨料之间形成类似蜂窝状的窟窿或孔洞的现象，如图 6–1 所示。

图 6–1　蜂窝

3. 孔洞

孔洞是指混凝土构件结构内部存在较大空隙，局部没有混凝土，钢筋局部或全部裸露的现象，是现浇混凝土最严重的质量缺陷。

4. 露筋

露筋是指混凝土构件内的主筋或箍筋等局部裸露在混凝土表面的现象，也是现浇混凝土结构构件比较常见的质量缺陷之一，如图 6–2 所示。

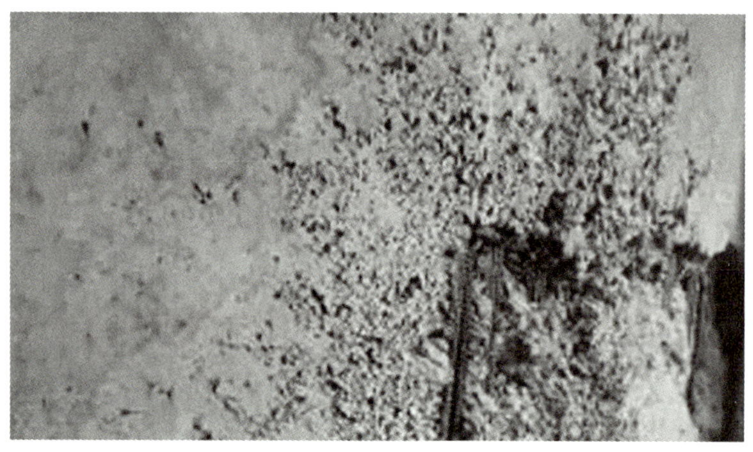

图 6–2　露筋

5. 缺棱掉角

缺棱掉角是指混凝土梁、柱、墙板和孔洞处直角边上的混凝土局部残损掉落、不规整、棱角有缺陷的现象，如图 6–3 所示。

图 6–3　缺棱掉角

6. 施工缝夹层

施工缝夹层是指施工缝处混凝土接合不好，有缝隙或夹有杂物，造成结构整体性不良，将结构分割成几个不连续的部分的现象，如图 6–4 所示。

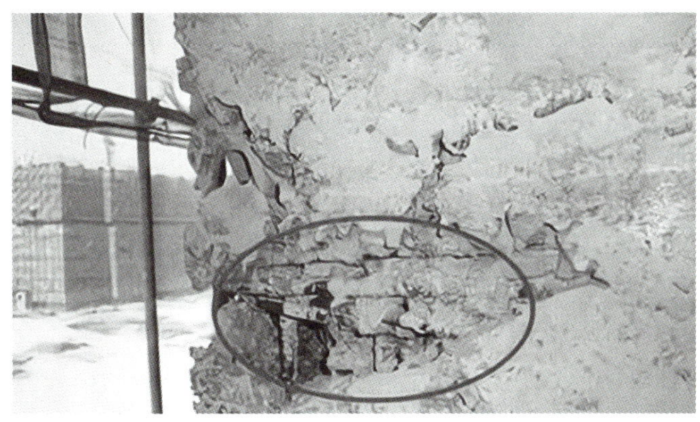

图 6–4　施工缝夹层

7. 局部胀模

混凝土局部胀模会造成构件尺寸增大，外形不规整，严重者需要进行剔凿，影响混凝土的外观质量，如图 6–5 所示。

图 6–5　局部胀模

8. 局部渗水

地下结构中的局部渗水情况可能发生在变形缝、施工缝、墙面、穿墙管道、预埋件等位置，按渗漏状况不同，可分为孔眼渗漏、裂缝渗漏、墙面潮湿或渗漏、施工缝渗漏、变形缝渗漏、管道及预埋件部位渗漏，如图 6–6 所示。

图 6–6　局部渗水

二、混凝土质量缺陷的产生原因、预防及治理

1. 麻面

(1) 产生原因

1) 模板表面粗糙或黏附水泥浆渣等杂物未清理干净，拆模时混凝土表面被破坏。

2) 模板未浇水湿润或湿润不够，构件表面混凝土的水分被吸去，使混凝土失水过多。

3) 模板拼缝不严，局部漏浆。

4) 模板隔离剂涂刷不均、局部漏刷或失效，混凝土表面与模板黏结。

5) 混凝土振捣不实，气泡未排出，停在模板表面。

(2) 预防措施

模板表面清理干净，不得粘有干硬水泥砂浆等杂物；浇筑混凝土前，模板浇水充分湿润；模板缝隙用油毡纸、腻子等堵严；选用长效的模板隔离剂涂刷均匀，不得漏刷；混凝土分层均匀，振捣密实，直到排出气泡为止。

(3) 治理方法

表面要粉刷的，可以不处理；表面无粉刷的，在麻面部位浇水充分湿润后，用原混凝土配合比去石子砂浆，将麻面抹平压光。

2. 蜂窝

(1) 产生原因

1) 混凝土在浇筑时下料不当或下料过高，未设串筒使石子集中，造成石子砂浆离析。

2) 混凝土未分层下料，振捣不实、漏振或振捣时间不够。

3) 模板缝隙未堵严，水泥浆流失。

4) 钢筋较密，使用的石子粒径过大或坍落度过小。

5) 基础、柱、墙根部未稍加间歇就继续浇筑上层混凝土，造成水泥浆流失。

(2) 预防措施

混凝土下料高度超过 2 m 时设串筒或溜槽；浇筑时分层下料，分层捣固，防止漏振；模板缝堵塞严密，浇筑时随时检查模板支撑情况，防止漏浆；将混凝土拌和均匀，坍落度调整至适合；基础、柱、墙根部在下层浇筑完后间歇 1 ~ 1.5 h，沉实后再浇上层混凝土。

(3) 治理方法

蜂窝较小时，洗涮干净后，用 1 : 2 或 1 : 2.5 水泥砂浆抹实压平；蜂窝较大时，凿去蜂窝处薄弱松散颗粒，洗刷干净后，支模用比原结构混凝土强度高一强度等级的膨胀细石混凝土仔细填塞捣实；蜂窝较深时，如果清除困难，可埋压浆管排气管、表面抹砂浆或浇筑混凝土封闭后，进行水泥压浆处理。

3. 孔洞

(1) 产生原因

1) 在钢筋较密部位或预留孔洞和埋设件处，混凝土下料被挡住，未振捣就继续浇筑上层混凝土。

2）混凝土离析，砂浆分离，石子成堆，严重跑浆又未进行振捣。

3）混凝土一次下料过多过厚，振捣器振不到，形成松散孔洞。

4）混凝土内掉入工具、木块、泥块等杂物，导致混凝土浇筑时被卡住。

（2）预防措施

在钢筋密集处及复杂部位，采用较高强度等级的细石混凝土浇筑，在模板内充满，认真分层振捣密实或配人工捣固；预留孔洞，两侧同时下料，侧面加开浇筑口，严防漏振；砂石中混有工具、木块、泥块等杂物掉入混凝土内时，及时清除干净。

（3）治理方法

将孔洞周围的松散混凝土和柔软浆膜凿除，用压力水冲洗，支设托盒的模板，洒水充分湿润后用比原结构高一强度等级的膨胀细混凝土仔细浇筑、捣实。

4. 露筋

（1）产生原因

1）浇筑混凝土时，钢筋保护层垫块位移或垫块太少或漏放，致使钢筋紧贴模板外露。

2）结构构件截面积小，钢筋过密，石子卡在钢筋上，使水泥砂浆不能充满钢筋周围，造成露筋。

3）混凝土浇筑时产生离析，靠模板部位缺浆或模板漏浆。

4）混凝土保护层太小或保护层处混凝土漏振或振捣不实；振捣器撞击或踩踏钢筋，使钢筋位移，造成露筋。

5）木模板未浇水湿润，或者吸水黏结、脱模过早，拆模时缺棱掉角，导致露筋。

（2）预防措施

浇筑混凝土时，保证钢筋位置和保护层厚度正确，并加强检查；钢筋密集时，要保证混凝土有良好的和易性；浇筑高度超过 2 m 时，用串筒或溜槽进行下料，防止离析；模板充分湿润并认真堵好缝隙；混凝土振捣时严禁撞击钢筋，操作过程避免踩踏钢筋，如果有踏弯或脱扣，应及时调直修正；保护层混凝土要振捣密实，正确掌握脱模时间，防止过早拆模，碰坏棱角。

（3）治理方法

表面露筋时，刷洗干净后，在表面抹 1∶2 或 1∶2.5 水泥浆，将充满露筋部位抹平。露筋较深时，凿去薄弱混凝土和突出颗粒，刷洗干净后，用比原结构混凝土强度高一级的细石混凝土填塞压实。

5. 缺棱掉角

（1）产生原因

1）木模板未充分浇水湿润，混凝土浇筑后养护不好，造成脱水，强度低，或模板吸水膨胀将边角拉裂，拆模时棱角被粘掉。

2）拆模时，边角受外力或重物撞击，或保护不好，棱角被碰掉。

3）模板未涂刷隔离剂，或隔离剂涂刷不均。

（2）预防措施

木模板在浇筑混凝土前充分湿润，混凝土浇筑后认真浇水养护，拆除侧面非承重模板时，混凝土应具有 1.2 MPa 以上强度；拆模时注意保护棱角，避免用力过猛过急。

（3）治理方法

可将该处松散颗粒凿除并冲洗，充分湿润后，视破坏程度用 1∶2 或 1∶2.5 水泥砂浆抹补整齐，或用比原来高一级的混凝土捣实补好，认真养护。

6. 施工缝夹层

（1）产生原因

1）施工缝或变形缝未处理、未清除表面水泥薄膜和松动石子或未去除疏松混凝土层并充分湿润就浇筑混凝土。

2）施工缝处锯屑、泥土、砖块等杂物未清理或未清除干净。

3）混凝土浇筑高度过大，未设串筒、溜槽，造成混凝土离析。

4）底层交接处未浇筑接缝砂浆层，接缝处混凝土振捣不到位。

（2）预防措施

认真按有关要求处理施工缝及变形缝表面；将接缝处锯屑、泥土砖块等杂物清理干净并洗净；混凝土浇筑高度大于 2 m 时，应设串筒或溜槽；墙柱接缝处混凝土浇筑前，先浇 50～100 mm 厚原配合比去石子混凝土，以便接合良好，并确保接缝处混凝土振捣到位。

（3）治理方法

缝隙夹层不深时，可将疏松混凝土凿去，洗刷干净后，用 1∶2 或 1∶2.5 水泥砂浆强力填嵌密实；缝隙夹层较深时，清除疏松部分和内部夹杂物，用压力水冲洗干净后支撑，强力浇筑比原结构混凝土强度高一等级的膨胀细石混凝土或将表面封闭后进行压浆处理。

7. 局部胀模

（1）产生原因

1）采用泵送混凝土时，一次浇筑过厚、过快。

2）由于墙面残浆等原因，二次接槎部位模板不能保证与墙拼严。

3）模板安装过松。

4）模板支撑数量不足，造成跑模。

（2）预防措施

1）模板支架及墙模板斜撑必须通过木方安装在坚实的支护桩上，并应有足够的支撑面积。

2）柱模板应设置足够数量的柱箍，底部混凝土水平侧压力较大，柱箍筋还应适当加密。

3）混凝土浇筑前应仔细检查模板尺寸和位置是否正确，支撑是否牢固，穿墙螺栓是否锁紧，发现松动，应及时处理。

4）墙浇筑混凝土应分层进行，第一层混凝土浇筑厚度为 50 cm，然后均匀振捣；上部墙体混凝土分层浇筑，每层厚度不得大于 0.5 m，防止混凝土一次下料过多。

（3）治理方法

1）首先对有可能胀模的部位进行测量，确定胀模厚度及胀模面积。

2）用一体式钢筋扫描仪测量胀膜处保护层厚度，与胀模厚度比较，判断是否有钢筋外露。

3）确定无钢筋外露后，对胀模处进行凿除，做到小锤细凿，避免过凿现象。

4）采用聚合物水泥砂浆抹面，施工完毕后用麻袋密洒水养护。

5）用砂纸或手砂轮适度打磨，使其平顺且色泽一致。

8. 局部渗水

（1）产生原因

1）施工缝部位浇筑不良或骨料集中。

2）施工缝掉入杂物，导致防水失效。

3）混凝土接头部位收缩，造成开裂。

4）施工缝防水施工不良，造成防水失效。

5）混凝土中的杂物较大，形成过水通道。

6）混凝土收缩或结构裂缝。

7）浇筑时振捣不良导致不密实、内部空洞等，形成积水。

（2）预防措施

1）土建或装修单位在防水专业施工前应做好基层交接验收和技术交底，明确基层平整度、阴阳角或倒角处理等要求。

2）找平砂浆应在初凝前完成抹平工序，压光工序应在终凝前完成，终凝后应按要求对混凝土进行养护。

3）基层表面平整度允许偏差为 ±3 mm（2 m 靠尺检查）。

4）防水施工前应将基层尘土、浮浆、垃圾等清理干净。

5）基层阴阳角应用聚合物水泥砂浆抹成半径 50 mm 的圆弧或 50 mm × 50 mm 的倒角。

6）对于开裂、露筋等部位应进行评估，确定是否凿除重新浇筑，或是进行加固处理，直至基层满足防水层施工要求。

（3）治理方法

1）要充分掌握原设计、施工、验收资料，详细了解各部位内部情况，避免造成二次破坏。

2）治理过程中有降水或排水条件的，治理前尽量做好降、排水准备；施工组织应尽量按先顶后墙最后底板的顺序进行，尽可能不要破坏原有防水层；若对原防水构造有损伤，应预先提出可行的修补方案。

3）治理过程中尽量应选择无毒、环保、高耐久性的材料，需附相关材质证明，并尽可能选用已有良好业绩效果的材料和工艺。

第二节　混凝土施工质量控制与验收

一、混凝土施工质量控制和验收

1. 混凝土施工质量的控制

《混凝土结构工程施工质量验收规范》（GB 50204—2015）于 2015 年 9 月 1 日起正式实施。要控制混凝土施工质量，应根据此标准从混凝土组成的原材料、配合比设计到施工的全过程进行控制，从主控项目和一般项目两个方面进行检查。

（1）原材料

1）主控项目

①水泥进场时，应对其品种、代号、强度等级、包装或散装仓号、出厂日期等进行检查，并应对其强度、安定性和凝结时间进行检验，检验结果应符合现行国家标准《通用硅酸盐水泥》（GB 175—2023）等相关规定。

检查数量：按同一厂家、同一品种、同一代号、同一强度等级、同一批号且连续进场的水泥，袋装不超过 200 t 为一批，散装不超过 500 t 为一批，每批抽样数量不应少于一次。

检验方法：检查质量证明文件和抽样检验报告。

②混凝土中掺用外加剂的质量及应用技术应符合《混凝土外加剂》（GB 8076—2008）和《混凝土外加剂应用技术规范》（GB 50119—2013）等现行国家标准，以及有关环境保护规定。

预应力混凝土结构中严禁使用含氯化物的外加剂。钢筋混凝土结构中使用含氯化物的外加剂时，氯化物的总含量应符合现行国家标准《混凝土质量控制标准》（GB 50164—2011）的规定。

检查数量：按进场的批次和产品的抽样检验方案确定。

检验方法：检查产品合格证、出厂检验报告和进场复验报告。

③混凝土中氯化物和碱的总含量应符合现行国家标准《混凝土结构设计规范（2015 年版）》（GB 50010—2010）和设计的要求。

检验方法：检查原材料试验报告和氯化物、碱的总含量计算书。

2）一般项目

①混凝土中掺用矿物掺和料的质量应符合现行国家标准《用于水泥和混凝土中的粉煤灰》（GB/T 1596—2017）等的规定。矿物掺和料的掺量应通过试验确定。

检查数量：按进场的批次和产品的抽样检验方案确定。

检验方法：检查出厂合格证和进场复验报告。

②普通混凝土所用的粗、细骨料的质量应符合标准《普通混凝土用砂、石质量及检验方法标准》（JGJ 52—2006）的规定。

检查数量：按进场的批次和产品的抽样检验方案确定。

检验方法：检查进场复验报告。

混凝土用粗骨料的最大颗粒粒径不得超过构件截面最小尺寸的 1/4，且不得超过钢筋最小净间距的 3/4；混凝土实心板骨料的最大粒径不宜超过板厚的 1/3，且不得超过 40 mm。

③拌制混凝土宜采用饮用水，当采用其他水源时，水质应符合标准《混凝土用水标准》（JGJ 63—2006）的规定。

检查数量：同一水源检查不应少于一次。

检验方法：检查水质试验报告。

（2）配合比设计

1）主控项目。混凝土应按标准《普通混凝土配合比设计规程》（JGJ 55—2011）的有关规定，根据混凝土强度等级、耐久性和工作性等要求进行配合比设计。

有特殊要求的混凝土的配合比设计应符合国家现行有关标准的专门规定。

检验方法：检查配合比设计资料。

2）一般项目

①首次使用的混凝土配合比应进行开盘鉴定，其工作性应满足设计配合比的要求。开始生产时应至少留置一组标准养护试件，作为验证配合比的依据。

检验方法：检查开盘鉴定资料和试件强度试验报告。

②混凝土拌制前，应测定砂、石含水率，并根据测试结果调整材料用量，提出施工配合比。

检查数量：每工作班检查一次。

检验方法：检查含水率测试结果和施工配合比通知单。

（3）混凝土施工

1）主控项目

①混凝土的强度等级必须符合设计要求。用于检验混凝土强度的试件应在浇筑地点随机抽取。

检查数量：同一配合比混凝土的取样与试件留置应符合下列规定。

每拌制 100 盘且不超过 100 m^3 时，取样不得少于一次；每工作班拌制不足 100 盘时，取样不得少于一次；连续浇筑超过 1 000 m^3 时，每 200 m^3 取样不得少于一次；每一楼层取样不得少于一次；每次取样应至少留置一组试件。

检验方法：检查施工记录及混凝土强度试验报告。

应认真做好混凝土试块的管理工作，从试模选择、试块取样、成型、编号至养护均需要指定专人负责，以提高试块的代表性，正确地反映混凝土结构和构件的强度。

②对有抗渗要求的混凝土结构，其混凝土试件应在浇筑地点随机取样。同一工程、同一配合比的混凝土，取样不应少于一次，留置组数可根据实际需要确定。

检验方法：检查试件抗渗试验报告。

③混凝土原材料每盘称量的允许偏差应符合表 6–1 的规定。

表 6–1　混凝土原材料每盘称量的允许偏差

材料名称	允许偏差
水泥掺和料	± 2%
粗细骨料	± 3%
水外加剂	± 2%

注：1. 各种衡器应定期校验，每次使用前应进行零点校核，保持计量准确。

2. 当遇雨天或含水率有显著变化时，应增加含水率检测次数，并及时调整水和骨料的用量。

检查数量：每工作班抽查不应少于一次。

检验方法：复称。

④混凝土运输、浇筑及间歇的全部时间不应超过混凝土的初凝时间。同一施工段的混凝土应连续浇筑，并应在底层混凝土初凝之前将上一层混凝土浇筑完毕。

当底层混凝土初凝后浇筑上一层混凝土时，应按施工技术方案中对施工缝的要求进行处理。

检查数量：全数检查。

检验方法：观察，检查施工记录。

2）一般项目

①施工缝的位置应在混凝土浇筑前按设计要求和施工技术方案确定，施工缝的处理应按施工技术方案执行。

检查数量：全数检查。

检验方法：观察、检查施工记录。

②后浇带的留置位置应按设计要求和施工技术方案确定，后浇带混凝土浇筑应按施工技术方案进行。

检查数量：全数检查。

检验方法：观察，检查施工记录。

③混凝土浇筑完毕后应按施工技术方案及时采取有效的养护措施，并应符合下列规定：

应在浇筑完毕后的 12 h 以内，对混凝土加以覆盖，并保湿养护；采用硅酸盐水泥、普通硅酸盐水泥或矿渣硅酸盐水泥拌制的混凝土，养护时间不得少于 7 天；掺用缓凝型外加剂或有抗渗要求的混凝土，养护时间不得少于 14 天；浇水次数应能保持混凝土处于湿润状态，混凝土养护用水应与拌制用水相同；采用塑料布覆盖养护的混凝土，其敞露的全部表面应覆盖严密，并应保持塑料布内有凝结水；混凝土强度达到 1.2 MPa 前，不得在其上踩踏或安装模板及支架。

检查数量：全数检查。

检验方法：观察，检查施工记录。

需要特别注意的是：当日平均气温低于 5 ℃时不得浇水；当采用其他品种水泥时，混凝土的养护时间应根据所采用水泥的技术性能确定；混凝土表面不便浇水或使用塑料布时，宜涂刷养护剂；养护大体积混凝土时，应根据气候条件按施工技术方案采取控温措施。

2. 混凝土强度的评定与检测

混凝土结构构件的强度应按现行国家标准《混凝土强度检验评定标准》（GB/T 50107—2010）进行评定与检测。对采用蒸汽法养护的混凝土结构构件，其混凝土试件应先随同结构构件同条件蒸汽养护，再转入标准条件养护，共 28 天。当混凝土中掺用矿物掺和料时，确定混凝土强度时的龄期可按现行国家标准《粉煤灰混凝土应用技术规范》（GB/T 50146—2014）等的规定取值。

试件的抗压强度按照下式计算：

$$f_{cu}=\frac{F}{A}$$

式中，f_{cu}——混凝土立方体试件抗压强度，MPa；

F——破坏荷载（试验机上随动指针的读数），N；

A——试件承压面积，mm^2。

检验评定混凝土强度用的混凝土试件尺寸及强度的尺寸换算系数应按表 6–2 取用，其标准试块成型方法、标准养护条件及强度试验方法应符合普通混凝土力学要求。

表 6–2 混凝土试件尺寸及强度的尺寸换算系数

骨料最大粒径（mm）	试件尺寸（mm）	强度的尺寸换算系数
≤ 31.5	100 × 100 × 100	0.95
≤ 40	150 × 150 × 150	1.00
≤ 63	200 × 200 × 200	1.05

混凝土强度的检验评定方法有统计方法和非统计方法两种，参见国家标准《混凝土强度检验评定标准》（GB/T 50107—2010）。

混凝土工程施工质量的验收，按照国家标准《建筑工程施工质量验收统一标准》（GB 50300—2013）的要求，实行“验评分离、强化验收、完善手段、过程控制”的原则。

3. 混凝土工程质量验收的划分

建筑工程质量验收应划分为单位工程、分部工程、分项工程和检验批。

（1）单位工程的划分原则

1）具备独立施工条件并能形成独立使用功能的建筑物及构筑物为一个单位工程。

2）对于规模较大的单位工程，可将其能形成独立使用功能的部分划分为一个子单位工程。

（2）分部工程的划分原则

1）分部工程是单位工程的组成部分，可按专业性质、工程部位确定。

2）当分部工程较大或较复杂时，可按材料种类、施工特点、施工程序、专业系统及类别等，将分部工程划分为若干子分部工程。

（3）分项工程的划分原则

分项工程是分部工程的组成部分，由一个或若干个检验批组成，可按材料、施工工艺、设备类别等进行划分。

混凝土分部分项工程的划分可参照按表 6–3。

（4）检验批的划分原则

检验批可根据施工、质量控制和专业验收的需要，按工程量、楼层、施工段、变形缝等进行划分。

表 6–3 混凝土分部分项工程的划分

序号	分部工程	子分部工程	分项工程
1	地基与基础	基坑支护	排桩、重力式挡土墙、型钢水泥土搅拌墙、土钉墙与复合土钉墙、地下连续墙、沉井与沉箱、钢或混凝土支撑、锚杆、降水与排水
		地基处理	灰土地基、砂和砂石地基、土工合成材料地基、粉煤灰地基、强夯地基、注浆地基、预压地基、振冲地基、高压喷射注浆地基、水泥土搅拌桩地基、土和灰土挤密桩地基、水泥粉煤灰碎石桩地基、夯实水泥土桩地基、砂桩地基
		桩基础	先张法预应力管桩、混凝土预制桩、钢桩、混凝土浇筑桩

续表

序号	分部工程	子分部工程	分项工程
1	地基与基础	地下防水	防水混凝土、水泥砂浆防水层、卷材防水层、涂料防水层、塑料板防水层、金属板防水层、膨润土防水材料防水层，细部构造，锚喷支护、地下连续墙、盾构隧道、沉井、逆筑结构，渗排水、盲沟排水、隧道排水、坑道排水、塑料排水板排水，预注浆、后注浆、裂缝注浆
		混凝土基础	模板、钢筋、混凝土、后浇带混凝土、混凝土结构缝处理
		型钢、钢管混凝土基础	型钢、钢管焊接与螺栓连接，型钢、钢管与钢筋连接，浇筑混凝土
2	主体结构	混凝土结构	模板、钢筋、混凝土、预应力现浇结构、装配式结构
		型钢、钢管混凝土结构	型钢、钢管现场拼装，柱脚锚固，构件安装，焊接、螺栓连接，钢筋骨架安装，型钢、钢管与钢筋连接，浇筑混凝土

4. 建筑工程质量验收

（1）检验批质量验收规定

1）主控项目的质量经抽样检验均应合格。

2）一般项目的质量经抽样检验合格。当采用计数抽样时，合格率应符合有关专业验收规范的规定，且不得存在严重缺陷。计数抽样的一般项目正常检验一次、二次抽样可按表 6–4 和表 6–5 判定。

表 6–4　一般项目正常检验一次抽样判定

样本容量	合格判定数	不合格判定数	样本容量	合格判定数	不合格判定数
5	1	2	32	7	8
8	2	3	50	10	11
13	3	4	80	14	15
20	5	6	125	21	22

表 6–5　一般项目正常检验二次抽样判定

抽样次数	样本容量	合格判定数	不合格判定数	抽样次数	样本容量	合格判定数	不合格判定数
（1） （2）	3 6	0 1	2 2	（1） （2）	8 16	1 4	3 5
（1） （2）	5 10	0 3	3 4	（1） （2）	13 26	2 6	5 7

续表

抽样次数	样本容量	合格判定数	不合格判定数	抽样次数	样本容量	合格判定数	不合格判定数
(1) (2)	20 40	3 9	5 12	(1) (2)	50 100	7 18	11 19
(1) (2)	32 64	2 6	9 13	(1) (2)	80 160	11 26	16 27

注：(1) 和 (2) 表示抽样次数，(2) 对应的样本容量为二次抽样的累计数量。

样本容量在表 6–4 和表 6–5 所列数值之间时，合格判定数和不合格判定数可通过插值并四舍五入取整数值确定。

3）具有完整的施工操作依据、质量验收记录。检验批质量验收记录（见表 6–6）应由施工项目专业质量检查员填写，监理工程师（建设单位项目技术负责人）组织项目专业质量负责人等进行验收。

检验批是施工过程中条件相同并有一定数量的材料、构配件或安装项目，由于其质量基本均匀一致，因此可以作为检验的基本单位，可按批验收。

检验批是工程验收的最小单位，是分项工程、单位工程质量验收的基础。检验批验收包括资料检查、主控项目和一般项目检验。

表 6–6　　　　检验批质量验收记录

工程名称		分项工程名称		验收部位	
施工单位		项目经理		专业工长	
分包单位		分包项目经理		施工班组长	
施工执行标准名称及编号					
主控项目	验收规范的规定		施工、分包单位检查记录	监理单位验收记录	
	1				
	2				
	3				
	4				
	5				
	6				
	7				
	8				
	9				

续表

<table>
<tr><td rowspan="5">一般项目</td><td>1</td><td></td><td colspan="10"></td><td rowspan="5"></td></tr>
<tr><td>2</td><td></td><td colspan="10"></td></tr>
<tr><td>3</td><td></td><td colspan="10"></td></tr>
<tr><td>4</td><td></td><td></td><td></td><td></td><td></td><td></td><td></td><td></td><td></td><td></td><td></td></tr>
<tr><td>5</td><td></td><td></td><td></td><td></td><td></td><td></td><td></td><td></td><td></td><td></td><td></td></tr>
<tr><td colspan="3">施工、分包
单位检查结果</td><td colspan="11">项目专业质量检查员：　　　年　月　日</td></tr>
<tr><td colspan="3">监理（建设）
单位验收结论</td><td colspan="11">专业监理工程师：　　　年　月　日</td></tr>
</table>

质量控制资料反映了检验批从原材料到最终验收的各施工工序的操作依据、检查情况，以及保证质量所必需的管理制度等。对其完整性的检查，实际是对过程控制的确认，是检验批合格的前提。

（2）分项工程质量验收规定

1）所含的检验批均应验收合格。

2）所含的检验批的质量验收记录应完整。

分项工程的验收是以检验批为基础进行的。一般情况下，检验批和分项工程两者具有相同或相近的性质，只是批量的大小不同而已。分项工程质量合格的条件是构成分项工程的各检验批的验收资料文件完整，并且均已验收合格。

（3）分部（子分部）工程质量验收规定

1）所含分项工程的质量均应验收合格。

2）质量控制资料应完整。

3）有关安全、节能、环境保护和主要使用功能的抽样检验结果应符合相应规定。

4）观感质量应符合规定。

分部工程的验收是以所含各分项工程验收为基础进行的。组成分部工程的各分项工程已验收合格且相应的质量控制资料齐全、完整。此外，由于各分项工程的性质不尽相同，分部工程不能简单地组合而加以验收，应进行以下检查项目：

第一，涉及安全、节能、环境保护和主要使用功能的地基与基础、主体结构和设备安装等分部工程应进行有关的见证检验或抽样检验。

第二，以观察、触摸或简单测量的方式进行观感质量验收，并由验收人进行主观判断，检查结果并不给出“合格”或“不合格”的结论，而是综合给出“好”“一

般”“差”的质量评价结果。结果为“差”的，应进行返修处理。

（4）单位工程质量验收规定

1）所含分部工程的质量均应验收合格。

2）质量控制资料应完整。

3）所含分部工程有关安全、节能、环境保护和主要使用功能的检验资料应完整。

4）主要使用功能的抽查结果应符合相关专业质量验收规范的规定。

5）观感质量验收应符合规定。

单位工程质量验收也称质量竣工验收，是建筑工程投入使用前的最后一次验收，也是最重要的一次验收。验收合格的条件有五个：

第一，构成单位工程的各分部工程验收合格。

第二，有关的资料文件应完整。

第三，涉及安全、使用功能、节能、环境保护的分部工程检验资料应复查合格。首先，这些检验资料与质量控制资料同等重要，资料复查要全面检查其完整性，不得有漏检缺项。其次，复核分部工程验收时补充进行的见证抽样的检验报告，这体现了对安全和主要使用功能等的重视。

第四，对主要使用功能应进行抽查。这是对建筑工程和设备安装工程质量的综合检验，也是用户最为关心的内容，将减少工程投入使用后的质量投诉和纠纷。因此，在分项、分部工程验收合格的基础上，竣工验收时再作全面检查。在检查资料文件的基础上，抽查项目由参加验收的各方人员商定，并用计量、计数的方法抽样检验，检验结果应符合有关专业验收规范的规定。

第五，观感质量检查通过。观感质量检查须由参加验收的各方人员共同进行，最后共同确定是否通过验收。

（5）建筑工程质量不符合要求需采取的措施

1）经返工或返修的检验批，应重新进行验收。

2）经有资质的检测单位检测鉴定能够达到设计要求的检验批，应予以验收。

3）经有资质的检测单位检测鉴定达不到设计要求，但经原设计单位核算认可能够满足安全和使用功能的检验批，可予以验收。

4）经返修或加固处理的分项、分部工程，满足安全及使用功能要求时，可按技术处理方案和协商文件予以验收。

5. 建筑工程质量验收程序和组织

（1）检验批应由专业监理工程师组织施工单位项目专业质量检查员、专业工长等进行验收。

（2）分项工程应由专业监理工程师组织施工单位项目专业技术负责人等进行验收。

（3）分部工程应由总监理工程师组织施工单位项目负责人和项目技术、质量负责人等进行验收。勘察、设计单位项目负责人和施工单位技术、质量部门负责人应参加地基与基础分部工程的验收。设计单位项目负责人和施工单位技术、质量部门负责人应参加主体结构、节能分部工程的验收。

（4）单位工程中的分包工程完工后，分包单位应对所承包的工程项目进行自检并应按标准规定的程序进行验收。验收时，总包单位应派人参加，分包单位应将所分包工程的质量控制资料整理完整后，移交给总包单位。

（5）单位工程完工后，施工单位应组织有关人员进行自检。总监理工程师应组织各专业监理工程师对工程质量进行竣工预验收，存在施工质量问题时应由施工单位及时整改。整改完毕后，施工单位向建设单位提交工程竣工报告，申请工程竣工验收。

（6）建设单位收到工程竣工报告后，应由建设单位项目负责人组织监理、施工、设计、勘察等单位项目负责人进行单位工程验收。

二、现浇结构混凝土分项工程施工质量控制与验收

1. 一般规定

现浇结构的外观质量缺陷，应由监理（建设）单位、施工单位等各方根据其对结构性能和使用功能影响的严重程度，按表 6–7 确定。

现浇结构拆模后，应由监理（建设）单位、施工单位对外观质量和尺寸偏差进行检查，作出记录，并应及时按施工技术方案对缺陷进行处理。

表 6–7　现浇结构的外观质量缺陷

名称	现象	严重缺陷	一般缺陷
露筋	构件内钢筋未被混凝土包裹而外露	纵向受力钢筋有露筋	其他钢筋有少量露筋
蜂窝	混凝土表面缺少水泥浆而形成石子外露	主要受力部位有蜂窝	其他部位有少量蜂窝
孔洞	混凝土中孔穴深度和长度均超过保护层厚度	主要受力部位有孔洞	其他部位有少量孔洞
夹渣	混凝土中夹有杂物且深度超过保护层厚度	主要受力部位有夹渣	其他部位有少量夹渣
疏松	混凝土中局部不密实	主要受力部位有疏松	其他部位有少量疏松
裂缝	裂缝从混凝土表面延伸至混凝土内部	主要受力部位有影响结构性能或使用功能的裂缝	其他部位有少量不影响结构性能或使用功能的裂缝
连接部位缺陷	构件连接处混凝土缺陷及连接钢筋、连接铁件松动	连接部位有影响结构传力性能的缺陷	连接部位有基本不影响结构传力性能的缺陷
外形缺陷	缺棱掉角、棱角不直、翘曲不平、飞出凸肋等	清水混凝土构件内有影响使用功能或装饰效果的外形缺陷	其他混凝土构件有不影响使用功能的外形缺陷
外表缺陷	构件表面出现麻面、掉皮、起砂、沾污等	具有重要装饰效果的清水混凝土构件有外表缺陷	其他混凝土构件有不影响使用功能的外表缺陷

2. 外观质量检查与验收

（1）主控项目

现浇结构的外观质量不应有严重缺陷。对已经出现的严重缺陷，应由施工单位提出技术处理方案，并经监理（建设）单位认可后进行处理，对经处理的部位，应重新检查验收。

检查数量：全数检查。

检验方法：观察，检查技术处理方案。

（2）一般项目

现浇结构的外观质量不宜有一般缺陷。对已经出现的一般缺陷，应由施工单位按技术处理方案进行处理，并重新检查验收。

检查数量：全数检查。

检验方法：观察，检查技术处理方案。

3. 尺寸偏差的控制与检验

（1）主控项目

现浇结构不应有影响结构性能和使用功能的尺寸偏差。混凝土设备基础不应有影响结构性能和设备安装的尺寸偏差。

对超过尺寸允许偏差且影响结构性能和安装、使用功能的部位，应由施工单位提出技术处理方案，并经监理（建设）单位认可后进行处理，对经处理的部位，应重新检查验收。

检查数量：全数检查。

检验方法：测量，检查技术处理方案。

（2）一般项目

现浇结构和混凝土设备基础的尺寸偏差和检验方法应符合表 6–8 和表 6–9 的规定。

检查数量：按楼层、结构缝或施工段划分检验批。在同一检验批内，对梁、柱和独立基础，应抽查构件数量的 10%，且不少于 3 件；对墙和板，应按有代表性的自然间抽查 10%，且不少于 3 间；对大空间结构，墙可按相邻轴线间高度 5 m 左右划分检查面，板可按纵、横轴线划分检查面，抽查 10%，且均不少于 3 面；对电梯井应全数检查；对设备基础应全数检查。

检验方法：测量检查。

表 6–8 现浇结构的尺寸允许偏差和检验方法 mm

项目		允许偏差	检验方法
轴线位置	基础	15	钢尺检查
	独立基础	10	
	墙、柱、梁	8	
	剪力墙	5	

续表

项目			允许偏差	检验方法
垂直度	层高	≤ 5 m	8	经纬仪或吊线、钢尺检查
		>5 m	10	
	全高（H）		H/1 000 且≤ 30	经纬仪、钢尺检查
标高	层高		± 10	水准仪或拉线、钢尺检查
	全高		± 30	
截面尺寸			−5 ~ 8	钢尺检查
电梯井	井筒长、宽对定位中心线		0 ~ 25	
	井筒全高（H）垂直度		H/1 000 且≤ 30	经纬仪、钢尺检查
表面平整度			8	2 m 靠尺和塞尺检查
预埋设施中心线位置	预埋件		10	钢尺检查
	预埋螺栓		5	
	预埋管		5	
预埋洞中心线位置			15	

注：检查轴线、中心线位置时，应沿纵、横两个方向测量，并取其中的较大值。

表 6–9　混凝土设备基础的尺寸允许偏差和检验方法　mm

项目		允许偏差	检验方法
坐标位置		20	钢尺检查
不同平面的标高		−20 ~ 0	水准仪或拉线、钢尺检查
平面外形尺寸		± 20	钢尺检查
凸台上平面外形尺寸		−20 ~ 0	
凹穴尺寸		0 ~ 20	
平面水平度	每米	5	水平尺、塞尺检查
	全长	10	水准仪或拉线、钢尺检查
垂直度	每米	5	经纬仪或吊线、钢尺检查
	全高	10	
预埋地脚螺栓	标高（顶部）	0 ~ 20	水准仪或拉线、钢尺检查
	中心距	± 2	钢尺检查
预埋地脚螺栓孔	中心线位置	10	
	深度	0 ~ 20	
	孔垂直度	10	吊线、钢尺检查

续表

<table>
<tr><th colspan="2">项目</th><th>允许偏差</th><th>检验方法</th></tr>
<tr><td rowspan="4">预埋活动地脚螺栓锚板</td><td>标高</td><td>0 ~ 20</td><td>水准仪或拉线、钢尺检查</td></tr>
<tr><td>中心线位置</td><td>5</td><td>钢尺检查</td></tr>
<tr><td>带槽锚板平整度</td><td>5</td><td rowspan="2">钢尺、塞尺检查</td></tr>
<tr><td>带螺纹孔锚板平整度</td><td>2</td></tr>
</table>

注：检查坐标、中心线位置时，应沿纵、横两个方向测量，并取其中的较大值。

三、预制构件质量验收

1. 一般规定

（1）预制构件应进行结构性能检验，结构性能检验不合格的预制构件不得用于混凝土结构。

（2）叠合结构中，预制构件的叠合面应符合设计要求。

（3）装配式结构外观质量、尺寸偏差的验收及对缺陷的处理应按《装配式混凝土结构技术规程》（JGJ 1—2014）的相应规定执行。

2. 主控项目

（1）预制构件应在明显部位标明生产单位、构件型号、生产日期和质量验收标志。构件上的预埋件、插筋和预留孔洞的规格、位置和数量应符合标准图或设计的要求。

检查数量：全数检查。

检验方法：观察。

（2）预制构件的外观质量不应有严重缺陷，对已经出现的严重缺陷，应按技术处理方案进行处理，并重新检查验收。

检查数量：全数检查。

检验方法：观察，检查技术处理方案。

（3）预制构件不应有影响结构性能和安装、使用功能的尺寸偏差。对超过尺寸允许偏差且影响结构性能和安装、使用功能的部位，应按技术处理方案进行处理，并重新检查验收。

检查数量：全数检查。

检验方法：测量，检查技术处理方案。

3. 一般项目

（1）预制构件的外观质量不宜有一般缺陷。对已经出现的一般缺陷，应按技术处理方案进行处理，并重新检查验收。

检查数量：全数检查。

检验方法：观察，检查技术处理方案。

（2）预制构件的尺寸允许偏差和检验方法应符合表 6-10 的规定。

检查数量：同一工作班生产的同类型构件，抽查 5% 且不少于 3 件。

表 6–10　　预制构件尺寸允许偏差和检验方法　　mm

项目		允许偏差	检验方法
长度	板、梁	–5 ~ 10	钢尺检查
	柱	–10 ~ 5	
	墙板	± 5	
	薄腹梁、桁架	–10 ~ 15	
宽度、高（厚）度	板、梁、柱、墙板、薄腹梁、桁架	± 5	钢尺量一端及中部，取其中较大值
侧向弯曲	梁、柱、板	*L*/750 且≤ 20	拉线、钢尺量最大侧向弯曲处
	墙板、薄腹梁、桁架	*L*/1 000 且≤ 20	
预埋件	中心线位置	10	钢尺检查
	螺栓位置	5	
	螺栓外露长度	–5 ~ 10	
预留孔	中心线位置	5	
预留洞	中心线位置	15	
主筋保护层厚度	板	–3 ~ 5	钢尺或保护层厚度测定仪测量
	梁、柱、墙板、薄腹梁、桁架	–5 ~ 10	
对角线差	板、墙板	10	钢尺量两对角线
表面平整度	板、墙板、柱、梁	5	2 m 靠尺和塞尺检查
预应力构件预留孔道位置	梁、墙板、薄腹梁、桁架	3	钢尺检查
翘曲	板	*L*/750	调平尺在两端测量
	墙板	*L*/1 000	

注：1. *L* 为构件长度，单位为 mm。
2. 检查中心线、螺栓和孔道位置时，应由纵、横两个方向测量，并取其中的较大值。
3. 如果构件形状复杂或有特殊要求，其尺寸偏差应符合标准图或设计的要求。

四、实体钢筋保护层厚度检验

1. 检验的部位和数量

（1）钢筋保护层厚度检验的结构部位应由监理（建设）施工等各方根据结构构件的重要性共同选定。

（2）对梁类、板类构件，应各抽取构件数量的2%（且不少于5个构件）进行检验，当有悬挑构件时，抽取的构件中悬挑梁类、板类构件所占比例均不宜小于50%。

2. 梁、板类构件钢筋保护层厚度的检验

对选定的梁类构件，应对全部纵向受力钢筋的保护层厚度进行检验；对选定的板类构件，应抽取不少于6根纵向受力钢筋的保护层厚度进行检验；对每根钢筋，应在有代表性的部位测量1点。

3. 钢筋保护层厚度的检验方法

钢筋保护层厚度的检验可采用非破损或局部破损方法，也可采用非破损方法，并用局部破损方法进行校准。当采用非破损方法检验时，所使用的检测仪器应经过计量检验，检测操作应符合相应规程的规定，钢筋保护层厚度检验的检测误差不应大于1 mm。

4. 钢筋保护层厚度的允许偏差值

钢筋保护层厚度检验时，纵向受力钢筋保护层厚度的允许偏差对梁类构件为 –7 ~ 10 mm，对板类构件为 –5 ~ 8 mm。

5. 梁类、板类构件纵向受力钢筋的保护层厚度

梁类、板类构件纵向受力钢筋的保护层厚度应分别进行验收，结构实体钢筋保护层厚度验收应符合下列规定：

（1）当全部钢筋保护层厚度检验的合格点率为90%及以上时，钢筋保护层厚度的检验结果应判为合格。

（2）当全部钢筋保护层厚度检验的合格点率低于90%，但不低于80%，可再抽取相同数量的构件进行检验。当按两次抽样总和计算的合格点率为90%及以上时，钢筋保护层厚度的检验结果仍应判为合格。

（3）每次抽样检验结果中，不合格点的最大偏差均不应大于允许偏差值规定的1.5倍。

技能训练16 常见现浇混凝土质量缺陷的修补技术

一、训练目的

在现浇混凝土结构构件施工过程中，往往受混凝土配合比设计不合理、现场搅拌制备条件差、混凝土浇捣不实、养护措施不当、施工工艺落后等诸多因素的影响，混凝土结构构件上会出现一些常见的质量缺陷，如麻面、露筋、孔洞、缝隙、夹层、缺棱掉角、裂缝、强度不足、表面泛砂、凸模、梁柱接头不平整等。为了消除这些质量缺陷对混凝土结构构件带来的不良影响，就必须采取科学、合理、有效的手段进行修补，以达到混凝土结构构件的质量技术要求。

二、训练任务

施工缝部位及墙面出现局部漏水的修补。

三、训练地点与基本要求

实训地点安排在有条件的实训基地，实训的过程要听从专业教师指导，认真听取实训教师讲解，要胆大心细，注意安全，尤其要牢记结构施工过程中的安全注意事项。

四、组织管理

1. 专业教师实训前联系好实训教师，积极探讨实训内容与安排。

2. 一个教学班按 4 ~ 5 人一组分为若干小组，进行小组化教学，配合完成实训任务。

3. 实训教师实训前在教室介绍实训安排、观摩注意事项、分组情况，并安排学生学习相关知识。

4. 两名教师共同负责组织、指挥、指导和管理。

五、材料与设备

1. 施工机具

钢丝刷、羊毛棍具、油漆刷等手工工具，砂轮打磨机。

2. 材料

混凝土修补胶、罩面胶、修补粉料或水泥。

六、训练内容与工艺流程

1. 训练内容

地下室对于混凝土防水等级与结构、渗漏处理及耐久性要求、材料选用和环保指标都有特殊和严格的要求，既要遵循“堵排结合、因地制宜、综合处置”的传统原则，还要确保“合理有效、绿色环保、经济实用”的措施和选材原则。在渗漏治理具体实施前，要充分掌握原设计、施工、验收资料，对各部位内部情况要做到详细了解，充分预测，避免造成二次破坏。治理过程中有降水或排水条件的，治理前尽量做好降、排水准备；施工组织应尽量按先顶后墙最后底板的顺序进行，尽可能不破坏原有防水层；若对原防水构造有损伤，应预先提出可行的补修方案，治理过程中尽量应选择无毒、环保、高耐久性的材料，并附相关材质证明。

2. 工艺流程

（1）施工顺序

1）调查。对于渗漏部位的调查要做到“四查明”：查明渗漏现状、水源及影响范围，查明渗漏部位出水规律，查明衬砌结构损害程度，查明结构稳定情况及设计、施工和监测资料。

2）分析。基于掌握的情况，从设计、施工、实际使用等方面进行出水原因分析。成因分析应立足于调查结果并按照实践经验进行合理推测。

3）堵漏操作。按照选材原则严格选择材料，每道工序的实际操作应严格实施，随时检查治理效果，做好隐蔽施工记录，及时处理施工过程中的问题。

4）验收。施工质量符合设计和规范要求，施工资料齐全。

（2）施工步骤

1）渗漏灌浆操作步骤。开凿墙面调查渗漏情况（50 ~ 100 cm^2 左右分区域开凿，开凿深度约 5 cm）。对于横向钢筋引水导致的渗漏，选用遇水膨胀止水胶对横向钢筋设置密封环进行内部封闭，回填水泥砂浆后，用聚合物砂浆或环氧砂浆抹面强化。对于开凿后确认属于较大面积蜂窝、空洞的，视现场情况，可采取灌浆工艺进行加强处理。处理时，采用电锤钻孔，这样便于浆液向下流动。当有两排或两排以上的孔时，宜交错或呈梅花形布置。埋管或灌浆嘴：用钢管作灌浆管，孔口管壁周围的孔隙可用环氧砂浆塞紧，防止冒浆或灌浆管从孔口脱出；注浆时，由低处注入点向高处注入点逐一进行，每个注入点以浆液不能注入为准。

2）施工缝注浆管注浆操作步骤。插入注浆嘴→测试密封性→低压注浆→控制注浆压力直至注满→封闭注浆口。

3）施工缝注浆管注浆工艺流程

①使用配套仪器和注浆材料进行注浆。

②打开注浆管的端头接口面盖，插入注浆嘴。

③用压缩空气或水测试注浆管的密封性。

④低压（0.3 ~ 0.5 MPa）注浆，将浆液充满管子，当浆液从注浆管一端流出时，用注浆嘴封闭。

⑤在注浆管中注入一定量的浆液，注浆材料的流量可以通过机具上的压力表加以控制。

⑥当接缝或空隙不再接受更多的浆液或有浆液渗出结构，压力表压力保持恒定时，注浆即可结束。

⑦对于局部性施工缝渗漏情况，可直接单独设置注浆嘴注浆。

七、评价标准

1. 裂缝渗漏宜先止水，再在基层表面设置刚性防水层，并应符合下列规定。

（1）水压或渗漏量大的裂缝宜采取钻孔注浆止水，并应符合下列规定：

1）对无补强要求的裂缝，注浆孔应交叉布置在裂缝两侧，钻孔应斜穿裂缝，垂直深度为混凝土结构厚度（h）的 1/3 ~ 1/2，钻孔与裂缝水平距离为 100 ~ 250 mm，孔间距为 300 ~ 500 mm，孔径不大于 20 mm，斜孔倾角为 45° ~ 160°。当需要预先封缝时，封缝的宽度为 50 mm（见图 6–7）。

2）对有补强要求的裂缝，先钻斜孔并注入聚氨酯灌浆材料止水，钻孔垂直深度不宜小于结构厚度（h）的 1/3 然后二次钻斜孔，注入可在潮湿环境下固化的环氧树脂灌浆材料或水泥基灌浆材料，钻孔垂直深度不宜小于结构厚度（h）的 1/2（见图 6–8）。

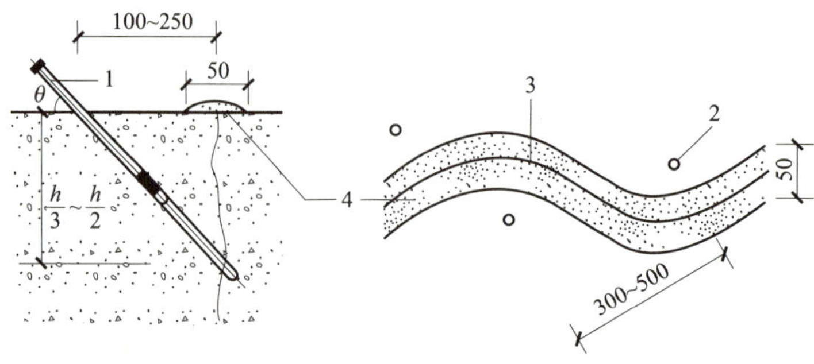

图 6–7 钻孔注浆布孔

1—注浆嘴 2—钻孔 3—裂缝 4—封缝材料

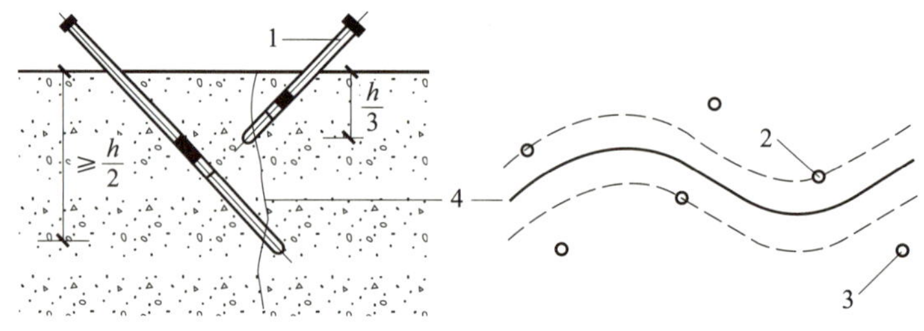

图 6–8 钻孔注浆止水及补强的布孔

1—注浆嘴 2—注浆止水钻孔 3—注浆补强钻孔 4—裂缝

3）注浆嘴深入钻孔的深度不宜大于钻孔长度的 1/2。

4）对于厚度不足 200 mm 的混凝土结构，宜垂直裂缝钻孔，钻孔深度宜为结构厚度的 1/2。

（2）对水压与渗漏量小的裂缝，可按上述第（1）款的规定注浆止水，也可用速凝型无机防水堵漏材料快速封堵止水。当采取快速封堵时，宜沿裂缝走向在基层表面切割出深度为 40 ~ 50 mm、宽度为 40 mm 的 U 形凹槽，然后在凹槽中嵌填速凝型无机防水堵漏材料止水，并预留深度不小于 20 mm 的凹槽，再用含水泥基渗透结晶型防水材料的聚合物水泥防水砂浆找平（见图 6–9）。

（3）对于潮湿而无明水的裂缝，采用贴嘴注浆注入可在潮湿环境下固化的环氧树脂灌浆材料，并符合下列规定：

1）注浆嘴底座带有贯通的小孔。

2）注浆嘴布置在裂缝较宽的位置及其交叉部位，间距为 200 ~ 300 mm，裂缝封闭宽度为 50 mm（见图 6–10）。

（4）设置刚性防水层时，应沿裂缝走向在两侧各 200 mm 范围内的基层表面先涂刷水泥基渗透结晶型防水涂料，再单层抹压聚合物水泥防水砂浆。对于裂缝分布较密的基层，应大面积抹压聚合物水泥防水砂浆。

2. 施工缝渗漏宜先止水，再设置刚性防水层，并符合下列规定。

（1）预埋注浆系统完好的施工缝，应先使用预埋注浆系统注入超细水泥或水溶性灌浆材料止水。

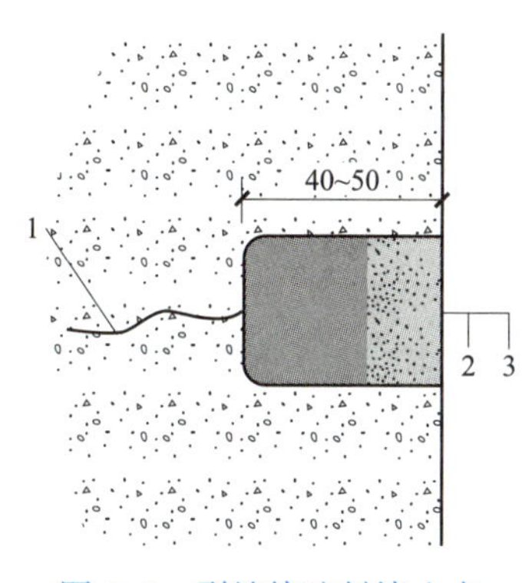

图 6-9　裂缝快速封堵止水

1—裂缝　2—速凝型无机防水堵漏材料
3—聚合物水泥防水砂浆

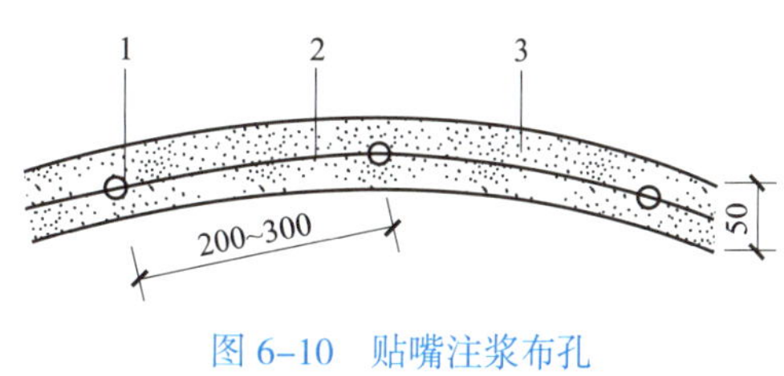

图 6-10　贴嘴注浆布孔

1—注浆嘴　2—裂缝　3—封缝材料

（2）钻孔注浆止水措施或嵌填速凝型无机防水堵漏材料快速封堵止水措施应符合本评价标准第 1 条的规定。

（3）建筑结构墙体施工缝的渗漏宜采取钻孔注浆止水并补强。注浆止水材料应使用聚氨酯或水泥基灌浆材料，注浆孔的布置宜符合本评价标准第 1 条的规定。在倾斜的施工缝面上布孔时，应垂直基层钻孔并穿过施工缝。

（4）设置刚性防水层时，应沿施工缝走向在两侧各 200 mm 范围内的基层表面先涂刷水泥基渗透结晶型防水涂料，然后单层抹压聚合物水泥防水砂浆。

3. 变形缝渗漏宜先注浆止水，再安装止水带，必要时可设置排水装置，并应符合下列规定。

（1）对于中埋式止水带宽度已知且渗漏量大的变形缝，应采取钻斜孔穿过结构至止水带迎水面并注入油溶性聚氨酯灌浆材料的方式止水，钻孔间距 500 ~ 1 000 mm（见图 6-11）。对于查清漏水点位置的，注浆范围为漏水部位左右两侧各 2 m；对于未查清漏水点位置的，应沿整条变形缝注浆止水。

（2）对于顶板上查明渗漏点且渗漏量较小的变形缝，可在漏点附近的变形缝两侧混凝土中垂直钻孔至中埋式橡胶钢边止水带翼部，并注入聚氨酯灌浆材料止水，钻孔间距 500 mm（见图 6-12）。

（3）因结构底板中埋式止水带局部损坏而发生渗漏的变形缝，可采用埋管（嘴）注浆止水，并应符合下列规定：

1）对已查清渗漏位置的变形缝，先在渗漏部位左右各不大于 3 m 的变形缝中布置浆液阻断点；对于未查清渗漏位置的变形缝，浆液阻断点可布置在底板与侧墙相交处的变形缝中。

2）埋设管（嘴）前应清理浆液阻断点之间变形缝内的填充物，形成深度不小于 50 mm 的凹槽。

3）注浆管（嘴）应使用硬质金属或塑料管，并配置阀门。

4）注浆管（嘴）应位于变形缝中部且垂直于止水带中心孔，可采用速凝型无机防水堵漏材料埋设注浆管（嘴）并封闭凹槽（见图 6-13）。

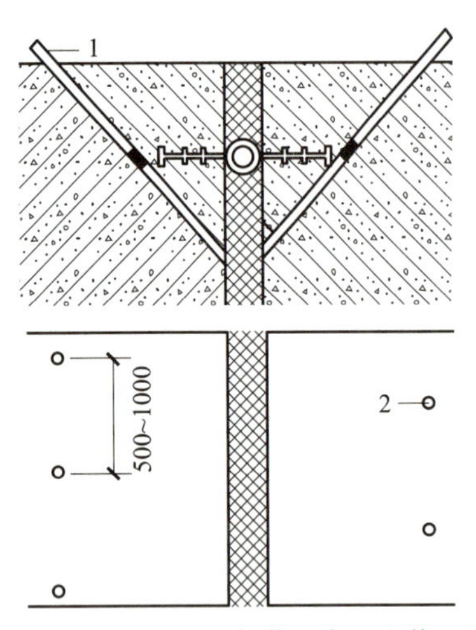

图 6–11　钻孔至止水带迎水面注浆止水

1—注浆嘴　2—钻孔

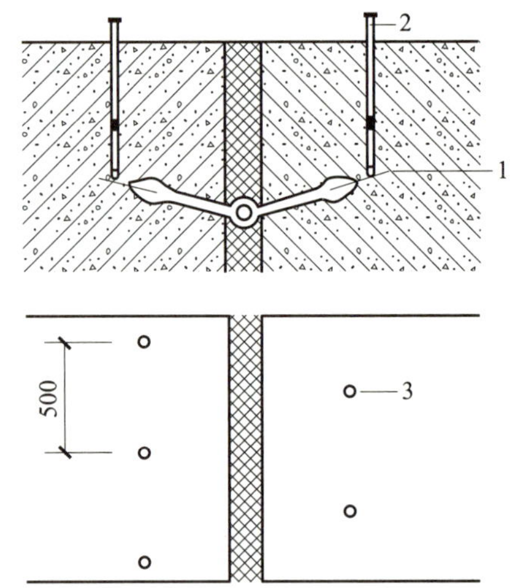

图 6–12　钻孔至止水带两翼钢边并注浆止水

1—中埋式橡胶钢边止水带　2—注浆嘴　3—注浆孔

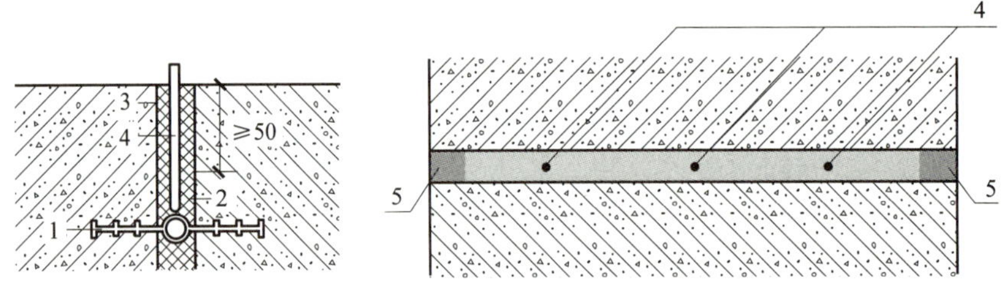

图 6–13　变形缝埋管（嘴）注浆止水

1—中埋式橡胶止水带　2—填缝材料　3—速凝型无机防水堵漏材料

4—注浆管（嘴）　5—浆液阻断点

5）注浆管（嘴）间距为 500 ~ 1 000 mm，也可根据水压、渗漏水量及灌浆材料的凝结时间确定。

6）注浆材料使用聚氨酯灌浆材料，注浆压力不小于静水压力的 2.0 倍。

4. 变形缝背水面安装止水带应符合下列规定。

（1）对于有内装可卸式橡胶止水带的变形缝，应先拆除止水带然后重新安装。

（2）安装内置式密封止水带前，应先清理、修补变形缝两侧各 100 mm 范围内的基层，并应做到基层坚固、密实、平整，必要时可向下打磨基层并修补，形成深度不大于 10 mm 的凹槽。

（3）内置式密封止水带应采用热焊搭接，搭接长度不应小于 50 mm，中部应形成 Ω 形，Ω 弧长宜为变形缝宽度的 1.2 ~ 1.5 倍。

（4）当采用胶黏剂粘贴内置式密封止水带时，应先涂布底涂料，并宜在厂家规定的时间内用配套的胶黏剂粘贴止水带，止水带在变形缝两侧基层上的黏结宽度均不应小于 50 mm（见图 6–14）。

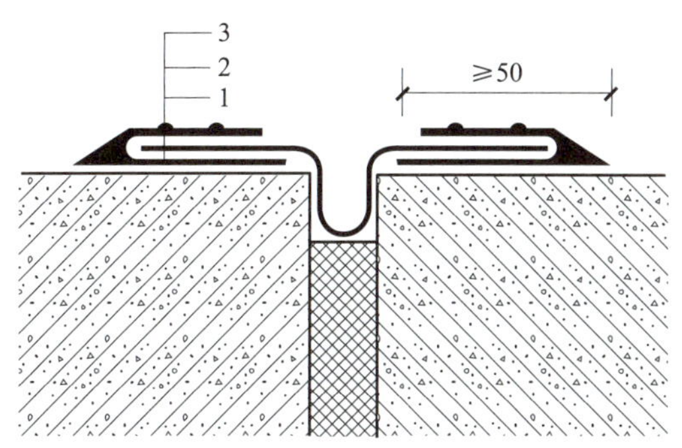

图 6-14　粘贴内置式密封止水带

1—胶黏剂层　2—内置式密封止水带　3—胶黏剂固化形成的锚固点

（5）当采用螺栓固定内置式密封止水带时，应在变形缝两侧基层中埋设膨胀螺栓或用化学植筋方法设置螺栓，螺栓间距不大于 300 mm，转角附近的螺栓可适当加密。止水带在变形缝两侧基层上的黏结宽度不应小于 100 mm。基层及金属压板间应采用 2 ~ 3 mm 厚的丁基橡胶防水密封胶带压密封实，螺栓根部应做好密封处理（见图 6-15）。

（6）当工程埋深较大且静水压力较高时，应采用螺栓固定内置式密封止水带，并采用纤维内增强型密封止水带；在易遭受外力破坏的环境中使用，应采取可适应形变的止水带保护措施。

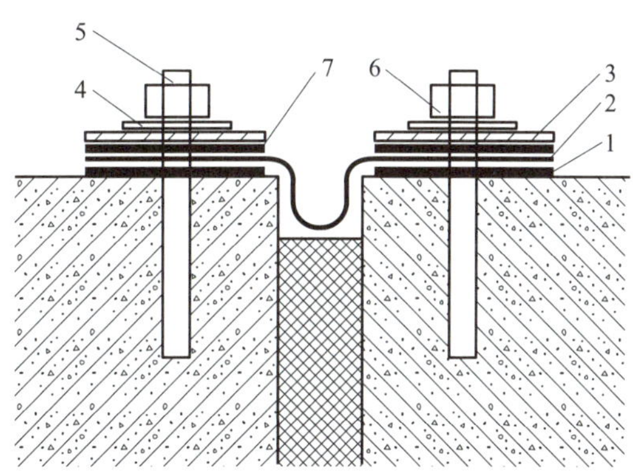

图 6-15　螺栓固定内置式密封止水带

1、7—丁基橡胶防水密封胶带　2—内置式密封止水带　3—金属压板　4—垫片　5—预埋螺栓　6—螺母

技能训练 17　梁、板类构件钢筋保护层厚度的检验与验收

一、训练目的

钢筋混凝土中的钢筋保护层厚度会对整体结构性能造成直接影响，一些工程对钢筋保护层的厚度控制提出了较高的要求，但由于钢筋混凝土结构属于复合型结构，这

就为钢筋保护层的厚度检测带来了较大的难度。

二、训练任务

用钢筋定位测试仪对钢筋保护层厚度进行检测。

三、训练地点与基本要求

实训地点安排在有条件的实训基地，实训过程要听从专业教师指导，认真听取实训教师讲解，要胆大心细，注意安全，尤其要牢记结构物检验过程中的安全注意事项。

四、组织管理

1. 专业教师实训前联系好实训教师，积极探讨实训内容与安排。

2. 一个教学班按 4 ~ 5 人一组分为若干小组，进行小组化教学，配合完成实训任务。

3. 实训教师实训前在教室介绍实训安排、观摩注意事项、分组情况，并安排学生学习相关知识。

4. 两名教师共同负责组织、指挥、指导和管理。

五、材料与设备

1. 设备

钢筋探测仪、钢卷尺（5 m）、深度游标卡尺，以上检测仪器经检定或校准合格，并在有效检定期内。

2. 材料与工具

建（构）筑物受检测部位。

六、训练内容与工艺流程

1. 训练内容

（1）构件类型

钢筋保护层厚度检验的构件类型，主要为框架结构的框架梁、板，砖混结构的现浇板以及各种结构建筑物的悬挑梁、板。

（2）抽查部位

悬挑构件选择根部（弯矩、剪力最大处），梁和板类构件选择跨边支座处（负弯矩最大处）和跨度的中央部位（正弯矩最大处）。

（3）检验数量

根据《混凝土结构工程施工质量验收规范》（GB 50204—2015）要求：对梁类、板类构件，应各抽取构件数量的 2% 且不少于 5 个构件进行检验；当有悬挑构件时，抽取的构件中悬挑梁类、板类构件所占比例均不宜小于 50%。结合工程实际情况，拟按以下要求进行抽检：对梁类、板类构件，6 层及 6 层以下建筑抽取不少于 5 个进行检验，6 层以上建筑抽取 10 个进行检验；当有悬挑构件时，抽取的构件中悬挑梁类、板类构件所占比例均不宜小于 50%。

（4）检测方法

钢筋保护层厚度的检验采用无损法，仪器为 PROFOMETER5 型钢筋定位测试仪。若怀疑检测数据有异常，可采用局部破损法进行校准。

对梁类构件，检测点位置选择对构件承载力或耐久性有直接显著影响的有代表性的部位，对于固端梁和悬挑梁，通常是支座或根部处的上部负弯矩钢筋，对于梁受正弯矩部分，进行全部下排纵向受力钢筋的保护层厚度检验；对板类构件，嵌固板和挑檐板检验选择支座或根部的上部负弯矩钢筋，简支板或预制板检测跨度中央的底部正弯矩钢筋，板中钢筋不再每根逐一检查，而只检查有代表性的 6 根，不检查连续 6 根钢筋，而间隔在不同位置处抽检，确保检查结果有一定的代表性。对每根钢筋，在有代表性的部位验证测量 1 点。

2. 工艺流程

（1）采用钢筋定位测试仪对混凝土结构及构件中的钢筋混凝土保护层厚度进行检测，以测定钢筋混凝土保护层厚度是否满足设计要求。

（2）根据《混凝土中钢筋检测技术标准》（JGJ/T 152—2019）确定钢筋保护层厚度检测步骤：

1）应根据预扫描结果设定仪器量程范围，根据原位实测结果或设计资料设定仪器的钢筋直径参数。沿被测钢筋轴线选择相邻钢筋影响较小的位置，在预扫描的基础上进行扫描探测，确定钢筋的准确位置，将探头放在与钢筋轴线重合的检测面上读取保护层厚度检测值。

2）应对同一根钢筋同一处检测 2 次，读取的 2 个保护层厚度值相差不大于 1 mm 时，取二次检测数据的平均值为保护层厚度值，精确至 1 mm；相差大于 1 mm 时，该次检测数据无效，并应查明原因，在该处重新进行 2 次检测，仍不符合规定时，应该更换钢筋定位测试仪进行检测或采用直接法进行检测。

3）当实际保护层厚度值小于仪器最小示值时，应采用在探头下附加垫块的方法进行检测。垫块对仪器检测结果不应产生干扰，表面应光滑平整，其各方向厚度值偏差不应大于 0.1 mm。垫块应与探头紧密接触，不得有间隙。所加垫块厚度在计算保护层厚度时应予扣除。

七、评价标准

钢筋保护层厚度检测记录见表 6–11。

表 6–11　钢筋保护层厚度检测记录

工程名称：　　　　　　　　　　　　编号：

☐平行检测　☐有见证自检　☐单位自检　☐对比检测　☐其他

施工单位		监理单位			
结构层次		检测依据		现场温度	
检测方法	☐无损法　☐局部破损法		检测仪器及型号	钢筋定位测试仪	

续表

构件名称	层次	轴线部位	目测有无露筋	实测值										平均值

结论：

实测梁______个，构件______点，合格______点，最大偏差值______；

实测板______个，构件______点，合格______点，最大偏差值______；

厚度特征值______，标准差______，共______个，构件______点，合格______点，合格率为______%。

处理意见：

□符合要求；

□不符合要求，需______________。

测点布置示意图：

复核：	检测人：	检测日期：

说明：1. 混凝土结构钢筋保护层厚度检测数量：自检为每层梁、板不少于 10 个构件，其中悬挑构件等主要受力构件所占比例不宜小于 50%；监理平行检验为每层不少于 2 个构件，其中一个构件为复核施工单位的自检。

2. 混凝土结构钢筋保护层厚度检测前，应全面进行外观检查，对出现漏筋和锈斑的构件进行详细记录，并分类抽取有代表性的构件进行检测。

3. 对选定的梁类构件，应对梁底全部纵向受力钢筋的保护层厚度进行检验；对选定的板类构件，应抽取不少于 6 根纵向受力钢筋的保护层厚度进行检验。对每根钢筋，应在有代表性的部位测量 1 点。

4. 纵向受力钢筋保护层厚度允许偏差：梁类构件为 −7 ~ 10 mm，板类构件为 −5 ~ 8 mm。超过允许偏差的点应在实测值中注明。不合格点的最大偏差均不应大于规定允许偏差的 1.5 倍。

5. 当检验的合格率为 90% 及以上且最大偏差不超过允许偏差的 1.5 倍时，判为合格；当合格率低于 90% 但不低于 80% 时，可再抽取相同数量构件进行检验，按两次抽样总和计算合格率为 90% 以上时，仍判为合格。对于检测不合格的情况，应请有资质的检测机构进行检测鉴定。

6. 施工单位自检的，监理人员可不签字，监理平行检验的，施工单位人员也无须签字，但平行检验应由监理独立完成。

7. 纵向受力钢筋的混凝土保护层最小厚度见表 6–12。

表 6–12　　纵向受力钢筋的混凝土保护层最小厚度　　mm

环境和条件	板、墙			梁			柱		
	≤ C20	C25 ~ C45	≥ C50	≤ C20	C25 ~ C45	≥ C50	≤ C20	C25 ~ C45	≥ C50
室内正常环境	20	15	15	30	25	25	30	30	30
室内潮湿或干湿交替环境	—	20	20	—	30	30	—	30	30
基础 有垫层	40						—		
基础 无垫层	70						—		

思考练习题

1. 混凝土常见质量缺陷有哪些?
2. 简述麻面的产生原因和预防措施。
3. 混凝土工程质量验收应如何划分?
4. 简述预制构件质量验收的一般规定。